燃气-蒸汽联合循环发电机组运行技术问答

# 电气设备与运行

丛书主编　张　磊
主　　编　张　嵩
副 主 编　李大俊　李秀英
　　　　　张亚娟　黄改云

中国电力出版社
CHINA ELECTRIC POWER PRESS

## 内 容 提 要

由于我国大容量、高参数的燃气—蒸汽联合循环发电机组的装机容量逐年上升，为满足广大生产管理人员和专业技术人员对新知识、新技能的挑战，特组织编写《燃气—蒸汽联合循环发电机组运行技术问答》丛书。

本套书采用问答形式编写，以岗位技能为主线，理论突出重点，实践注重技能。

本书为《电气设备与运行》分册，针对大型燃气—蒸汽联合循环发电机组中的发电机及其他电气设备，系统地阐述了联合循环电厂中所涉及的电气部分结构、运行原理以及故障分析与处理。本书共分四部分，第一部分是岗位基础知识，第二部分是设备结构及工作原理，第三部分是运行岗位技能知识，包括变压器发电机、厂用电设备的运行原理和运行所必须遵守的规程、规定，第四部分是故障分析与处理。

本书适用于从事大型燃气—蒸汽联合循环电厂设计、安装、调试、运行、维护的技术人员和管理人员使用，也可供高等院校热能及动力类专业师生参考。

**图书在版编目（CIP）数据**

电气设备与运行/张嵩主编. —北京：中国电力出版社，2014.12（2022.12重印）
（燃气-蒸汽联合循环发电机组运行技术问答/张磊主编）
ISBN 978-7-5123-5911-6

Ⅰ.①电… Ⅱ.①张… Ⅲ.①燃气-蒸汽联合循环发电-发电设备-问题解答②燃气-蒸汽联合循环发电-发电设备-运行-问题解答 Ⅳ.①TM611.31-44

中国版本图书馆 CIP 数据核字（2014）第 108700 号

中国电力出版社出版、发行
（北京市东城区北京站西街 19 号　100005　http://www.cepp.sgcc.com.cn）
北京雁林吉兆印刷有限公司印刷
各地新华书店经售

*

2014 年 12 月第一版　2022 年 12 月北京第二次印刷
850 毫米×1168 毫米　32 开本　13.875 印张　339 千字
印数 3001—3500 册　定价 **45.00** 元

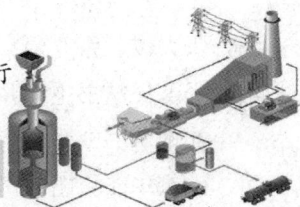

# 前　言 》

当前我国对能源需求迅猛增长，天然气资源进入大规模开发利用阶段，大容量、高参数的燃气—蒸汽联合循环发电机组的装机容量逐年上升。燃气—蒸汽联合循环是把燃气轮机循环和蒸汽轮机循环组合在一起进行能量梯级利用，从而将热功转换效率提高至接近60％。这种技术燃烧清洁能源，降低污染物排放，符合我国节约能源、保护环境的战略，是集新技术、新材料、新工艺于一身的国家高技术水平和科技实力的重要标志之一。

预计到2020年，我国燃气—蒸汽联合循环装机容量将达到5500万kW，是1951～2000年已建成的同类机组装机容量的25倍。为满足广大生产管理人员和专业技术人员应对新知识、新技术带来的需要，国网技术学院组织并与有关企业合作编写了《燃气—蒸汽联合循环发电机组运行技术问答》丛书，包括《燃气轮机和蒸汽轮机设备与运行》、《余热锅炉设备与运行》、《电气设备与运行》和《热工仪表及控制》四分册。

本丛书适应时代发展需要，减少了基础理论知识所占比重，突出了大型燃气—蒸汽联合循环的运行技术，以实用和提高技能为核心，针对余热锅炉、燃气轮机及压气机、汽轮机、电气以及仪表和控制系统的设备原理、结构、运行技巧等方面，展开岗位应知应会知识问答，填补了关于大型燃气—蒸汽联合循环发电机组运行技术培训教材的市场空白。

本书为《电气设备与运行》分册，由国网技术学院张嵩主编，张大俊、张亚娟、黄改云和李秀英参编。本丛书由国网技术学院张磊任丛书主编并统稿。

在本丛书编写过程中，受到北京京能国际能源股份有限公司、山东华能集团公司、山东电建一公司、莱芜钢铁分公司等企业大力支持，在此表示衷心感谢。

由于编写人员水平所限，疏漏和不足之处敬请广大读者批评指正。

编　者

2014 年 5 月

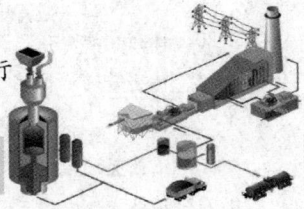

# 目 录 »

## 第二部分　设备结构及工作原理

# 第三部分　运行岗位技能知识

## 第四部分　故障分析与处理

### 第十四章　发电机故障分析 ……………………………… 319

# 第一部分
# 岗位基础知识

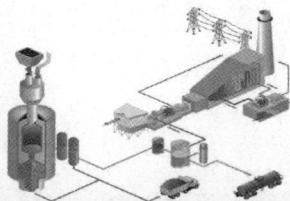

# 第一章

# 电工学基础知识

**1-1　电路由哪几部分组成？各部分的作用是什么？**

**答：**一个简单电路，由电源、负载、导线和开关四部分组成，见图 1-1。

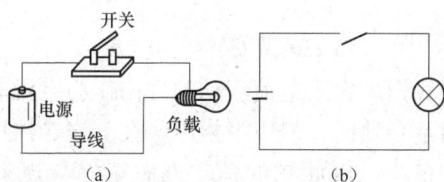

图 1-1　实际电路和电路图
（a）实际电路；（b）电路图

（1）电源。它是供给电能的。电源的能量是由其他形式的能量转换来的，例如，在电池中电能是由化学能转换来的。

（2）负载。就是各种用电设备，如电灯、电炉、电动机等。电源供给的电能通过负载转换为其他形式的能。例如，在灯泡中电能转换为光能和热能；在电炉中电能转换为热能；在电动机中电能转换为机械能。

（3）导线。用它使电源和负载连成通路，达到传导电流（或电能）的目的。常用导线一般用铜或铝制成。

（4）开关。用来接通和断开电路的电器。

**1-2　电流是怎样形成的？其大小和方向是如何确定的？**

**答：**电荷在电场力的作用下有规则的定向移动，形成电流。

电路中的电流大小或电流强度是以单位时间通过电路某一截面的电量来衡量的，即

$$I = q/t \qquad (1-1)$$

式中  $I$——电流强度，A；

$q$——电量，C（1C 相当 $6.24 \times 10^{-18}$ 个电子带的电量）；

$t$——时间，s。

因此

$$1A(安培) = 1C/s(库仑／秒)$$

电流强度的其他常用单位有

$$1kA(千安) = 10^3 A$$

$$1mA(毫安) = 10^{-3} A$$

$$1\mu A(微安) = 10^{-6} A$$

在电路中我们规定正电荷流动的方向作为电流的方向，它与电场力的方向是一致的。但应当指出，在金属导体里导电的是自由电子，它带负电，因此它的移动方向正好与规定的电流方向相反。

**1-3  电动势是怎样形成的？其大小和方向是如何确定的？**

答：电源力推动电荷的过程，也就是电源做功的过程。电源力把单位正电荷由负极推向正极所做的功，表明了电源推动电荷的本领，叫做电源电动势，以 $E$ 表示，则

$$E = W/q \qquad (1-2)$$

如果功 $W$ 的单位用 J（焦耳），电荷 $q$ 的单位用 C（库仑），则电动势的单位用 V（伏特），即

$$1V(伏特) = 1J(焦耳)/C(库仑)$$

电动势的方向与电源力的方向一致，即由负极指向正极的方向；从电位的角度来说，就是从低电位到高电位的方向。

**1-4  电压是怎样形成的？其大小和方向是如何确定的？**

答：由于电源正、负极集聚着正、负电荷，因此它不仅在电

源内部（即内电路）建立电场；当外电路接通时，在外电路中也建立电场。从能量方面来讲，电场推动电路的电荷移动过程就是电场力做功过程。我们把电场力将单位正电荷沿电路由一点推向另一点所做的功叫做这两点间的电压。推动单位正电荷做的功越大，电压就越大，做的功越小，电压越小。由此可见，电路中的电压表明了电场力推动电荷的能力。电压以 $U$ 表示

$$U = W/q(\text{V}) \tag{1-3}$$

电压的单位也用伏特。如果电场力在两点之间推动 1C 的电荷做的功为 1J 的话，则这两点间的电压就是 1V。

电压较大的单位有千伏，较小的单位有毫伏，即

$$1\text{kV}(\text{千伏}) = 1000(\text{V}) = 10^3\,\text{V}$$

$$1\text{mV}(\text{毫伏}) = 1/1000\text{V} = 10^{-3}\,\text{V}$$

电路中电压的方向与电场力方向一致，即从高电位到低电位的方向。可见，电源电动势的方向与其两端的电压（叫做端电压）的方向正好相反。

**1-5　简述导体电阻的形成及其作用。什么是电导？其大小单位如何？**

**答：** 自由电子在定向移动的过程中要同金属的原子（或分子）发生碰撞，使电子移动（即电流）受到阻碍，导体就表现出一定的电阻。

由于导体存在电阻，电流通过它就要受到一定限制。作为传导电流的导线要求它的电阻要小一些，但是对于一些用电设备，例如电灯、电烙铁、电炉等，就要使它具有一定的电阻，这样才能达到用电的目的。在实际工作中还会遇到用电阻来限制或调节电流而特意做的电阻元件和可变电阻器。

电阻的单位是 $\Omega$（欧姆）。有时在计量较大的电阻时，还会用到 $k\Omega$（千欧）和 $M\Omega$（兆欧），即

$$1\text{k}\Omega(\text{千欧}) = 10^3\,\Omega$$

$$1\text{M}\Omega(\text{兆欧}) = 10^6\,\Omega$$

导体的电阻越大，其导电性越差；电阻越小，导电性越好。

导体电阻 $R$ 的倒数 $1/R$ 的大小表明了导体导电性的好坏，叫做电导，以 $G$ 表示，即

$$G = 1/R \tag{1-4}$$

电导的单位是 S（西门子）。

**1-6　简述电功和电功率的概念，其大小单位如何？**

**答：**将电压加在电路上产生电场，电场力推动电荷（产生电流）来做功，称为电流的功，简称电功。

电场力移动电荷的功为

$$W = Uq = UIt \tag{1-5}$$

就是说，电流的功，即在一段电路中消耗的电能或用电量 $W$ 等于加给这段电路的电压 $U$、电路中的电流 $I$ 与通电时间 $t$ 的乘积。式中，如果电压的单位取 V，电流的单位取 A，时间的单位取 s，则电功单位为 J。即 1J（焦耳）=1V·A·s（伏·安·秒）。

功率，就是做功的速率。通常所说机械设备的出力、容量或工作能力的大小，都是指其功率。电功率，就是电能做功的速率，它等于电能做功 $W$ 与做功时间 $t$ 之比，用 $P$ 表示，则有

$$P = \frac{W}{t} = \frac{UIt}{t} = UI \tag{1-6}$$

式（1-6）表明了电功率的大小取决于电压和电流两个量的乘积。如果电压的单位取 V，电流的单位取 A，则功率的单位是 W（瓦特），即

$$1W（瓦特）= 1VA（伏安）$$

较大的单位有 kW、MW，即

$$1kW（千瓦）= 10^3 W（瓦），1MW（兆瓦）= 10^3 kW（千瓦）$$

发电机或用电设备，其发电量（发出的电能）或用电量（消耗的电能）可由其功率乘以运行时间来求得，即 $W = Pt$。电量的单位一般不使用焦耳，因它太小，通常使用 kWh（千瓦小时）。

**1-7 欧姆定律的内容是什么？**

**答**：电路中的电流是由电压引起的，而电流通过电路又要受到阻碍，这表明，电流、电压和电阻三个量互相间有关联。通过实验证明，三者的关系如下

$$I = U/R \tag{1-7}$$

式中 $I$——电流，A；

$U$——电压，V；

$R$——电阻，$\Omega$。

式（1-7）表明，通过一个电阻中的电流与加给这个电阻两端的电压成正比，和这个电阻成反比。这一结论叫做欧姆定律。

**1-8 基尔霍夫定律的内容是什么？**

**答**：基尔霍夫定律概括了任意电路的电流和电压的规律。

1. 基尔霍夫第一定律

对任意节点来说，流入节点的电流之和等于流出节点的电流之和，这就是基尔霍夫第一定律，如图 1-2 所示。电路节点电流为

$$I_1 + I_3 = I_2 + I_4$$

基尔霍夫第一定律反映了电流连续性这一本质。因为电荷在电路里流动过程中，既不能堆积，也不能无影无踪的消逝，所以，在一定时间内，有多少电荷流入节点，就有等量的电荷流出该节点。

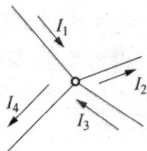

图 1-2 基尔霍夫电流定律图

还可以表述为：在电路中任意节点处的电流代数和等于零。用公式表示为

$$\Sigma I = 0 \tag{1-8}$$

2. 基尔霍夫第二定律

在全电路中电位升高数与电位降低数是相等的。实践证明，沿电路中任意一个闭合回路一周，电位升高的和等于电位降落的和。这就是基尔霍夫第二定律的内容。用公式表示为

$$\Sigma U = 0 \qquad\qquad (1-9)$$

### 1-9 电场和磁场的基本概念是什么？

**答：** 在带电体周围的空间，存在着一种特殊的物质，它对放在其中的任何电荷表现为力的作用，这一特殊物质叫做电场。

磁场也是一种特殊形态的物质，它的存在通常是通过对磁性物质和运动电荷具有作用力而表现出来。

磁场和电场相似，均具有力和能的特性。

### 1-10 电力线与磁力线各有何特点？

**答：** 在静电场中，电力线是一簇假想的用来描述电场状态的曲线，曲线上每一点的切线方向代表该点电场强度的方向，曲线的疏密程度表示电场强度的大小。电力线总是从正电荷出发，终止于负电荷，不闭合、不中断、不相交。

磁力线也是一簇假想的用以形象描述磁场特性的虚拟曲线，曲线上某点的切线方向表示该点磁场的方向，曲线的疏密表示该点磁感应强度的大小。磁力线总是从磁铁 N 极出发回到 S 极，在磁铁内部是从 S 极到 N 极的闭合曲线，不中断、不相交。

### 1-11 电路和磁路的基本概念是什么？

**答：** 简单地说，电路就是电流流通的路径，它是由若干电气设备包括电源、负载和开关电器及传输导线等部件按一定方式组合起来的。分析电路常用的基本定律有欧姆定律、基尔霍夫电压定律和基尔霍夫电流定律等。

所谓磁路，同样可以简单地理解为是磁通流通的路径。由于电器设备的铁心材料都具有相当高的磁导率，远大于铁心周围的空气、真空或油的磁导率，因此当线圈中流经电流时，产生的磁通绝大多数会被约束在由铁心及铁心中的气隙构成的磁路中流通，称为主磁通。而铁心外部相对很弱的磁通称为漏磁通。

电路和磁路在形式上有可类比之处，但二者有本质的区别。

电路中流通的电流是真实的带电粒子的运动而形成的，而磁路中"流通"的磁通只是一种假想的分析手段而已。直流电通过电阻会引起能量损耗，而恒定磁通通过磁阻不会引起任何形式的能量损失，只是表示有能量存储在该磁阻代表的磁路当中。

**1-12　如何描述电和磁之间的基本关系？**

**答：**（1）电流的磁效应：电流流过导体时，在导体周围会产生磁场，电流与磁场的方向符合右手螺旋定则。

（2）电磁感应定律：设磁场中有一匝数为 $N$ 的线圈，则当磁场发生变化时，线圈两端将会产生感应电动势。

1）磁场的大小、方向随时间变化时，若规定的正方向符合右手螺旋定则，则感应电动势 $e = -N\dfrac{\mathrm{d}\phi}{\mathrm{d}t}$（$\phi$ 为磁通量）。

2）导体与磁场在空间上发生相对运动时，若规定的正方向符合右手定则，则产生的感应电动势 $e = Blv$（其中 $B$ 为磁感应强度，$l$ 为导体的长度，$v$ 为导体运动的速度）。

（3）电磁力定律：在磁场中，载流导体会受到电磁力的作用，如果导体与磁场相互垂直，则导体受到的电磁力 $f = Bli$（其中 $B$ 为磁感应强度，$l$ 为导体的长度，$i$ 为电流强度），电磁力的方向根据左手定则判断。

（4）电感：当线圈中的电流发生变化时，引起磁通的变化，在线圈自身引起电磁感应的现象称为自感。由于一个电路中的磁通量的变化，而引起与之有磁联系的相邻电路中产生感应电动势的现象称为互感。

（5）安培环路定律（全电流定律）：在磁场中，磁场强度矢量 $H$ 沿任一闭合回路的线积分等于穿过该闭合路径的电流的代数和，即

$$\oint H \mathrm{d}l = \Sigma I \tag{1-10}$$

在发电机、变压器中，通常磁路由多段组成，运用这一定律时，可写成

$$\sum_{k=1}^{n} H_k L_k = \Sigma I = NI \qquad (1\text{-}11)$$

式中 $NI$ 为磁动势（安匝）。

（6）电路和磁路的类比：工程上常把磁场简化为磁路来处理，磁路与电路具有形式上的相似之处，将磁路类比于电路有助于理解磁路的基本概念和分析方法，类比情况详见表 1-1。

**表 1-1**            **电路与磁路的类比**

| 电 路 | 磁 路 |
|---|---|
| 电动势 $E$（V） | 磁动势 $NI$ 或 $F$（A） |
| 电流 $I$（A） | 磁通 $\Phi$（Wb） |
| 电阻 $R = \rho \dfrac{l}{S}$（$\Omega$） | 磁阻 $R_m = \dfrac{l}{\mu s}$（$H^{-1}$） |
| 电导 $G = \dfrac{1}{R}$（S） | 磁导 $\Lambda = \dfrac{1}{R_m}$（H） |
| 欧姆定律 $U = IR$ | 欧姆定律 $F = \Phi R_m$ |
| 节点 $\Sigma I = 0$ | 节点 $\Sigma \Phi = 0$ |
| 回路 $\Sigma E = \Sigma U$ | 回路 $\Sigma F = \Sigma U_m$ |
| 场强 $\oint E dl = U$ | 场强 $\oint H dl = IN$ |
| 电流密度 $j = \dfrac{I}{S}$（A/m²） | 磁通密度 $B = \dfrac{\Phi}{S}$（T） |
| 电导率 $\sigma = \dfrac{j}{E}$（S/m） | 磁导率 $\mu = \dfrac{B}{H}$（H/m） |

## 1-13 什么是楞次定律？

**答**：线圈中感应电动势的方向总是反抗原有磁通的变化，这一规律称为楞次定律。

利用楞次定律可以判断任何感应电动势或感生电流的方向。例如，在磁铁插入线圈的过程中，穿过线圈的磁通是从无到有、从少到多的增加过程，即 $\dfrac{\mathrm{d}\phi}{\mathrm{d}t} > 0$，在这个过程中产生感生电流。这个感生电流所产生的磁通是阻碍外加磁通增加的，它的方向与外加磁通相反。既然感生电流的磁通方向已确定，那么按右手螺旋定则可以容易地确定出感生电流的方向。

### 1-14 物质的磁性是哪里来的？

**答：** 19世纪法国科学家安培提出一个假说：组成磁铁的最小单元（磁分子）就是环形电流。若这样一些分子环流定向排列起来，在宏观上就会显示出磁性来，其中磁性最强的部分称为磁极（N极、S极），这就是安培分子环流假说。我们知道，原子是由带正电的原子核和绕核旋转的带负电的电子组成。电子不仅绕核旋转，而且还自转。原子、分子等微观粒子内电子的这些运动形成了"分子环流"，这便是物质磁性的基本来源。

### 1-15 磁场的特征是什么？

**答：** 磁场是由电流产生的。恒定电流产生恒定磁场，交变电流产生交变磁场。磁场也是物质的一种形态，具有一定的质量和能量。

磁场的特征为：

（1）磁场对处于其中的载流导体、运动的电荷及磁针都有一定方向的电磁力作用，即磁场有力的效应。

（2）磁场以其储存的磁能作用于它的磁场范围内的其他带有电流的导体，使其移动，也就是说，磁场可以做功，即磁场有能量的效应。

### 1-16 表征磁场特性的四个物理量是什么？

**答：**（1）**磁感应强度**：是表征磁场的力效应的物理量，用 $B$ 表示。在磁场中某点有一小段导线 $\Delta l$，其中通过电流 $I$，并与磁场方向垂直，它所受的电磁力为 $\Delta F$ 时，则磁场在该点的磁感应强度 $B = \dfrac{\Delta F}{I \Delta l}$，国际单位为特斯拉（tesla），用 T 表示。磁感应强度的方向就是该点的磁场方向。

（2）磁通：在磁场中，磁感应强度与垂直磁场方向的面积的乘积，叫做沿法线正方向穿过该面积的磁感应强度向量的通量，简称磁通（magnetic flux），用 $\Phi$ 表示，国际单位为韦伯（weber），单位符号为 Wb。若磁场为均匀磁场，面积 $S$ 垂直于磁场方向，则有 $\Phi=BS$，即有 $B=\dfrac{\mathrm{d}\Phi}{\mathrm{d}s}$，所以，某一点的磁感应强度也就是该点的磁通密度。

（3）磁导率：磁场不仅与产生它的电流及导体的形状有关，而且与磁场内磁介质的性质有关。磁导率是一个用来表示磁介质磁性的量，用 $\mu$ 表示。磁导率的国际单位为 H/m（亨利/米）。对于不同的物质有不同的 $\mu$，根据 $\mu$ 的不同可以将物质分为铁磁性物质和非铁磁性物质。非铁磁性物质的 $\mu$ 基本不变，而铁磁性物质的 $\mu$ 会随着磁感应强度及温度的变化而呈现非线性变化，这就是铁磁性物质存在饱和特性的主要原因。

（4）磁场强度：磁场强度用 $H$ 表示，也是磁场的一个基本物理量。在无限大的均匀磁介质中，如果载流导体的形状、电流大小及所求点在磁场中的位置确定时，磁场强度这个量与磁介质的磁性无关。也就是说，对同一相对位置的某一点来说，如磁场强度相同而磁介质不同，则磁感应强度不同，即 $H=\dfrac{B}{\mu}$，其国际单位为 A/m（安/米）。这就是电机设备应该采用高磁导率的铁磁性物质做铁心材料的主要原因。

### 1-17 什么是铁磁性物质的磁滞回线？

**答：** 如图 1-3 所示，将匝数为 $N$ 的线圈缠绕在环形的铁磁物质上，线圈中通入电流后，铁磁物质就被磁化，于是可得到一组对应的 $B$ 和 $H$ 的值。改变电流 $I$ 的值，可以得到多组对应的 $B$ 和 $H$ 的值，这样就可以绘出一条关于试样的 $H$—$B$ 关系曲线以表示其磁化特点，该曲线称为磁化曲线。如果从试样完全没有磁化的状态开始，逐渐增大励磁电流 $I$，从而逐渐增大 $H$，那么得到的磁化曲线称为起始磁化曲线。如图 1-4 所示，要想把剩磁完全消除，必须改变电流的方向，并逐渐增大这反向的电流（如图 1-4 中线段 *bc*）。当 $H$ 增大到 $-H_c$ 时，$B=0$。这个使铁磁质中的 $B$ 完全消失的 $H_c$ 值叫铁磁质的矫顽力。再增大反向电流以增加 $H$，可以使铁磁物质达到反向的磁饱和状态（*cd* 段）。这时如果再将反向电流逐渐减小至零，铁磁质会达到 $-B_r$ 所代表的反向剩磁状态（*de* 段）。然后把电流改回原来的方向并逐渐增大，铁磁质又会经过 $H_c$ 表示的状态而回到原来的磁饱和状态（*efa* 段）。这样，磁化曲线就形成了一个闭合曲线，这一闭合曲线称为铁磁物质的磁滞回线。由该曲线可以看出，铁磁质的磁化状态并不能由励磁电流或磁场强度值单一确定，它还取决于该铁磁质此前的磁化历史。

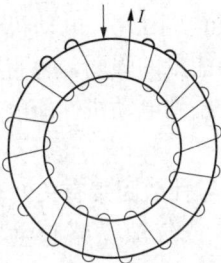

图 1-3  环状铁心被磁化

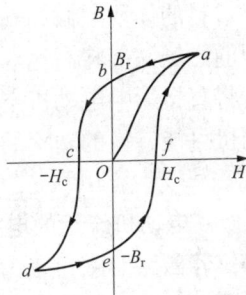

图 1-4  铁磁物质的磁滞回线

### 1-18  电动机的性能与其磁场有什么关系?

**答**：电动机是根据电磁感应原理实现机、电能量转换的电气设备，电动机的磁场是能量转换的媒介，磁场是一种特殊形态的物质，磁场中能够储存能量。

磁场中的体积能量密度 $\omega_m$ 可由下式确定

$$\omega_m = \frac{1}{2}BH \tag{1-12}$$

式中　$B$——某点的磁感应强度；

13

$H$——磁场强度；

$\omega_m$——磁场中该处的能量密度。

显然，磁场的总储能是能量密度的体积分，即

$$\omega_m = \int_v (\int_0^B H\mathrm{d}B)\mathrm{d}V \qquad (1\text{-}13)$$

对于线性介质，磁导率 $\mu$ 为常数，则式（1-12）可写成

$$\omega_m = \frac{B^2}{2\mu} = \frac{B^2}{2\mu_r\mu_0} \qquad (1\text{-}14)$$

式中 $\mu_r$——铁磁物质的相对磁导率；

$\mu_0$——真空的磁导率。

由于电动机的定、转子之间存在气隙，而铁心作为铁磁材料，其磁导率要远远高于气隙的磁导率，由式（1-13）可知，一般电动机的磁场能量主要存储在空气隙中，尽管气隙的体积远小于铁心材料的体积。假如气隙中的磁通密度为 1T 时，气隙中单位体积的磁场储能将高达 $3.98\times10^5\mathrm{J/m^3}$。因此，电动机各部分的尺寸将直接影响电动机空气隙中磁场能量的强弱，也直接决定着电动机可能转换的功率的大小，也关系到电动机性能的好坏。

### 1-19　电动机绕组的电抗（电感）与什么因素有关？

**答：**若磁路的磁导率为恒定值时，或气隙磁路起主导作用时，线圈中产生的磁链和流过的电流之间有正比关系，比例系数（$L=\Psi/I$）就是线圈的电感。电感是反应导体（线圈）电磁特性的参数，也可写成 $L = \dfrac{\Psi}{I} = \dfrac{N\Phi}{I} = \dfrac{NF}{IR_m} = \dfrac{N^2}{R_m}$（式中，$F$—安培力），可见电感与线圈匝数 $N$ 的平方成正比，与磁场介质的磁阻 $R_m$ 成反比。

当线圈流过正弦交流电时，线圈的电感作用常用相应的电抗（$X_L=\omega L$）来表示。电抗是电动机的一个重要参数，直接影响设备的电磁性能。电抗与电感成正比，与交变频率成正比。因为电感与磁场介质的磁阻成反比（与磁导成正比），而电动机的磁路材料为良好的高导磁材料，其磁化曲线具有非线性特性，饱和程

度不同时，相应的磁导也不同，所以电动机的电抗与电机磁路的饱和程度有关。例如，如果电动机施加的电压越高，则磁路感应的磁通就越大，磁路的饱和程度就越大，而铁磁材料的磁导率$\mu_{Fe}$会越来越小，磁阻越来越大，电动机电抗就越小。进而引起励磁电流增加，损耗增加，温度升高，因此，电动机应该工作在额定电压之下。

### 1-20　什么是涡流损耗？

**答**：当穿过大块导体的磁通发生变化时，在其中产生感应电动势，由于大块导体可自成闭合回路，因而在感应电动势的作用下产生感应电流，这个电流就叫做涡流。涡流所造成的发热损失叫做涡流损耗。

虽然可以利用涡流原理制作成感应炉及电工仪表等设备加以利用，但发电机、变压器等电气设备中的涡流将引起不容忽视的附加损耗，造成电气设备效率降低、容量得不到充分利用。因此，为了减小涡流损耗，电气设备的铁心常用互相绝缘的0.3mm 或 0.5mm 的硅钢片叠制而成。

### 1-21　什么是磁滞损耗？

**答**：在交流电产生的磁场中，磁场强度的方向和大小都不断发生变化，铁心被反复地磁化和去磁的过程中，有磁滞现象，外磁场不断地驱使磁畴转向时，为克服磁畴间的阻碍作用就需要消耗能量，这种能量的损耗就叫做磁滞损耗。

### 1-22　什么是正弦交流电？有什么特点？

**答**：大小和方向随时间做有规律变化的电压和电流称为交流电，又称交变电流。正弦交流电是随时间按照正弦函数规律变化的电压和电流。由于交流电的大小和方向都是随时间不断变化的，也就是说，每一瞬间电压（电动势）和电流的数值都不相同，所以在分析和计算交流电路时，必须标明它的正方向。

### 1-23 正弦交流电是怎样产生的?

答:为了在电路内得到正弦交变电流,首先应有能产生正弦交流电势的电源。为了得到正弦电势必须使磁极的极面做成一定的形状,使磁感应强度 $B$ 沿着定子和转子之间的空气隙按正弦规律分布,$B_m$ 是磁极中心线上最大磁感应强度;在磁极分界线 QQ' 上磁感应强度 $B$ 等于零;在磁极表面 $Ox$ 的方向上磁感应强度 $B = B_m\sin\alpha$。$\alpha$ 是 $Ox$ 与 $OQ$ 间的夹角,其分布图形如图 1-5 所示。

当磁极旋转一周,线圈中的感应电势就由零增加到最大值,又逐渐减少到零,然后改变方向又由零增加到负的最大值,最后逐渐减小到零。也就是线圈中的感应电动势按正弦规律变化见图 1-5。转子继续旋转,电势的变化就周期性地重复着。

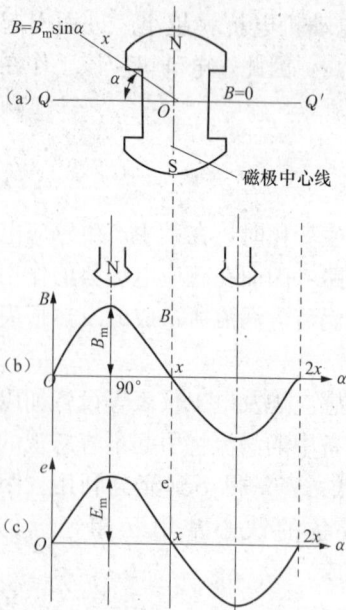

图 1-5 磁感应强度的分布和感应电动势的分布

总之,由于 N 极和 S 极交替地转过线圈,感应电势的方向就不断地改变;又由于磁感应强度沿磁极表面按正弦规律分布,所以,感应电势按正弦规律交变着,即

$$e = Blv = B_m lv\sin\alpha \qquad (1-15)$$

### 1-24 正弦交流电的三要素是什么?

答:正弦交流电的三要素:

(1)最大值;

（2）角频率；

（3）初相位（初相）。

**1-25　什么是交流电的有效值？有效值和最大值之间的关系如何？**

**答**：在相同的电阻上分别通以直流电流和交流电流，经过一个交流周期的时间，如果它们在电阻上所损失的电能相等的话，则把该直流电流（电压）的大小作为交流电流（电压）的有效值，正弦电流（电压）的有效值等于其最大值（幅值）的$1/\sqrt{2}$，约 0.707 倍。

交流测量仪表的标尺一般都按有效值刻度。交流电气设备的铭牌上所给出的电流、电压值都按有效值刻度。今后谈到交流量时，如果没有特别指出，都是指它的有效值。

**1-26　交流电路中电阻元件的特点是什么？**

**答**：（1）电流与电压的瞬时值之间的关系是 $i=\dfrac{u}{r}$。

（2）电流与电压有效值间的关系是 $I=\dfrac{U}{r}$。

（3）在相位关系上是电流与电压同相位。

（4）电压的有效值与电流的有效值的乘积是电路的有功功率 $P=UI=I^2r=\dfrac{U^2}{r}$。

**1-27　交流电路中电感元件的特点是什么？**

**答**：（1）电压的瞬时值与电流瞬时值的变化率成正比，即 $u_L=L\dfrac{\mathrm{d}i}{\mathrm{d}t}$。

（2）电压和电流的有效值之间的关系是 $I=\dfrac{U_L}{X_L}$，其中 $X_L=\omega L=2\pi fL$。

（3）它们的相位关系是电流滞后于电压 90°。

（4）电压有效值与电流的有效值的乘积是电路的无功功率：

$$Q_L = UI = I^2 X_L = \frac{U^2}{X_L}。$$

### 1-28 交流电路中电容元件的特点是什么？

**答：**（1）电流瞬时值与电压瞬时值的变化率成正比，即 $i = C\dfrac{duc}{dt}$。

（2）电压和电流有效值的关系是 $I = \dfrac{U}{X_C}$，而 $X_C = \dfrac{1}{\omega C} = \dfrac{1}{2\pi f C}$。

（3）电压和电流的相位关系是电流超前于电压 90°。

（4）电路的无功功率 $Q_C = UI = I^2 X_C = \dfrac{U^2}{X_C}$。

### 1-29 电阻、电感、电容串联电路的性质如何？

**答：**电阻 R、电感 L 和电容 C 相串联的电路，简称 R、L、C 串联电路。由于 $u_R$，$u_L$，$u_C$ 为同频率的正弦量，因此可用相量或复数表示，其相量图如图 1-6（a）所示，其合成相量为总电压 $\dot{U}$，即

$$\dot{U} = \dot{U}_R + \dot{U}_L + \dot{U}_C$$

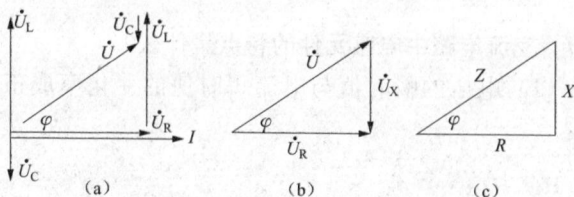

图 1-6 电容、电感的阻容关系

（a）相量图；（b）电压三角形；（c）阻抗三角形

18

由电压三角形可知，总电压的有效值

$$U = \sqrt{U_R^2 + (U_L - U_C)^2} \qquad (1\text{-}16)$$

由于电源频率和电路参数的不同，电路可呈现不同的性质。

（1）当 $X_L > X_C$ 时，电路的性质主要由电感 $L$ 所决定，电路为电感性。此时电路的电抗压降 $U_X = U_L - U_C$ 及电抗 $X = X_L - X_C$ 均为正，电压超前于电流的 $\varphi$ 角为正。

（2）当 $X_C > X_L$ 时，电容在电路中起决定作用，电路呈现电容性。此时电路中的电抗压降及电抗均为负，电流超前于电压的 $\varphi$ 角为负。

（3）当 $X_L = X_C$ 时，电路呈现电阻性，称为谐振电路。

**1-30　什么叫有功功率、无功功率和视在功率？三者单位是什么？三者关系如何确定？**

**答：**有功功率又叫平均功率。交流电的瞬时功率不是一个恒定值，功率在一个周期内的平均值叫做有功功率，它是指在电路中电阻部分所消耗的功率，对电动机来说是指它的出力，以字母 $P$ 表示，单位为 W（瓦）。

无功功率：在具有电感（或电容）的电路里，电感（或电容）在半周期的时间里把电源的能量变成磁场（或电场）的能量储存起来，在另外半周期的时间里又把储存的磁场（或电场）能量送还给电源。它们只是与电源进行能量交换，并没有真正消耗能量。我们把与电源交换能量的振幅值叫做无功功率，以字母 $Q$ 表示，单位 var（乏）。

视在功率：在具有电阻和电抗的电路内，电压与电流的乘积叫视在功率，以字母 $S$ 表示，单位为 VA（伏安）。

有功功率、无功功率、视在功率三者关系可以用功率三角形表示，见图 1-7。

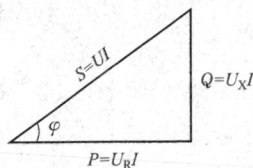

图 1-7　功率三角形

**1-31 什么是相电压、线电压？什么是相电流、线电流？**

**答**：三相输电线（相线）与中性线间的电压叫相电压。相线间的电压为线电压。三相输电线每相负载中流过的电流叫相电流。三相输电线各线中流过的电流叫线电流。

**1-32 什么是三相交流电源？**

**答**：三相交流电源是指三个电动势的频率相同，最大值相等、相位互差 120°，一般称这样三个电动势为对称三相电动势。若设 A 相电动势的初相角为零，它们的数学表达式分别为

$$\left.\begin{aligned} e_A &= E_m\sin\omega t \\ e_B &= E_m\sin(\omega t - 120°) \\ e_C &= E_m\sin(\omega t + 120°) \end{aligned}\right\} \qquad (1-17)$$

**1-33 三相电源的连接方法有哪些？相电压与线电压之间的大小关系如何？**

**答**：一般三相电源的连接方法有两种，一种是星形（丫形）；另一种是三角形（△形）。

1. 星形连接

二相电源的星形连接，就是将三相绕组的末端 X、Y、Z 连接在一起，成为一个公共点，用字母 O 表示，而把三相绕组的始端 A、B、C 分别用导线引出的连接方法，如图 1-8 所示线电

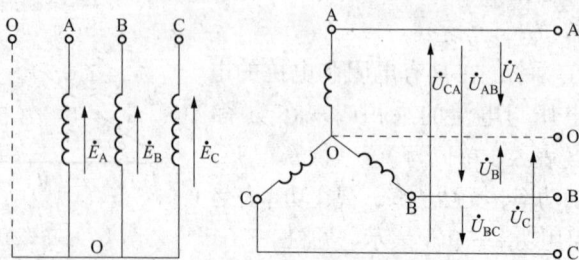

图 1-8 三相电源的星形连接方式

压与相电压的一般关系是

$$U_{L} = \sqrt{3}U_{ph} \tag{1-18}$$

式中　$U_{L}$——线电压；

　　　$U_{ph}$——相电压。

2. 三角形连接

三相电源的三角形连接，就是将电源每相绕组的末端与相邻一相绕组的始端依次相连，如 X 连 B，Y 连 C，Z 连 A，形成一个闭合回路，再从三个连接点 A、B、C 引出端线的连接方法。

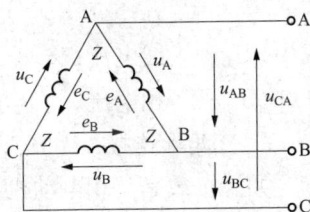

图 1-9　三相电源三角形连接方式

从图 1-9 中可以看出，三相电源作三角形连接时，各线电压等于相应的相电压，即

$$\left. \begin{array}{l} U_{AB} = U_{ph} \\ U_{BC} = U_{ph} \\ U_{CA} = U_{ph} \end{array} \right\}$$

电源作三角形连接时，线电压与相电压的一般关系是

$$U_{L} = U_{ph} \tag{1-19}$$

**1-34　三相负载的连接方法有哪些？相电流与线电流之间的大小关系如何？**

**答：** 三相负载和三相电源一样，也有星形和三角形两种连接方法。

1. 星形连接

三相电动机是三相对称负载，根据具体情况可以连接成星形，也可以连接成三角形。而电灯负载，一般情况下是不对称负载，将它连接成星形且有中线，如图 1-10 所示。

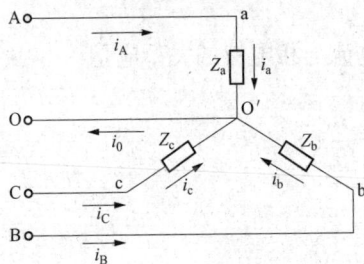

图 1-10　三相负载的星形连接

21

在星形连接的三相电路中，线电流等于相应的相电流，即

$$\left.\begin{array}{l} i_A = i_a \ \text{或} \ I_A = I_a \\ i_B = i_b \ \text{或} \ I_B = I_b \\ i_C = i_c \ \text{或} \ I_C = I_c \end{array}\right\}$$

一般形式

$$I_L = I_{ph} \qquad (1\text{-}20)$$

式中　$I_L$——线电流；

　　　$I_{ph}$——相电流。

2. 三角形连接

如果负载是三相电动机，就可将三相绕组的始端和末端依次连接起来，构成闭合回路，再将三个连接点接入三相电源，这就是负载的三角形连接，如图 1-11 所示，其相量图如图 1-12 所示。

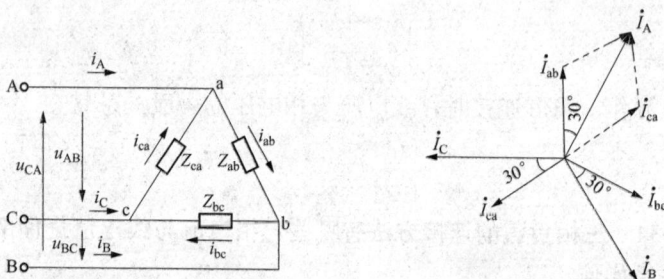

图 1-11　三相负载的三角形连接　　图 1-12　三相负载的三角形连接相量图

对称负载作三角形连接时线电流与相电流的关系应是

$$\left.\begin{array}{l} I_A = \sqrt{3} I_{ab} \\ I_B = \sqrt{3} I_{bc} \\ I_C = \sqrt{3} I_{ca} \end{array}\right\}$$

写成一般形式为

$$I_L = \sqrt{3} I_{ph} \qquad (1\text{-}21)$$

### 1-35 怎样计算三相电路的功率?

**答**:在三相电路中,不论负载是连接成星形还是连接成三角形,也不论负载是对称还是不对称,三相总的有功功率必定等于各相有功功率之和,即 $P = P_a + P_b + P_c$。若三相负载是对称的,每相负载所消耗的有功功率相等,即 $P_a = P_b = P_c = P_{ph}$。当负载的相电压和相电流分别为 $U_{ph}$、$I_{ph}$,负载的功率因数为 $\cos\varphi$ 时,三相总的有功功率、无功功率、视在功率为

$$P = 3U_{ph}I_{ph}\cos\varphi = \sqrt{3}U_L I_L \cos\varphi \qquad (1-22)$$

$$Q = 3U_{ph}I_{ph}\sin\varphi = \sqrt{3}U_L I_L \sin\varphi \qquad (1-23)$$

$$S = 3U_{ph}I_{ph} = \sqrt{3}U_L I_L \qquad (1-24)$$

### 1-36 什么是交流电的谐振?

**答**:用一定的连接方式将交流电源、电感线圈与电容器组合起来,在一定的条件下,电路有可能发生电能与磁能相互交换的现象,此时,外施交流电源仅提供电阻上的能量消耗,不再与电感线圈或电容器发生能量转换,这种现象就称为电路发生了谐振。谐振包括串联谐振和并联谐振。

串联谐振时,因为 $X_L = X_c$,所以阻抗 $Z_0 = R$ 达到最小值,电流达到最大值 $I_0 = \dfrac{U}{R}$,此电流即为谐振电流。

并联谐振时,由于端电压和总电流同相位,使电路的功率因数达到最大值,即 $\cos\varphi$ 等于 1,而且并联谐振不会产生危害设备安全的谐振过电压。因此,为我们提供了提高功率因数的有效方法。

### 1-37 什么叫过渡过程?产生过渡过程的原因是什么?

**答**:过渡过程是一个暂态过程,是从一种稳定状态转换到另一种稳定状态所要经过的一段时间内的这种过程。

产生过渡过程的原因是由于储能元件的存在。储能元件如电

感和电容，它们在电路中的能量不能跃变，即电感的电流和电容的电压在变化过程中不能突变，所以，电路中的一种稳定状态过渡到另一种状态要有一个过程。

### 1-38　什么是基波？什么是谐波？

答：周期为 $T_s$ 的信号中有大量正弦波，其频率分别为 $\frac{1}{T}$、$\frac{2}{T}$、…、$\frac{n}{T}$ Hz，称频率为 $\frac{1}{T}$ Hz 的正弦波为"基波"，频率为 $\frac{n}{T}$ Hz 的正弦波为"$n$ 次谐波"。

### 1-39　什么是交流电的集肤效应？有什么作用？

答：集肤效应又称趋肤效应，是指在交流电通过导体时，导体截面上各处电流分布不均匀，导体中心处密度最小，越靠近导体的表面密度越大，这种电流集中在导体表面流通的现象称为集肤效应。

集肤效应使导体的有效电阻增加，相当于导线的截面减小，电阻增大。既然导线的中心部分几乎没有电流通过，就可以把这中心部分除去以节约材料。因此，在高频电路中可以采用空心导线代替实心导线。此外，为了削弱趋肤效应，可以采用分裂导线供电。在工业应用方面，利用趋肤效应可以对金属进行表面淬火。

### 1-40　什么是邻近效应？

答：指一个导体内交流电流的通过和分布，受到邻近导体中交流电所产生磁场的影响的物理现象。

### 1-41　什么是静电屏蔽？

答：用导体制成屏蔽外壳，处于外电场中，由于壳内电场强度为零，可使放在壳内的设备不受外电场的干扰，或将带电体放在接地金属外壳内，可使壳内电场的电力线不穿到壳外，以上两种情况，均称"静电屏蔽"。

**1-42　为什么要测量电气设备绝缘电阻？测量结果与哪些因素有关？**

**答：**测量电气设备绝缘电阻的作用：

（1）可以检查绝缘介质是否受潮。

（2）检查是否存在局部绝缘开裂，或损坏；这是判别绝缘性能较简便的方法。

绝缘电阻值与下列因素有关：

（1）通常绝缘电阻值随温度上升而减小。为了将测量值与过去比较，应将测得的绝缘电阻值换算到同温时，才可比较。

（2）绝缘电阻值随空气的湿度增加而减小，为了消除被测物表面泄漏电流的影响，需用干棉纱擦去被测物表面的潮气和脏污。

（3）绝缘电阻值与被测物的电容量大小有关，对电容量大的（如电缆大型变压器等），在测量前应将绝缘电阻表的屏蔽端 G 接入，否则测量值偏小。

（4）绝缘电阻与绝缘电阻表电压等级及应接被测物的额定电压等级有关，应按被测物的额定电压等级，正确选用绝缘电阻表，如测量 35kV 的设备，应选 2500V 绝缘电阻表，若绝缘电阻表电压低测量值将虚假地偏大。

**1-43　用绝缘电阻表测量绝缘时，为什么规定摇测时间为 1min？**

**答：**用绝缘电阻表测量绝缘电阻时，一般规定以摇测 1min 后的读数为准。因为在绝缘体上加上直流电压后，流过绝缘体的电流（吸收电流）将随时间的增长而逐渐下降。而绝缘的直流电阻是根据稳态传导电流确定的，并且不同材料的绝缘体，其绝缘吸收电流的衰减时间也不同。但是试验证明，绝大多数材料其绝缘吸收电流经过 1min 已趋于稳定，所以规定以加压 1min 后的绝缘电阻值来确定绝缘性能的好坏。

**1-44　电气设备绝缘电阻合格的标准如何？**

**答**：（1）每千伏电压，绝缘电阻不应小于 $1\mathrm{M}\Omega$。

（2）出现以下情况之一时，应及时汇报，查明原因：

1）绝缘电阻已降至前次测量结果的（或者出厂测试结果的）$1/5\sim1/3$；

2）绝缘电阻三相不平衡系数大于 2；

3）绝缘电阻的吸收比 $R_{60''}/R_{15''}<1.3$。在排除干扰因素，确证设备无问题，方可送电。否则，送电可能造成设备损坏。

**1-45　为什么电动机的额定容量用有功功率表示，而变压器的额定容量以视在功率表示？**

**答**：电动机的额定容量指其轴上输出的机械功率，因此必须用以千瓦为单位的有功功率表示。变压器的输出容量取决于其允许的电流，其电流不仅与负载的有功功率有关，而且与负载的功率因数有关，功率因数很低时即使有功负荷很低，电流也可能很大，所以用视在功率表示容量。

**1-46　什么是电气设备的额定电压？为什么要规定额定电压等级？**

**答**：所谓电气设备的额定电压，是指电气设备长期、连续、正常工作所能承受的最高电压，在此电压下长期工作，能获得最佳的技术和经济性能。

当输送功率一定时，输电电压越高，电流越小，导线等电气设备的投资越小。但电压越高，对电气设备绝缘的要求也越高，投资又有所加大。因此，为了便于实现电气设备选择、制造和使用的标准化、系列化，我国规定了标准电压（即额定电压）等级系列。在设计时，应选择最合理的额定电压等级，而不是任意选择。

**1-47　什么叫功率因数？为什么要提高功率因数？**

**答：**有功功率 $P$ 对视在功率 $S$ 的比值，叫做功率因数，常用 $\cos\varphi$ 表示。提高电路的功率因数，可以充分发挥电源设备的潜在能力，同时可以减少线路上的功率损失和电压损失，提高用户电压质量。

**1-48　怎样提高电网的功率因数？**

**答：**提高功率因数的方法有：变电站装设无功补偿设备，如调相机、电容器组及静止补偿装置，对用户可以采用装设低压电容器等措施。

**1-49　电能的生产与其他工业生产相比有什么特点？**

**答：**（1）电能的生产与国民经济各部门之间密切相关，电能供应的中断或不足，将直接影响各部门的生产、运行和人民生活。

（2）电力系统电磁变化过程非常短暂，电能的传输、电气设备的投切、运行方式的改变均在瞬间完成，因此要求具有很高的自动化水平。

（3）电能的生产、输送、分配和使用是同时进行的，因为电能不能大量存储，电能的生产和使用时刻保持平衡。

**1-50　什么是正序分量、负序分量、零序分量？**

**答：**正序分量：任意一组不对称的三相正弦电压或电流相量都可以分解成三组对称的分量，一组是正序分量，用下标"1"表示，相序与原不对称正弦量的相序一致，即 A-B-C 的次序，各相位互差 $120°$。

负序分量：用下标"2"，表示相序与原正弦量相反，即 A-C-B，相位也差 $120°$。

零序分量：用下标"0"表示，三相的相位相同。

27

### 1-51 什么是中性点位移？

**答：** 当星形连接的负载不对称时，如果没有中性线或中性线的阻抗较大，就会出现中性点电压，这种现象叫做中性点位移。

### 1-52 什么是保护接地和保护接零？

**答：** 为了保证电力系统在正常及故障情况下的安全运行，通常发电厂、变电站中设置可靠的接地点，以保证设备和人员的安全。所谓接地，就是将电气装置中必须接地的部分与大地做良好的连接，接地分为保护接地（安全接地）及工作接地两种。

其中，为了保证人身安全，将正常工作时不带电，而由于绝缘损坏可能带电的金属构件或电气设备外壳进行的接地，称为保护接地，如电动机的外壳接地；而为了保证电力系统在正常运行及故障情况下，能够可靠工作的接地是工作接地，如变压器的中性点接地。在中性点直接接地的 380/220V 三相四线制低压系统中，目前广泛采用保护接零。在中性点直接接地的低压配电网中，星形连接的电源中性点与大地有良好的连接，即为"零"，从零点引出的金属导线称为零线，或称接地中性线，用 N 表示。将电气设备平时不带电的外露可导电部分与零线做良好的连接，称为保护接零。保护接零分为 TN－C 系统、TN－S 系统和 TN－C－S 系统三种形式。

### 1-53 滤波电路有什么作用？

**答：** 整流装置把交流电转化为直流电，但整流后的波形中还包含相当大的交流成分，这样的直流电只能用在对电源要求不高的设备中。有些设备如电子仪表、自动控制等电路，要求直流电源脉动成分特别小，因此，为了提高整流电压质量，改善整流电路的电压波形，常常加装滤波电路，将交流成分滤掉。

### 1-54 如何用可控硅实现可控整流？

答：在整流电路中，可控硅在承受正向电压的时间内，改变触发脉冲的输入时刻，即改变控制角的大小，在负载上可得到不同数值的直流电压，因而控制了输出电压的大小。

### 1-55 逆变电路必须具备什么条件才能进行逆变工作？

答：逆变电路按照其工作形式分为无源逆变电路和有源逆变电路两种。无源逆变电路就是将直流电能转换为某一固定频率或可变频率的交流电能，并且直接供给负载使用的逆变电路；有源逆变电路就是将直流电能转换为交流电能后，又送到交流电网的逆变电路。

逆变电路必须同时具备下列两个条件才能产生有源逆变：

（1）变流电路直流侧应具有能提供逆变能量的直流电源电势 $E_d$，其极性应与晶闸管的导电电流方向一致。

（2）变流电路输出的直流平均电压 $U_d$ 的极性必须与整流电路相反，以保证与直流电源电势 $E_d$ 构成同极性相连，且满足 $U_d < E_d$。

### 1-56 单相半波整流电路的工作原理及特点是什么？

答：在变压器的二次绕组的两端串联一个整流二极管和一个负载电阻。当交流电压为正半周时，二极管导通，电流流过负载电阻；当交流电压为负半周时，二极管截止，负载电阻中没有电流流过。所以负载电阻上的电压只有交流电压的正半周，即达到整流的目的。

单相半波整流电路的特点：接线简单，使用的整流元件少，但输出电压低，效率低，脉动大。

### 1-57 全波整流电路的工作原理及特点是什么？

答：变压器的二次绕组中有中心抽头，组成两个匝数相等的绕组，每个半绕组出口各串接一个二极管，使交流电在正、负半周时各流过一个二极管，以同一方向流过负载。这样就在负载上获得一个脉动的直流电流和电压。

全波整流电路的特点是：输出电压高、脉动小、电流大，整流效率也较高，但变压器的二次绕组要有抽头，使其体积增大，工艺复杂，而且两个二极管只有半个周期内有电流流过，使变压器的利用率降低，二极管承受的反向电压高。

**1-58　防止晶闸管误触发有哪些措施？**

答：（1）触发电路电源变压器、同步变压器应具有静电隔离设施，脉冲变压器必要时也可加静电隔离屏蔽层。

（2）尽量避免控制极电路靠近大的电感性元件，也不要与大电流的母线靠得太近。脉冲电路的输入线及输出到晶闸管门极的控制线应采用屏蔽线。

（3）选用有较大触发电流的晶闸管，使得较小的干扰脉冲不能使晶闸管被误触发。

（4）在晶闸管的控制极和阴极间并联 $0.01\sim0.03\mu F$ 的电容器，也可减小干扰，但由于电容器会使正常触发脉冲的前沿变缓，所以电容量的选择不要过大。

（5）在晶闸管的控制极和阴极间加 30V 左右的反向偏置电压，可用固定负压或二极管、稳压管等实现。

（6）脉冲电路的电源应加滤波器，为了消除电解电容器对电感的影响，应并联一只小容量的金属纸介质或陶瓷电容器，以吸收高频干扰。

**1-59　DC/DC 变换电路的主要形式和工作特点是什么？**

答：DC/DC 变换器有两种主要的形式，一种是逆变整流型，另一种是斩波电路控制型。

逆变整流型是将直流电压逆变成一个固定的高频交流电压，将这个交流电压经变压器变为要求的交流电压，再整流成所需要的直流电压。逆变电路一般采用恒压恒频控制，它适用于小功率的电源变换和变压比较大的变换。

斩波电路控制型可选用多种脉冲调制方式作为控制输入，适用于不需要隔离的场合和升压、降压比不大的场合。

### 1-60 斩波电路的主要功能和控制方式是怎样的？

**答：** 直流斩波电路是一种直流/直流（DC/DC）变换电路，其主要功能是通过控制直流电源的通和断，实现对负载上的平均电压和功率进行控制，即所谓的调压调功功能。

斩波电路常用的三种控制方式有：时间比控制方式、瞬时值控制方式和时间比与瞬时值相结合的控制方式。

# 第二章

# 电机学基本知识

**2-1　三相交流对称绕组的构成原则是什么？**

**答：**（1）绕组合成的电动势和磁动势的波形力求接近正弦波。

（2）在一定的导体数下，获得较大的基波电动势和基波磁动势。

（3）三相绕组对称，即各相绕组结构完全相同、在空间上互差120°电角度，以获得对称的三相电动势和三相磁动势。

（4）用铜量少，散热条件好，制造工艺简单，便于安装检修。

**2-2　发电机铭牌上标示的型号、额定容量、额定电压、额定电流、额定温升、额定功率因数是什么意思？**

**答：**（1）型号。表示该台发电机的类型和特点，一般用拼音头一个字母来表示。

（2）额定容量。指该台电机长期安全运行的最大允许输出功率。

（3）额定电压。指该台电机长期安全工作的最高电压。发电机的额定电压指的是线电压。

（4）额定电流。指该台电机正常连续运行的最大工作电流。

（5）额定温升。指该台电机某部分的允许最高温度与冷却介质额定入口温度的差值。

（6）额定功率因数。指额定有功功率和额定视在功率的比值。

## 2-3 发电机的容量如何选择?

**答:**(1)额定容量。在额定功率因数和额定氢压及最高冷却额定温度的前提下,发电机的额定容量与其额定出力配合选择。如一台 600MW 的发电机功率因数为 0.9,则发电机的额定容量为 667MVA,也就是发电机的铭牌功率。

(2)最大连续容量。发电机的最大连续容量应与其最大连续出力配合选择。此时,发电机的功率因数为额定功率因数,氢压为额定氢压,冷却器进水温度与汽轮机相应工况下的冷却水温相一致。

机电容量配合原则如表 2-1 所示。

表 2-1 机电容量配合原则

| 工 况 | 汽轮机功率 | 主要技术条件 | 汽轮机进汽量 | 发电机条件 |
|---|---|---|---|---|
| 额定工况<br>(经济工况 ECR) | 额定功率<br>(最经济<br>连续功率) | 额定排汽压力,<br>补水率 0%<br>(设计水量) | 额定进汽量<br>(TRD) | 全部额定 |
| 最大连续工况 | 最大连续功率 | 额定排汽压力,<br>补水率 0%<br>(设计水量) | TMCR 进汽量与<br>能力工况相同 | 希望全部为额<br>定条件,如果<br>有困难,允许<br>降低冷却介<br>质温度 |
| 阀门全开工况<br>(或 TV-WO<br>+OP 工况) | 阀门全开功率<br>(最大容量) | 额定排汽压力,<br>补水率 0%<br>(设计水量) | TVWO 进汽量<br>等于 1.03~<br>1.05TMCR<br>进汽量 | 允许降低冷却<br>介质温度,<br>提高氢压 |
| 部分负荷工况<br>(如 75%、<br>50%等) | 部分负荷功率 | 额定排汽压力,<br>补水率 0%<br>(设计水量) | 部分负荷进汽量 | 全部额定 |
| 高压加热器<br>全停工况 | 不小于额定功率 | 额定排汽压力,<br>补水率 0%<br>(设计水量) | 计算值 | 全部额定 |

**2-4 三相正弦交流电流流过对称三相交流绕组时，合成磁动势的基波具有什么特点？**

答：三相合成磁动势的基波是一个幅值恒定的旋转磁动势波，该旋转磁动势具有如下特点：

（1）幅值等于单相脉振磁动势基波最大幅值的 1.5 倍；

（2）当某一相电流达到最大值时，合成磁动势波的幅值正好处在该相绕组的轴线上；

（3）转速即为同步转速 $n_1 = \dfrac{60 f_1}{p}$ （r/min）；

（4）转向与电流相序一致。

**2-5 大型发电机的定子绕组为什么采用三相双层短距分布绕组？**

答：采用三相双层短距绕组，目的是为了改善电流波形，即消除绕组的高次谐波电动势，以获得较为理想的正弦波电动势。只要合理选择线圈节距，使某次谐波的短距系数等于或接近 0，使得线圈两有效边中感应的某次谐波电动势大小相等、相位相同，在沿线圈回路内正好相互抵消，就可以消除或削弱该次谐波电动势。虽然这种接法对基波电动势的大小有所影响，但这种影响不大。

**2-6 发电机有功功率、无功功率、视在功率之间的关系是什么？**

答：有功功率 $P$、无功功率 $Q$、视在功率 $S$ 各自的公式如下

$$P = S\cos\varphi = UI\cos\varphi$$

$$Q = S\sin\varphi = UI\sin\varphi$$

$$S = UI（U、I 分别指线电压、线电流的有效值）$$

有功功率 $P$、无功功率 $Q$、视在功率 $S$ 三者之间的关系

$$S = \sqrt{P^2 + Q^2}$$

同步发电机都是三相的，在计算三相功率时应注意所用的是相电压、相电流还是线电压、线电流。若用线电压、线电流则直接用上述公式即可。若用相电压、相电流表示时，表达式如下

$$P = 3U_{ph}I_{ph}\cos\varphi$$
$$Q = 3U_{ph}I_{ph}\sin\varphi$$
$$S = 3U_{ph}I_{ph}$$

**2-7　高次谐波电动势的存在有什么不良影响，大型发电机采用哪些措施削弱其影响？**

答：实际的电机中，由于磁极磁场不可能是理想的正弦波，因此造成感应的定子电动势也不可能是理想的正弦波形，必然含有幅值、频率与基波不等的高次谐波分量。高次谐波分量的存在，主要有以下不良影响：

(1) 发电机本身损耗增加，温升增加，效率下降。

(2) 可能引起输电线路的电感和电容谐振，产生过电压。

(3) 对通信线路产生干扰。

大型发电机削弱高次谐波影响的常用方法有：

(1) 隐极发电机的气隙是均匀的，因此只要把每极范围内安放的励磁绕组与极距之比设计在 0.7～0.8 范围内，就可使发电机磁极磁场的波形比较接近于正弦波形。

(2) 采用Y形绕组。3 次谐波及其倍数奇次谐波是同大小、同相位的，因此采用这种接法可把这些谐波抵消掉。

(3) 采用短距绕组，可削弱 5、7 次谐波。

(4) 采用分布绕组，即增大每极每相槽数 $q$，可显著削弱高次谐波电动势；但随着 $q$ 值的增大，电枢槽数增多，这将引起制造成本增加。所以，一般隐极发电机的每极每相槽数取 6～12。

**2-8　发展大容量发电机存在的主要问题是什么？**

答：发展大容量发电机与中小型发电机相比，需要考虑的主要问题有以下几个方面：

（1）参数设计方面。如 2-7 题所述，大型发电机容量大，体积并不成倍的增加，材料的利用率提高，造成了大型发电机虽然 $GD^2$（$G$ 为重量，$D$ 为直径）的绝对值增加，但与容量的比值减小，即惯性时间常数 $H=\dfrac{2.74GD^2n^2}{S}\times10^{-3}$ 反而降低，使机组更易于失去稳定。此外，电机参数增大、衰减时间常数增加、热容量降低、励磁电流增加、功率极限和静态稳定储备下降等问题都是发展大容量发电机时在设备制造工艺、运行维护水平和继电保护配置的可靠和完善等方面需要重点考虑的问题。

（2）结构工艺方面。

1）冷却方式复杂。由于容量增大，因此定、转子电流增加，漏磁增加，运行中发热增加，在结构设计方面如何进行有效的冷却至关重要。

2）轴向与径向比增大，运行中振动加剧。

3）大机组的并联分支多，绕组结构复杂，尤其是水轮发电机，中性点的连接非常复杂。

（3）运行方面。

1）励磁系统复杂，失磁故障的几率增加。

2）自并励励磁系统的发电机，故障后短路电流快速衰减，对后备保护比较困难。

3）异常运行的工况多。

4）发电机与主变压器之间不设置断路器，机端故障和发电机失磁使厂用电电压下降严重。

**2-9　燃气轮发电机定子、转子分别由哪几部分构成？**

答：燃气轮发电机定子结构主要包括机座、定子铁心、端盖、定子绕组、冷却器等。燃气轮发电机转子主要由转子铁心、转子绕组、护环以及滑环、风扇等部件组成。

**2-10　燃气轮发电机冷却技术的发展情况如何？**

答：每台发电机都有一个额定容量，这个容量是考虑了发电机的发热情况、效率和机械强度等情况而定的，在此容量下长期、连续正常工作，发电机能获得最佳的经济、技术性能。就是说发电机发出的功率超过它的额定容量时，就会导致温升过高或效率降低。在小容量的电机中，由于体积小，工艺相对简单，因而发热问题容易解决。但在大型发电机中，常常是发热问题对机组的出力起着主要的制约作用。大型电机体积大，内部产生的热量不容易散发出来，使内部和表面之间的温差增大，提高了电机内部的温升。随着发电机容量的增大，额定电压也需要增高，定子绕组的绝缘也需要加强，绕组铜线的损耗要透过绕组绝缘传出来也就越困难，使得绕组内外的温差常达 $20\sim30$℃。所以，改进电机的冷却方式，提高电机的电磁负载，用同样的材料做出更大容量的电机，将是对经济发展的重大贡献。

最初的燃气轮发电机采用空气冷却。虽然这种方式具有辅机系统少、安装维护方便、检修时间较短、运行费用低等优点，但这种冷却方式冷却能力差，摩擦损耗大，且需要的空气量随着机组容量的增大而增加，电机尺寸也随之加大。另外，辅助系统消耗功率也增加，效率不能达到要求。因此，增加空冷发电机容量的主要难题就是抑制线圈温度和降低包括风耗在内的各种损耗及解决材料强度的限制。据悉，世界上最大的空冷发电机可以做到150MW。我国目前已成功制造并运行 135MW 级别的空冷发电机。20 世纪中期开始，用氢气代替空气冷却的氢冷技术发展起来，取得了比较显著的效果。因为氢气的质量只用空气的十几分之一，辅助系统消耗大大减小，而且氢气导热性能比空气高 6 倍，流动性也比空气好，可以提高发电机的单机容量。20 世纪 50 年代以后，氢冷技术由最初的氢表面冷却发展到内部冷却阶段，即氢内冷方式。冷却技术有了明显突破，同时热容量更大，冷却效果更好的冷却介质如水和油，都得到了广泛的应用，使得发电机的单机容量有了大幅度的提高。国外燃气轮发电机的最大单机容量已达到 1710MVA（4 极）和 1412MVA（2 极）。我国在引进吸收和消化国外先进技术的基础上对原有的电机进行了改型和优化设计，并相继开发和研制出多种新型电机，在 1986 年制成了 300MW 双水内冷和全氢冷型燃气轮发电机的基础上，1989 年又试制成功优化型 300MW 水氢氢冷燃气轮发电机，并投入运行。600MW 的单机也逐步进入一些大的电力系统，这些电机的一些主要性能已达到当今的国际水平。

### 2-11 燃气轮发电机冷却技术，有何主要问题？

**答：** 今天，经过世界各国的共同努力，无论是氢冷还是水冷，在技术上都有很大进步，积累了大量宝贵的经验。对定子绕组采用水冷方式效果显著，制造工艺较为简单，技术上比较成熟，尤其对大容量发电机的冷却比较合适。就其转子冷却方式而言，氢冷转子仍在主导地位，技术比较成熟，可靠性高。尽管水冷效果显著，但在水接头及引水管的结构形式、材料选用及装配工艺、气蚀问题和水压问题等方面都尚有技术上的难题，各国正在研究中。可以说，水冷和氢冷两种冷却方式各有所长，各有利弊。目前，定子、转子都采用氢内冷的最大单机容量为960MW；定子水内冷、转子氢内冷、定子铁心氢外冷的最大单机容量已达到 1500MW。

### 2-12 同步发电机的"同步"是什么意思？

**答：** 发电机带负荷以后，三相定子电流产生的磁场与转子以同方向、同速度旋转，称"同步"。

### 2-13 同步发电机是如何发出三相正弦交流电的？

**答：** 发电机的转子由原动机带动旋转，当转子绕组通入励磁电流后，转子就会产生一个旋转磁场，它和静止的定子绕组间形成相对运动，相当于定子绕组在不断地切割磁力线，于是在定子绕组中就会感应出电动势来。由于在制造时已使转子磁场磁通密度的大小沿磁极极面的周向分布为接近的正弦波形，转子不停地旋转，故定子三相绕组每一相的感应电动势随时间变化的波形就和磁通密度在气隙中沿圆周分布的空间波形相似，而定子三相绕组又是沿铁心内圆各相隔 120°电角度布置的，所以定子三相绕组感应电动势的波形就成为相位差各为 120°的正弦波形。

### 2-14　同步发电机的功角 $\theta$ 的物理意义是什么？

**答**：功角 $\theta$ 具有双重的物理意义：一是空载电动势 $\dot{E}_0$ 和端电压 $\dot{U}$ 之间的夹角；二是主极励磁磁场 $\dot{F}_f$ 轴线和合成等效磁场 $\dot{F}$ 轴线之间的夹角（电角度），如图 2-1 所示。$\dot{F}_f$ 超前 $\dot{E}_0$ 90°，$\dot{F}$ 超前 $\dot{U}$ 90°。夹角 $\theta$ 的存在使两磁极间的气隙中通过的磁力线扭斜了，产生了"磁拉力"，这些磁力线像弹簧一样有弹性地将两磁极联系在一起。对于并列运行在无穷大容量电力系统的发电机，在

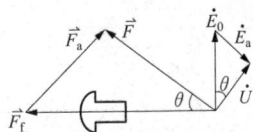

图 2-1　功角 $\theta$ 的物理意义

励磁电流不变的情况下，功角 $\theta$ 越大，磁拉力越大，相应的电磁转矩和电磁功率越大。

功角 $\theta$ 是同步发电机并列运行的一个重要物理量，不仅反映了转子主磁极的空间位置，也决定着并列运行时输出功率的大小。功角的变化势必引起同步发电机的有功功率和无功功率的变化。

### 2-15　何谓燃气轮发电机的功角特性？

**答**：所谓功角，是指发电机的空载电动势 $\dot{E}_0$ 和端电压 $\dot{U}$ 之间的相位差。功角特性是指同步发电机接在无穷大容量电网上稳态运行时，发电机的电磁功率和功角之间的关系。假定发电机与无穷大系统并列运行，且发电机处于不饱和状态，忽略定子绕组的电阻，则可以根据发电机的功率平衡关系和运行相量图得到发电机电磁功率表达式为

$$P_{em} = mUI\cos\varphi = m\frac{E_0 U}{X_d}\sin\theta$$

式中　$P_{em}$——发电机一相的电磁功率；

　　　$U$——发电机的相电压；

　　　$I$——发电机的相电流；

　　　$E_0$——发电机的空载电动势；

　　　$X_d$——发电机的同步电抗；

　　　$\varphi$——功率因数角；

　　　$\theta$——功角；

　　　$m$——定子绕组相数。

上式表明在发电机的端电压和励磁电流不变时，电磁功率

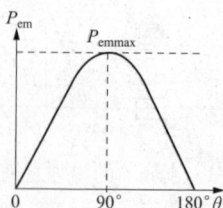

$P_{em}$ 的大小取决于 $\theta$ 角的大小，所以称 $\theta$ 角为功角。电磁功率随着功角的变化曲线，称为功角特性曲线，如图 2-2 所示。

从功角特性曲线可知，同步发电机的电磁功率 $P_{em}$ 与功角 $\theta$ 成正弦函数关系。当功角 $\theta$ 从 0° 逐渐增大到 90° 的区间，功角特性曲线是上升的，电磁功率随着功角的增加而增加；当 $\theta=90°$ 时，电磁功率达

图 2-2　隐极同步发电机功角特性曲线

到最大值，即 $P_{emmax}=m\dfrac{E_0U}{X_d}$。

当功角 $\theta$ 从 90° 继续增加到 180° 的区间，功角特性曲线是下降的，电磁功率随着功角的增加而减小；当 $\theta>180°$ 时，电磁功率由正变负，说明发电机不再向电网输送有功功率，而从电网吸收有功功率，即电机从发电机运行状态变成电动机或调相机运行状态。

### 2-16　快速自动励磁调节如何调节系统稳定性？

答：励磁自动静止系统对电力系统运行的稳定性有着密切的关系。快速的自动励磁调节能提高发电机并列运行输出功率的极限值，增大了发电机运行的静态储备。

当电力系统受到短路等严重干扰时，励磁系统对发电机运行

稳定的影响表现在强行励磁的作用以及短路切除后转子摇摆期间给以恰当的励磁控制，使振荡快速平息下来。短路时，原动机供给的功率不变，而发电机的输出功率却因端电压的降低而明显减少，产生过剩功率使转子加速，威胁同步发电机的同步运行并可能使其失去同步。在此时实现强励，可以迅速提高发电机励磁电压的顶值，提高发电机的内部磁通，在发电机转子和系统间发生相对位移的第一个摇摆期间增加发电机的电磁功率，减少其加速功率，从而改善了系统的动态稳定性。因此，要求励磁控制系统具有高速响应性能和高顶值电压的特性。

**2-17　如何提高具有快速励磁系统的发电机的静态稳定性？**

**答：**快速励磁系统反应灵敏，调节快速，因此提高了静态稳定极限功率，扩大了人工稳定区。但快速励磁系统允许的开环放大倍数小，否则发电机将在小的干扰下产生自发振荡而失去稳定。为了既能避免自发振荡，又能保证要求的电压精度，目前可以通过以下措施来提高具有快速励磁系统的发电机的静态稳定性：

（1）采用镇定环节——电力系统稳定器。在励磁调节器上引入一个按功角的变化率来影响励磁电流的调节环节，相当于增加了发电机阻尼，这样可以在高放大倍数下消除发电机的自发振荡，提高静态稳定。

（2）采用最优励磁控制器。以微机为主体的最优励磁控制器可以按多个状态量的变化对发电机的励磁进行最优的控制，它能提供适当的阻尼，有效抑制各种频率的低频振荡，从而可以大幅度地提高静态稳定的极限。

**2-18　同步发电机运行中有功功率和无功功率的调整应满足哪些条件？**

**答：**燃气轮发电机输出的有功和无功功率，可以根据电力系统的情况进行调节，有功和无功功率都有最大值和最小值的限制，超过限制范围的发电机将不能正常运行。在稳定运行下，发电机的安全运行极限决定于以下五个条件。

1. 原动机输出功率的限制

汽轮机输出功率是根据发电机的额定有功功率 $P_N$ 设计的，虽有过载能力，但运行中不宜高出 $P_N$。另外，还受最小功率 $P_{min}$ 的限制，运行时也不能小于 $P_{min}$。限制 $P_{min}$ 不是由于发电机本身，而是汽轮机和锅炉方面的原因。汽轮机的最小允许功率与汽轮机的类型有关，一般为额定值的 $10\%\sim20\%$。此外，由于锅炉在低负载时燃烧不稳定，特别是燃煤锅炉，故 $P_{min}$ 还受锅炉最小出力的限制。

2. 定子三相绕组电流的限制

发电机三相定子绕组导体截面积、发电机的冷却系统都是按照额定电流设计的，运行中定子电流不可超过额定值 $I_N$。

3. 定子端部发热的限制

发电机在进相运行时，定子端部的漏磁将大于迟相运行状态的端部漏磁，将在定子端部铁心及金属压板等处感生过大的涡流，导致温度升高。当温度超过允许值时，就要限制无功功率的吸收。

4. 励磁电流的限制

发电机励磁绕组导体截面积、冷却条件、励磁系统等按照发电机额定允许条件下所需的励磁电流（额定励磁电流）而设计的，所以运行中励磁电流不能超过额定值。

5. 进相运行稳定度的限制

由于发电机转入进相运行时的功角 $\theta$ 增大，容易出现不稳定情况，所以此时就要限制其输出的有功功率或吸收的无功功率。

以上条件决定了发电机工作的允许范围。

**2-19** 为什么调节无功时有功不变，而调节有功时无功会自动改变？

答：调节无功时，励磁电流的变化会引起功角 $\theta$ 的变化，当励磁电流增加时，通过气隙的转子磁通增加，相当于定、转子间磁拉力增加，使功角 $\theta$ 减小，或根据公式 $P_{em}=mUI\cos\varphi=m\dfrac{E_0U}{X_d}\sin\theta$，在 $E_0$ 增加时，$\sin\theta$ 减小，电磁功率可基本保持不变。

调节有功时，对无功输出的影响较大。

如图 2-3 所示，有功分量电流增加，保持 $\dot{E}_0$ 不变时，无功分量就减小，当功角 $\theta$ 越大时，无功分量电流也就越小。当励磁调节器投入

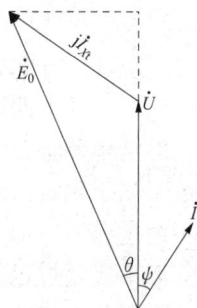

图 2-3 同步发电机
简化相量图

自动时，若有功增加，调节器会自动增加励磁，保持有功电压不变。

### 2-20 什么是同步发电机的 V 形曲线？

**答**：发电机运行中，对应于每一个给定的有功功率，调节励磁电流使 $\cos\varphi=1$ 时，定子电流有最小值。这时，调节励磁电流（无论增大还是减小励磁电流）都将使定子电流增大。把定子电流 $I$ 随着励磁电流 $I_f$ 变化的关系绘制成曲线，就是图 2-4 所示的 V 形曲线。对应于不同的有功功率，有不同的 V 形曲线。

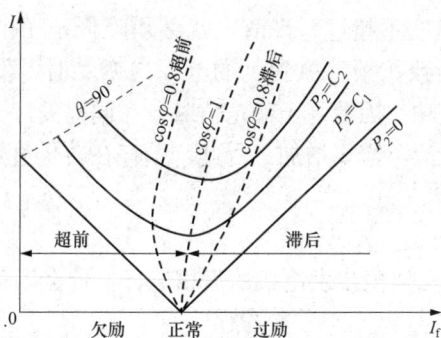

图 2-4 同步发电机 V 形曲线

### 2-21 同步发电机的 V 形曲线有什么指导意义？

**答：** V 形曲线与发电机的安全运行极限一样，对运行中发电机的功率调整有着重要的指导意义。发电机在运行中若其功率因数不同于额定值时，发电机的负荷应调整到使其定子和转子电流不超过在该冷却气体温度下所允许的数值。发电机的功率因数，一般不应超过迟相 0.95，如有自动励磁调整器，必要时可以在功率因数为 1 的条件下运行，并允许短时间功率因数在进相 0.95～1 的范围内运行。内冷发电机功率因数从额定值到 1 之间的长时间允许负荷，应由专门的试验确定。

为了保证运行的稳定性，规定发电机功率因数不超过迟相 0.95 运行。发电机的功率因数越高，表示输出的无功越少，而当功率因数等于 1 时就不输出无功功率。因为发电机输出的无功功率是从调节转子绕组的励磁电流得到的，当功率因数越高时，表示发电机的励磁电流越小，发电机定子和转子磁极间的引力减小而功角增大，所以会使运行的稳定性降低。当功率因数低于额定值运行时，发电机的出力也应降低。当功率因数降低时，为了维持定子电压不变，需要将转子电流增加，因此，当在低于额定功率因数下运行时，还要保持发电机的出力不变，则转子电流必超过额定值，使转子绕组的温度超过允许值。为使转子绕组温度不超过允许值，就必须降低定子电流即降低出力。当功率因数在额定值到 1 的范围内变动时，发电机的出力可维持不变。功率因数高于额定值时，在同样的定子电流下，所需要的转子电流不需要增加。因此，不存在转子过热的问题，不需要降低出力。

### 2-22 什么叫同步发电机的迟相运行？什么叫同步发电机的进相运行？

**答：** 同步发电机既发有功功率又发无功功率的运行状态叫同步发电机的迟相运行；同步发电机发出有功功率吸收无功功率的

运行状态叫同步发电机的进相运行。

### 2-23　发电机失磁后，如何进入再同步？

**答**：若发电机失磁后进入稳态异步运行，工作人员应利用这段时间设法尽快恢复直流励磁，使其重新转入同步运行状态，这一过程称为再同步。

在再同步过程中，作用于发电机转子上的力矩有机械转矩、异步转矩和同步转矩。其中同步转矩对发电机再同步起了主要作用，它以滑差频率做正弦脉动，在正半周时，同步转矩为正值，作用于转子加速；在负半周时，同步转矩为负值，作用于转子减速。在滑差 $s$ 接近或达到零值时，发电机出现了同步运行点，这时候发电机容易被拉入同步。

为了实现再同步，应做到以下两点：

（1）同步电磁转矩要足够大，以保证出现滑差为零的同步点。同步转矩是由恢复励磁后的励磁电流产生的，因此，保证足够大的励磁电流对快速恢复同步起着重要作用。

（2）失磁运行的发电机平均滑差应较小，为此合上励磁开关前应适当减小发电机的有功输出。如果滑差足够小，发电机可能经过小于 $360°$ 的角度变化即进入同步。

### 2-24　发电机变为同步电动机运行有何现象？如何处理？

**答**：发电机变为同步电动机的现象：有功功率表指示零值以下；无功功率表指示升高；定子电流降低，电压升高；转子电压、电流不变；"发电机逆功率跳闸"信号发出；故障录波器动作。

处理方法。当发电机保护动作跳闸时，发电机跳闸；保护未动作时，向值长汇报，根据汽轮机情况停机。

### 2-25　异步电机"异步"的含义是什么？

**答**："异步"是指转子转速与定子三相旋转磁场转速不相等。

**2-26　异步电机有哪几种运行状态?**

**答**：根据电磁转矩的性质和能量转换关系，异步电机有三种运行状态。

1. 电动机运行状态

当异步电机作为电动机运行时，电磁转矩为驱动性质，电磁转矩克服负载转矩而做功，从而把定子上输入的电能转变为机械能从转轴上输出。异步电机的转速 $n$ 与定子旋转磁场转速 $n_1$ 同方向，且 $0 < n < n_1$，如图 2-5（b）所示。

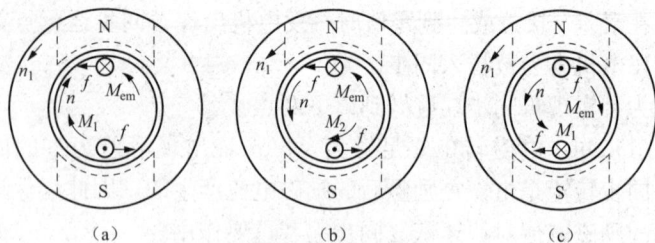

图 2-5　异步电机的三种运行状态

（a）电磁制动；（b）电动机；（c）发电机

2. 发电机运行状态

若外力转矩拖着异步电机转子顺着定子旋转磁场的方向旋转，且异步电机转速 $n$ 大于定子旋转磁场转速 $n_1$，即 $n > n_1$。此时定子旋转磁场切割转子导条的方向与电动机运行状态时相反，故转子的感应电动势、电流和电磁转矩刚好与异步电动机运行状态时相反，如图 2-5（c）所示。电磁转矩的方向与转子的旋转方向相反，是制动性质的转矩。输入的外力转矩克服电磁转矩做功，将输入的机械功率转换为电功率输送给电网，电机处于发电机运行状态。

3. 电磁制动运行状态

当外力转矩使转子逆着定子旋转磁场的方向转动时，这时转

子导条将以 $n_1+n$ 的转速切割定子旋转磁场。旋转磁场与转子导条的相对切割方向与电动机运行状态相同。因此，转子电动势、电流和电磁转矩的方向与电动机运行状态时相同，如图 2-5 (a) 所示。由于外力转矩使转子反向旋转，电磁转矩与电机旋转的方向相反，属于制动性质，故称为电磁制动状态。在这种状态下，因电流方向不变，所以，电机仍然通过定子从电网吸收电功率，同时，外力转矩要克服制动电磁转矩而做功，要向电机输入机械功率，这两部分功率最终在电机内部以损耗的形式转化为热能消耗了。

综上所述，异步电机既可以作为电动机运行，也可以运行于发电机和电磁制动状态。但是异步电机主要作为电动机使用，只在风力发电站和某些农村小型水电站中，把异步电机作为发电机使用；而电磁制动是异步电机在完成某一生产过程中出现的短时运行状态，如起重机械下放重物时。

### 2-27 为什么风电站、小型水电站常选用异步发电机？

答：利用风力、水力为能源，首选异步电机发电的理由是：

(1) 异步电机比同步电机构造简单、价格便宜、经久耐用、维修方便。

(2) 异步发电机对原动机的要求低，既可恒速，也可变速运行，根本没有同步要求。因此，它适应于风力、水力作动力。

(3) 异步发电机不需要同步发电机那样的复杂的励磁系统，连自动调整系统有时也可以省去。

(4) 异步发电机在启动、运行、保护、并网等诸方面都比同步发电机简单、方便，而且便于遥控。这在技术人员缺乏的边远地区和广大农村尤显重要。

(5) 近年来，发电专用的各种风车、水车及变速涡轮机不断推陈出新，效率不断提高，而价格却在下落。与此同时，新型电力电容不断推向市场。这些，都为发展异步电机发电创造了有利条件。

### 2-28 异步发电机如何并网？并网运行时特点如何？

**答：** 异步发电机接入电网的手续极为简单，只要将转子拖到尽可能接近同步转速，并且转向与定子磁场旋转方向一致即可并入电网。也就是先把旋转的异步电机的定子绕组并联在电网上，然后再把转速 $n$ 调到异步电机的同步转速 $n_1$ 以上，便可向电网输出电压、频率与电网完全一致的电能。定子绕组的电势和频率取决于电网的电压和频率，并在异步发电机接入电网时自动地建立起来。

并联运行时带负载能力强，电压、频率稳定，因此在有电网的地区，应尽可能并网运行。然而，并网运行时，需从电网吸收滞后的无功功率以产生旋转磁场，这就恶化了电网的功率因数，使电网无功功率不足，影响了电压的稳定性。因此，必须给电网并联适当的电容以补偿无功功率。异步发电机并网运行的优点是接入电网时不需要整步，运行中不会发生振荡，而这些却是同步发电机经常遇到的困难。异步发电机的缺点是需要很大的励磁电流，励磁电流约为额定电流的 25%，而且励磁电流滞后于电压接近 90°，使电网上同步发电机的功率因数大大降低。

### 2-29 与同步发电机相比较，异步发电机的主要优点是什么？

**答：** 异步发电机的主要优点：笼型转子异步发电机结构简单、牢固，特别适合于高圆周速度电机。无集电环和炭刷，可靠性高，不受使用场所限制。由于无转子励磁磁场，不需要同期及电压调节装置，电站设备简化。负荷控制十分简单，多数情况下不需水轮机调速器，水轮机可全速运行或在锁定导叶开度下在一定转速范围内变速运行。异步发电机尽管可能出现功率摇摆现象，但无同步发电机类似的振荡和失步问题。并网操作简便。与同步发电机相比异步发电机主要优点如表 2-2 所示。

表 2-2　　　　　　　　　　异步发电机主要优点

| 序号 | 项 目 | 异步发电机 | 同步发电机 |
|---|---|---|---|
| 1 | 结构 | 定子与同步发电机相同，但转子为鼠笼型，结构简单、牢固 | 转子具有阻尼绕组及励磁绕组，结构较复杂 |
| 2 | 尺寸及重量 | 无励磁装置，尺寸较小，重量较轻 | 有励磁装置，尺寸交大，重量较重 |
| 3 | 励磁 | 由电网供给励磁，不需励磁装置及励磁调节装置 | 需要励磁装置及励磁调节装置 |
| 4 | 同步合闸 | 强制并网，不需要同步合闸装置 | 需要同步合闸装置 |
| 5 | 稳定性 | 对于负载变动没有非同步现象，运行稳定 | 因负载急剧变化，有可能非同步运行 |
| 6 | 高次谐波负载能力 | 转子笼条热容量大，对高次谐波负载的耐力较强 | 无阻尼绕组时磁极表面和有阻尼绕组时，阻尼绕组的热容量限制了电机的允许功率 |
| 7 | 维护检修 | 定子、冷却器等的维护与同步电机相同，但转子不需要维护 | 除了与异步电机相同的维护相外，励磁绕组需要维护，有电刷时还需检查维修电刷 |

**2-30　与同步发电机相比较，异步发电机的主要缺点是什么？**

**答：** 大容量异步发电机必须与同步发电机并列运行或接入电网运行，由同步发电机或电网提供自身所需的励磁无功功率，因此异步发电机是电网的无功负载。尽管从原理上说异步发电机可以借助于电容器孤立运行在自激状态，但处于这种运行状态时，发电机调压能力很弱，当发电机达到临界负荷，将引起电压崩溃。虽然异步发电机不能提供自身和负载所需的无功功率，可能是一个缺陷，但当其使用恰当时，可作为电网无功功率优化的一种手段，并将会对电站和电网带来明显的技术经济效益。与同步发电机相比异步发电机主要缺点如表 2-3 所示。

表 2-3 异步发电机主要缺点

| 序号 | 项 目 | 异步发电机 | 同步发电机 |
|---|---|---|---|
| 1 | 单独运行 | 需要电网供给励磁，一般不能单独运行 | 能单独运行 |
| 2 | 功率因数调节 | 功率因数决定于发电机功率，不能调节 | 能在适当负载功率的任意功率因数下运行 |
| 3 | 励磁电流 | 励磁电流由系统供给，电流滞后，导致系统电压降低。另外，低速电机的励磁电流较大 | 用直流励磁 |
| 4 | 电压及频率调节 | 电机的电压、频率受系统支配，不能调节 | 单独运行时可以任意调节电压及频率 |
| 5 | 冲击电流 | 强制并网，冲击电流大，导致系统电压下降 | 同步化并网，过渡电流较小，系统电压下降较小 |

# 第三章

# 电气安全基础知识

**3-1　什么是电气事故？**

**答：**由电气设备故障直接或间接造成设备损坏、人员伤亡、环境破坏等后果的事件。

**3-2　电气事故是如何分类的？各类事故的含义是什么？**

**答：**按照构成事故的基本要素，电气事故可分为触电、雷击、静电危险及危害、电磁辐射危害及危险、电路故障及电路事故。

触电事故是电流形式的能量失去控制造成的事故。电流直接流过人体将造成电击；电流转化为其他形式的能量作用于人体将造成电弧烧伤等电伤。

雷击是自然界中相对静止的正、负电荷形式的能量造成的事故。雷击可能引起火灾和爆炸，可能使人遭到严重电击，可能毁坏设备和设施，可能造成大规模停电。

静电事故是工艺过程中及人体活动中产生的相对静止的正、负电荷形式的能量所造成的事故。静电的最大危险是引起爆炸和火灾，静电还会给人以电击和妨碍生产。

电磁辐射事故是电磁波形式的能量造成的事故。电磁辐射可能危害人的健康，可能干扰无线电装置，还有引燃的危险。

电路故障及电路事故包括接地、漏电、短路、断线、过载、元件损坏等多种故障和事故。电路事故可能导致人身伤亡、设备毁坏、火灾、爆炸、停电等多种危险。

### 3-3 什么是电击？电击有哪些伤害？有几种电击情况？

答：1. 电击

当人体直接接触带电体时，电流流过人体内部，对人体组织造成的伤害称为电击。电击是最危险的触电伤害，绝大部分触电死亡事故是由电击造成的。

2. 电击伤害

电击伤害主要是伤害人体的心脏、呼吸系统和神经系统，因而破坏人的正常生理活动，甚至危及人的生命。例如，电流通过心脏时，心脏泵室作用失调，引起心室颤动，导致血液循环停止；电流通过大脑的呼吸神经中枢时，会遏止呼吸并导致呼吸停止；电流通过胸部时，胸肌收缩，迫使呼吸停顿、引起窒息，所以电击对人体的伤害属于生理性质的伤害。

3. 几种电击情况

（1）当人体将触及 1kV 以上的高压电气设备带电体时，高电压能将空气击穿，使其成为导体，这时电流通过人体而造成电击。

（2）低压单相触电、两相触电会造成电击。

（3）接触电压和跨步电压触电会造成电击。

### 3-4 什么是电伤？电伤有几种？各有什么危害？

答：1. 电伤

电伤是指电流对人体外部（表面）造成的局部创伤，往往在肌体上留下伤痕，一般无致命危险。

2. 电伤分类

电伤可分为电灼伤、电烙印、皮肤金属化三类。

（1）电灼伤。是指电流热效应产生的电伤。最严重的电灼伤是电弧对人体皮肤造成的直接烧伤。例如，当发生带负荷拉隔离开关、带地线合开关时，产生的强烈电弧会烧伤皮肤，灼伤后，皮肤发红、起泡，组织烧焦并坏死。

（2）电烙印。是指电流化学效应和机械效应产生的电伤。电烙印通常在人体和带电部分接触良好的情况下才会发生。其后果是，皮肤表面留下和所接触的带电部分形状相似的圆形或椭圆形的肿块痕迹。电烙印有明显的边缘，且颜色呈灰色或淡黄色，受伤皮肤硬化。

（3）皮肤金属化。是指在电流作用下，产生的高温电弧使电弧周围的金属熔化、蒸发并飞溅渗透到皮肤表层所造成的电伤。其后果是皮肤变得粗糙、硬化，且呈现一定颜色。根据人体表面渗入金属的不同，呈现的颜色也不同，一般渗入铅为灰黄色，渗入紫铜为绿色，渗入黄铜为蓝绿色。金属化的皮肤经过一段时间后会逐渐剥落，不会永久存在而造成长期痛苦。

### 3-5　什么是人身触电？触电形式有几种？

**答：** 电流通过人体叫人身触电。

触电形式有：单相触电、两相触电、跨步电压触电和接触电压触电四种形式。此外，还有人体接近高压触电和雷击触电等。其中单相与两相触电是人体与带电体的直接接触触电。

### 3-6　简述跨步电压和接触电压的含义。

**答：** 当电气设备或导线发生接地故障时，在附近地面会有不同的电位分布，人步入该范围时，两脚跨距之间 0.8m 的电位差称为跨步电压。

接触电压是指人站在发生接地短路故障设备旁边，触及漏电设备的外壳时，其手脚之间承受的电压。

### 3-7　什么是单相触电？其危害与哪些因素有关？

**答：** 单相触电是指人体站在地面或其他接地体上，人体的某一部位触及一相带电体所引起的触电。单相触电的危险程度与电压的高低、电网的中性点是否接地、每相对地电容量的大小有关，单相触电是较常见的一种触电事故。

### 3-8 中性点接地对触电程度的影响如何？

**答**：中性点接地系统里的单相触电比中性点不接地系统的危险性大。

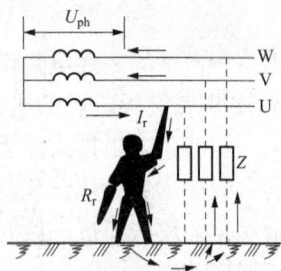

图 3-1 中性点不接地的单相触电

（1）在中性点接地时，如图 3-1 所示，当人体触及 U 相导线时，电流将通过人体、大地、接地装置回到中性点，此时通过人体的电流为

$$I_r = \frac{U_{ph}}{R_g + R_r} \approx \frac{U_{ph}}{R_r} (R_r \gg R_g)$$

（3-1）

式中　$U_{ph}$——相电压，V；

　　　$R_g$——电网中性点接地电阻，Ω；

　　　$R_r$——人体电阻，Ω。

一般 $R_g$ 只有几欧姆，比 $R_r$ 要小得多，故相电压几乎全部加在触电人体上，造成严重后果。

在工作和日常生活中，低压用电设备的开关、插销和灯头以及电动机、电熨斗、洗衣机等家用电器，如果其绝缘损坏，带电部分裸露而使外壳、外皮带电，当人体碰触这些设备时，就会发生单相触电。如果此时人体站在绝缘板上或穿绝缘鞋，人体与大地间的电阻就会很大，通过人体的电流将很小，这时不会发生触电危险。

（2）在中性点不接地（对地绝缘）时，如图 3-1 所示，此时，电流经过人体与其他两相的对地绝缘阻抗 Z 而形成回路，通过人体的电流大小决定于电网电压、人体电阻和导线的对地绝缘阻抗。如果线路的绝缘水平比较高，绝缘阻抗非常大，当人体触电以后，通过人体的电流就比较小，从而降低了人体触电后的危险性。但若线路的绝缘不良时，则触电后的危险性就较大了。

### 3-9 什么是两相触电？其危害如何？

**答：**两相触电是指人体有两处同时接触带电的任何两相电源时的触电。这时，无论电网的中性点是否接地、人体与地是否绝缘，人体都会触电。两相触电情况如图 3-2 所示，在这种情况下，电流由一相导线通过人体流至另一相导线，人体将两相导线短接，因而处于全部线电压的作用之下，通过人体的电流为

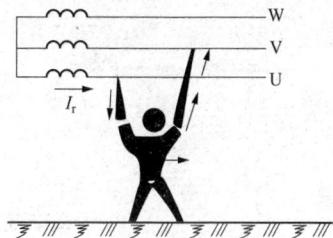

图 3-2 两相触电示意图

$$I_r = \frac{U_L}{R_r} \qquad (3-2)$$

式中 $U_L$——线电压，V。

发生两相触电时，若线电压为 380V，人体电阻若为 1417Ω（以随电压变化的人体电阻），则流过人体的电流高达 268mA，这样大的电流只要经过 0.186s 就可能致触电者死亡，故两相触电比单相触电更危险。根据经验，工作人员同时用两手或身体直接接触两根带电导线的机会很少，所以两相触电事故比单相触电事故少得多。

### 3-10 何为跨步电压触电？其后果怎样？

**答：** 1. 跨步电压触电

当电气设备或导线发生接地故障时，在附近地面会有不同的电位分布，如果有人进入 20m 以内区域行走，其两脚之间（人的跨步一般按 0.8m 考虑）的电位差就是跨步电压，如图 3-3 所示。由跨步电压引起的触电，称为跨步电压触电。如高压架空导线断线或支持绝缘子绝缘损坏而发生对地击穿时，在导线落地点或绝缘对地击穿点处的地面电位异常升高，在此附近行走或工作的人员，就会发生跨步电压触电。

图 3-3　跨步电压示意图

（a）示意；（b）跨步电压 $U$

2. 触电后果

人体承受跨步电压时，电流一般是沿着人的下身，即从脚到腿到胯部到脚流过，与大地形成通路，电流很少通过人的心脏等重要器官，看起来似乎危害不大，但是，跨步电压较高时，人就会因双脚抽筋而倒在地上，这不但会使作用于身体上的电压增加，还有可能改变电流通过人体的路径而经过人体重要器官，因而大大增加了触电的危险性。经验证明，人倒地后即使电压持续作用 2s，也会发生致命的危险。

**3-11　简述接触电压触电的含义。如何防范接触电压触电？**

**答：** 1. 接触电压触电的含义

接触电压是指人站在发生接地短路故障设备的旁边，触及漏电设备的外壳时，其手、脚之间所承受的电压，由接触电压引起的触电称为接触电压触电。

在发电厂和变电站中，一般电气设备的外壳和机座都是接地的，正常时，这些设备的外壳和机座都不带电。但当设备发生绝缘击穿、接地部分破坏，设备与大地之间产生电位差（即对地电压）时，人体若接触这些设备，其手脚之间便会承受接触电压而触电。

2. 如何防范

在各用电企业和家庭中，人接触漏电设备的外壳而触电是常

---

有的现象，严禁裸臂赤脚去操作电气设备就是基于这个道理。

由接触电压造成的触电事故还多发生在中性点不接地的 3～10kV 系统中。当电气设备绝缘击穿，系统中又没有接地保护装置，故障设备不能迅速切除，值班人员需较长时间才能将故障设备查出时，在查找故障期间，工作人员一旦接触到与故障设备处于同一接地网的任一设备外壳时就会触电。为防止接触电压触电，往往要把一个车间、一个变电站的所有设备均单独埋设接地体，对每台电动机采用单独的保护接地。

### 3-12 直接触电的防护措施是什么？

**答：** 根据 GB/T 13869—2008《用电安全导则》规定（适用于交流额定电压 1000V 及以下、直流 1500V 以下的各类电气装置的操作、使用、检查和维护）：绝缘、安全间距、漏电保护、安全电压、遮栏及阻挡物等都是防止直接触电的防护措施。

专业电工人员在全部停电或部分停电的电气设备上工作时，在技术措施上，必须完成停电、验电、装设接地线、悬挂标示牌和装设遮栏后，才能开始工作。

### 3-13 常用的绝缘安全用具及其作用是什么？

**答：** 常用的绝缘安全用具有绝缘手套、绝缘靴、绝缘鞋、绝缘垫和绝缘台等。绝缘安全用具可分为基本安全用具和辅助安全用具。基本安全用具的绝缘强度能长时间承受电气设备的工作电压，使用时，可直接接触电气设备的有电部分。辅助安全用具的绝缘强度不足以承受电气设备的工作电压，只能加强基本安全用具的保安作用，必须与基本安全用具一起使用。在低压带电设备上工作时，绝缘手套、绝缘鞋（靴）、绝缘垫可作为基本安全用具使用，在高压情况下，只能用作辅助安全用具。

在一些情况下，手持电动工具的操作者必须戴绝缘手套、穿绝缘鞋（靴）或站在绝缘垫（台）上工作，采用这些绝缘安全用具使人与地面，或使人与工具的金属外壳，其中包括与相连的金属导体隔离开来。这是目前简便可行的安全措施。

为了防止机械伤害，使用手电钻时不允许戴线手套。绝缘安全用具应按有关规定进行定期耐压试验和外观检查，凡是不合格的安全用具严禁使用，绝缘用具应由专人负责保管和检查。

### 3-14 什么是屏护？使用屏护装置的注意事项有哪些？

**答**：屏护是指采用遮栏、围栏、护罩、护盖或隔离板等把带电体同外界隔离开来，以防止人体触及或接近带电体所采取的一种安全技术措施。

使用屏护装置时，还应注意以下内容：

（1）屏护装置应与带电体之间保持足够的安全距离。

（2）被屏护的带电部分应有明显标志，标明规定的符号或涂上规定的颜色。

遮栏、栅栏等屏护装置上应有明显的标志，如根据被屏护对象挂上"止步，高压危险！"、"禁止攀登，高压危险！"等标示牌，必要时还应上锁。标示牌只应由担负安全责任的人员进行布置和撤除。

（3）遮栏出入口的门上应根据需要装锁，或采用信号装置、连锁装置。前者一般是用灯光或仪表指示有电；后者是采用专门装置，当人体超过屏护装置而可能接近带电体时，被屏护的带电体将会自动断电。

### 3-15 什么是漏电保护器？其作用是什么？

**答**：漏电保护器是一种在规定条件下电路中漏（触）电流（mA）值达到或超过其规定值时能自动断开电路或发出报警的装置。一般有漏电保护断路器又称漏电开关、剩余电流保护器等。

它的作用就是防止电气设备和线路等漏电引起人身触电事故，它能够在设备漏电、外壳呈现危险的对地电压时自动切断电源。在 1kV 以下的低压电网中，凡有可能触及带电部件或在潮湿场所装有电气设备的情况下，都应装设漏电保护装置，以确保人身安全。

**3-16 必须安装漏电保护器的设备和场所有哪些？**

**答：**（1）属于Ⅰ类的移动式电气设备及手持式电气工具；

（2）安装在潮湿、强腐蚀性等恶劣环境场所的电器设备；

（3）建筑施工工地的电气施工机械设备，如打桩机、搅拌机等；

（4）临时用电的电器设备；

（5）宾馆、饭店及招待所客房内及机关、学校、企业、住宅等建筑物内的插座回路；

（6）游泳池、喷水池、浴池的水中照明设备；

（7）安装在水中的供电线路和设备；

（8）医院中直接接触人体的电气医用设备；

（9）其他需要安装漏电保护器的场所。

漏电保护器的安装、检查等应由电工负责进行。对电工应进行有关漏电保护器知识的培训、考核。内容包括漏电保护器的原理、结构、性能、安装使用要求、检查测试方法、安全管理等。

**3-17 安全电压的定义、安全电压的限值、安全电压的额定值分别是什么？**

**答：**把可能加在人身上的电压限制在某一范围之内，使得在这种电压下，通过人体的电流不超过允许的范围，这种电压就叫做安全电压，也叫做安全特低电压。但应注意，任何情况下都不能把安全电压理解为绝对没有危险的电压。

1. 安全电压限值

任何运行情况下，任何两导体间可能出现的最高电压值。标准规定工频电压有效值的限值为50V，直流电压的限值为120V。当接触面积大于1cm²、接触时间超过1s时，建议干燥环境中工频电压有效值的限值为33V，直流电压限值为70V；潮湿环境中工频电压有效值为 16V，直流电压为 35V。

2. 额定值

我国确定的安全电压标准是 42、36、24、12、6V。特别危险环境中使用的手持电动工具应采用 42V 安全电压；有电击危险环境中，使用的手持式照明灯和局部照明灯应采用 36V 或 24V 安全电压；金属容器内、特别潮湿处等特别危险环境中使用的手持式照明灯应采用 12V 安全电压；在水下作业等场所工作应使用 6V 安全电压。当电气设备采用超过 24V 的安全电压时，必须采取防止直接接触带电体的保护措施。

### 3-18 什么是安全间距？设置安全间距的目的是什么？

**答：**安全间距是指在带电体与地面之间、带电体与其他设施、设备之间、带电体与带电体之间保持的一定安全距离，简称间距。设置安全间距的目的是：防止人体触及或接近带电体造成触电事故；防止车辆或其他物体碰撞或过分接近带电体造成事故；防止电气短路、过电压放电和火灾等事故；便于操作。安全间距的大小取决于电压高低、设备类型、安装方式等因素。

### 3-19 什么是间接触电？间接触电防护的方法有哪些？

**答：**当电气设备绝缘发生故障而损坏时，例如，因温度过高绝缘发生热击穿、在强电场作用下发生电击穿、绝缘老化等都可能造成绝缘性能下降和损坏，进而构成电气设备严重漏电，使不带电的外漏部件如外壳、护罩、构架等呈现出危险的接触电压，当人们触及这些金属部件时，就构成间接触电。

防止间接触电的主要方法有：

(1) 自动切断电源。当电气设备发生绝缘损坏而构成接地短路故障时，设法将出现故障电路的电源自动切断，如采取漏电保护器。

(2) 当电气设备发生绝缘损坏而使金属外壳带电时，设法降低金属外壳对地电压，目前主要采用保护接地或保护接零以及等电位连接等措施。

### 3-20　接地装置有哪些？

答：（1）接地。把电气设备的金属部分通过导体与土壤间做良好的电气连接称为接地。

（2）接地体。与土壤直接接触的金属体或金属体组称为接地体（或接地极）。

（3）接地线。连接于接地体与电气设备之间的金属导体称为接地线。接地线和接地体合称为接地装置。

### 3-21　简述电气"地"和对地电压的概念。

答：（1）电气"地"。当电气设备发生接地短路时，在距单根接地体或接地短路点 20m 以外的地方，电位已近于零，电位等于零的地方即称为电气"地"。

（2）对地电压。电气设备的接地部分（如接地外壳和接地体等）与"大地零电位"之间的电位差，称为接地时的对地电压。

### 3-22　接地电阻含义是什么？

答：（1）接地体的流散电阻。接地电流自接地体向周围大地流散时所遇到的全部电阻称为流散电阻。

（2）接地电阻。接地体的流散电阻和接地线的电阻之和称为接地电阻。

### 3-23　零线和接零的区别是什么？

答：（1）零线。由变压器和发电机的中性点引出，并接了地的中性线称为零线。

（2）接零。电气设备的某部分（如外壳）直接与零线相连接，叫做接零，如图 3-4 所示。

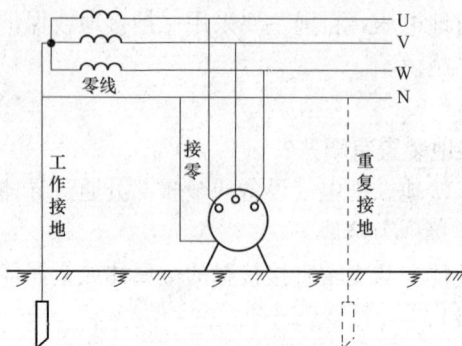

图 3-4　零线和接零示意图

### 3-24　接地短路和接地短路电流主要包括哪些内容？

**答：**（1）接地短路。电气设备的带电部分偶尔与接地的金属构架连接或直接与大地发生电气连接，称为接地短路。

（2）碰壳短路。当电机、电器或线路的带电部分由于绝缘损坏而与其接地的金属结构部分发生连接，称为碰壳短路（或碰壳）。

（3）接地短路电流。当发生接地短路或碰壳短路时，经接地短路点流入地中的电流，称为接地短路电流（或接地电流）。

### 3-25　保护接地的含义和适用范围及保护接地的作用是什么？

**答：**（1）含义。为防止人身因电气设备绝缘损坏而遭受触电，将电气设备的金属外壳与接地体连接，称为保护接地。

（2）适用范围。保护接地适用于中性点不接地的低压电网中。采用了保护接地，仅能减轻触电的危险程度，但不能完全保证人身安全。

（3）保护接地的作用。

1）电气设备的外壳无保护接地时，例如电动机因某种原因，其金属外壳带电并长期存在着电压，该电压数值可能接近于相电压，当人体触及电动机的外壳时，就会发生单相触电事故，如

图 3-5（a）所示。

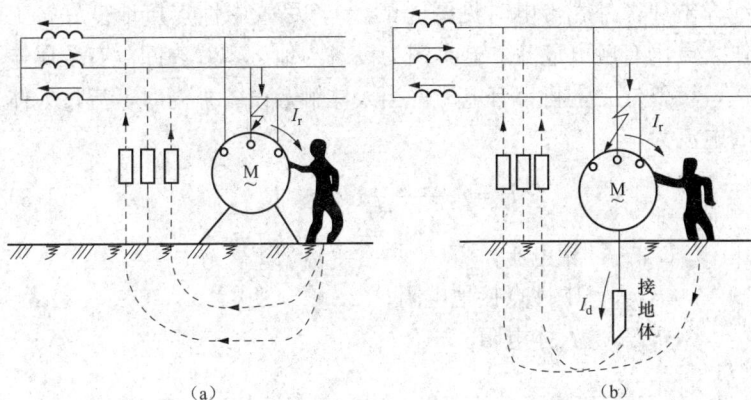

（a）                                （b）

图 3-5  中性点不接地系统的保护接地原理

（a）单相触电；（b）保护接地

2）当电动机装设了接地保护时，如图 3-5（b）所示，如果电动机外壳带电，则接地短路电流将同时沿着接地体和人体与电网对地绝缘阻抗 Z（图中未标注）形成两条通路，流过每一条通路的电流值将与其电阻大小成反比，接地体的接地电阻 $R_d$ 越小，流经人体的电流也就越小，只要把 $R_d$ 限制在适当的范围内（小于 $4\Omega$），就可减小人体的触电危险，起到保护人身安全的作用。

### 3-26  保护接零的含义和适用范围是什么？

**答：**（1）含义。为防止人身因电气设备绝缘损坏而遭受触电，将电气设备的金属外壳与电网的中性线（变压器中性线）相连接，称为保护接零。

（2）适用范围。适用于中性点直接接地的三相四线制低压电力系统中。当采用保护接零时，除电源变压器的中性点必须采取工作接地外，零线要在规定的地点采取重复接地。

### 3-27  保护接零原理是什么？

**答：**（1）未采取接零措施。在电源中性点已接地的三相四线制中，若电气设备或装置的外壳未采取接零措施，则在设备发生绝缘击穿，外壳带电时见图 3-6（a），尽管中性点接地良好，工作人员仍有触电危险。这是因为设备与地、零线之间没有金属连接，设备外壳上将带有电压。当人体触及设备外壳时，流过人体的电流为

$$I_r = \frac{U_{ph}}{R_g + R_r}(R_g \ll R_r) \tag{3-3}$$

式中　$U_{ph}$——相电压；

　　　$R_g$——中性点接地电阻；

　　　$R_r$——人体电阻。

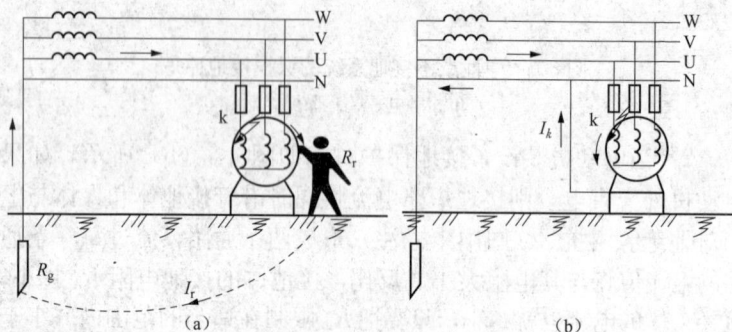

图 3-6　接地保护原理示意图

(a) 未采用接零措施；(b) 已采用接零措施

若人体电阻 $R_r$ 以 1000Ω 计，$R_g$ 甚小略去不计，则当 $U_{ph}$ 为 220V 时，流过人体电流为

$$I_r \approx \frac{220}{1000} \approx 0.22(A)$$

这个数值显然已大大超过人体所能承受的最大电流值。

（2）已采用接零措施。如图 3-6（b）所示，此时 U 相（k 点）绝缘损坏，导致相线碰到外壳，接地短路电流 $I_k$ 将通过该相和零线构成回路。由于零线阻抗很小，所以单相短路电流很大，可大大超过低压断路器或继电保护装置的整定值，或超过熔

断器额定电流的几倍至几十倍，从而使线路上的保护装置迅速动作，切断电源，使设备外壳不再带电，消除了人体触电的危险，起到保护作用。

### 3-28　对接零装置的要求主要包括哪些内容？

**答：**（1）零线上不能装熔断器和断路器。以防止零线回路断开时，零线出现相电压而引起触电事故。

（2）在同一低压电网中（指同一台变压器或同一台发电机供电的低压电网），不允许将一部分电气设备采用保护接地，而另一部分电气设备采用保护接零，否则接地设备发生碰壳故障时，零线电位升高，接触电压可达到相电压的数值，这就增大了触电的危险性。

（3）在接三孔眼插座时，不准将插座内部接电源零线端子与接地端子相连接，如图 3-7（a）所示，否则零线松掉或折断，就会使设备金属外壳带电；若零线和相线接反，也会使外壳带电，如图 3-7（b）所示；正确的接法是接电源零线的端子和接地端子分别与零线相连接，如图 3-7（c）所示。

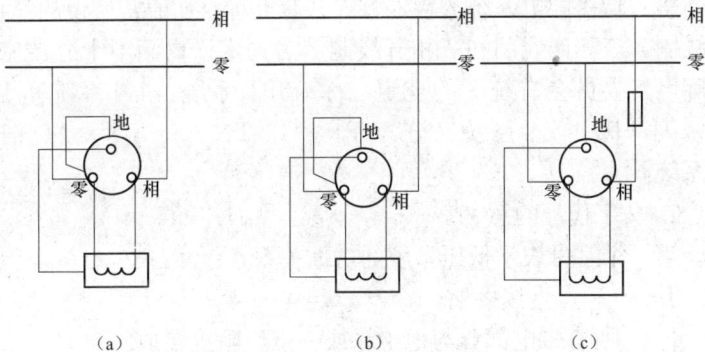

图 3-7　三眼插座接法示意图

(a) 零线与地线串联；(b) 零线与相线接反；(c) 正确接法

（4）除中性点必须良好接地外，还必须将零线重复接地，如

图 3-8 所示。所谓重复接地，就是指零线的一处或多处通过接地体与大地再次连接。重复接地可降低漏电设备外壳的对地电压，减小零线断线时的触电危险，缩短碰壳或接地短路持续的时间。

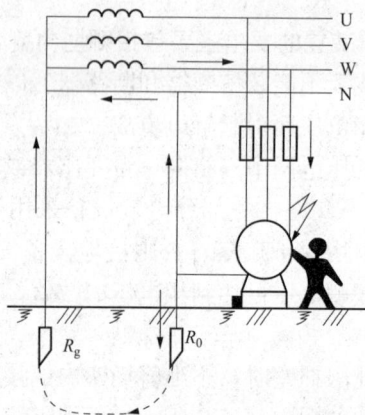

图 3-8　重复接地示意图

### 3-29　低压配电系统保护接地和保护接零形式有哪些？

**答：**低压配电系统的接地方式共有五种，而通常所说的三相三线制、三相四线制和三相五线制等名词术语内涵不十分严密。国际电工委员会有统一的规定，称为 TT 系统、TN 系统和 IT 系统等，其中 TN 系统又分为 TN—C、TN—S、TN—C—S 三种系统。

1. 文字代号的意义

第一个字母表示低压系统的对地关系：

T——一点直接接地；

I——所有带电部分与地绝缘或一点经阻抗接地。

第二个字母表示电气装置的外露导电部分的对地关系：

T——外露导电部分对地直接电气连接，与低压系统的任何接地点无关；

N——外露导电部分与低压系统的接地点直接电气连接（在

交流系统中，接地点通常就是中性点），如果后面还有字母时，字母表示中性线与保护线的组合；

S——中性线和保护线是分开的；

C——中性线和保护线是合一的（PEN）线。

2. 配电方式的接线

为了进一步澄清行业内在接地问题上的混乱认识，结合国际电工委员会 IEC 标准《建筑物电气装置》TC64（364-3）的有关规定，将目前我国低压供电系统中，电气设备保护线的几种连接方式简介如下：

（1）TN—S 系统。在整个系统中，中性线与保护线是分开的。该系统在正常工作时，保护线上不呈现电源，因此设备的外露可导电部分也不呈现对地电压，比较安全，并有较强的电磁适应性，适用于数据处理、精密检测装置等供电系统，目前在我国的高级民用建筑和新建医院已普遍采用。如图 3-9 所示。

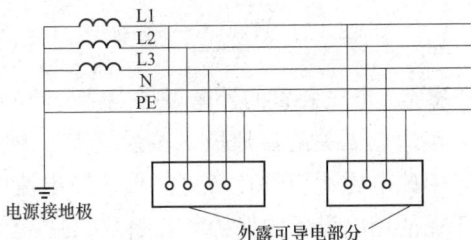

图 3-9　TN—S 系统

（2）TN—C 系统。在整个系统中，中性线与保护线是合用的。当三相负荷不平衡或只有单相负荷时，PEN 线上有电流，如选用适当的开关保护装置和足够的导电截面，也能达到安全要求，且省材料，目前在我国应用最广，如图 3-10 所示。

（3）TN—C—S 系统。在整个系统中，有部分中性线与保护线是分开的。这种系统兼有 TN—C 系统的价格较便宜，与TN—S 系统的比较安全且电磁适应性比较强的特点，常用于线路末端环境较差的场所或有数据处理等设备的供电系统，如图 3-11 所示。

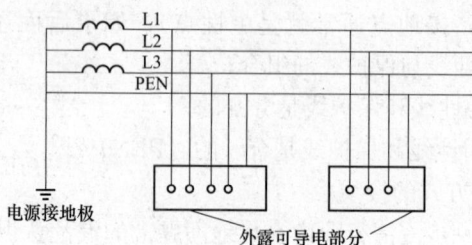

图 3-10 TN—C 系统

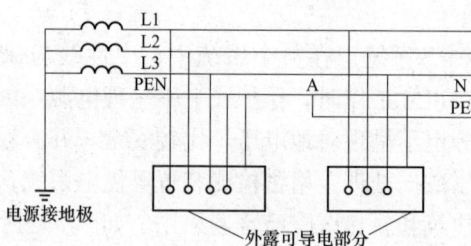

图 3-11 TN—C—S 系统

（4）TT 系统。电气装置的外露可导电部分单独接至电气上与电力系统的接地点无关的接地极。该系统中，由于各自的 PE 线互不相关，因此电磁适应性比较好。但故障电流值往往很小，不足以使数千瓦的用电设备的保护装置断开电源，为保护人身安全必须采用残余电流开关作为线路及用电设备的保护装置，否则只适用于供给小负荷系统，如图 3-12 所示。

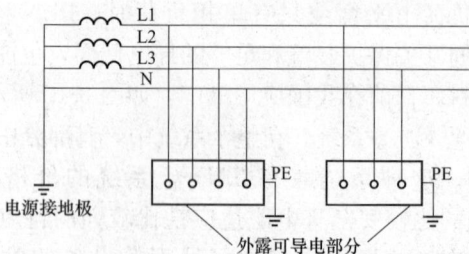

图 3-12 TT 系统

（5）IT 系统。电源部分与大地不直接连接，电气装置的外露可导电部分直接接地。该系统多用于煤矿及厂用电等希望尽量少停电的系统，如图 3-13 所示。

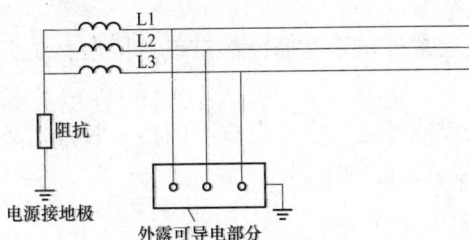

图 3-13 IT 系统

### 3-30 配电系统接地要求包括哪些内容？

**答**：对各类接地方式要求。电气装置的外露导电部分应与保护线连接；能同时触及的外露导电部分应接至同一接地系统。建筑物电气装置应在电源进线处作等电位连接。

（1）TN 系统。

1）电气装置的外露导电部分应采用保护线与电力系统的接地点即中性点连接。

2）保护线应紧靠变配电所或配电变压器接地。若有其他有效的接地连接体，应尽量将保护线与其相连，并尽量均匀地做多处接地，则发生接地故障时可使保护线的电位尽量接近地电位。但如在高层建筑等大型建筑物中，为保护线增设接地点实际上不可能时，将保护线与装置外导电部分作等电位连接，也具有相同的作用。同理，保护线宜在进入建筑物处重复接地。

3）应装设能迅速自动切除接地故障的保护电器。

（2）TT 系统。

1）共用同一保护电器保护所有电气装置的外露导电部分，应采用保护线与这些外露导电部分共用的接地极相连接。当几套保护电器串联使用时，要求分别适用于每一套保护电器保护的所有电气装置的外露导电部分。

2）应装设能迅速自动切除接地故障的保护电器。

（3）IT系统。

1）电气装置外露导电部分都应单独接地、成组接地或集中接地。

2）应装设能迅速反应接地故障的信号装置，必要时也可装设自动切除接地故障的电器。

### 3-31　电力安全生产管理制度主要包括哪些内容？

答：根据《电力法》第十九条的规定，电力企业要加强安全生产管理，建立、健全安全生产责任制度，包括以下具体制度：

（1）安全生产责任制度。

（2）生产值班制度。

（3）操作票制度。

（4）工作许可制度。

（5）操作监护制度。

（6）工作间断、转移、终结制度。

（7）安全生产教育制度。

（8）电力设施定期检修和维护制度。

### 3-32　带电灭火应注意哪些问题？

答：为了争取灭火时间，防止火灾扩大，来不及断电；或因需要或其他原因，不能断电，则需要带电灭火。带电灭火应注意以下几点：

（1）应按灭火剂的种类选择适当的灭火机。二氧化碳、四氯化碳、二氟一氯一溴甲烷（即1211）、二氟二溴甲烷或干粉灭火机的灭火剂都是不导电的，可用于带电灭火。泡沫灭火机的灭火剂（水溶液）有一定的导电性，而且对电气设备的绝缘有影响，不宜用于带电灭火。

（2）用水枪灭火时宜采用喷雾水枪，这种水枪通过水柱的泄漏电流较小，带电灭火比较安全；用普通直流水枪灭火时，为防止通过水柱的泄漏电流通过人体，可以将水枪喷嘴接地；也可以让灭火人员穿戴绝缘手套和绝缘靴或穿均压服操作。

（3）人体与带电体之间要保持必要的安全距离。用水灭火时，水枪喷嘴至带电体的距离：电压 110kV 及以下者不应小于 3m，220kV 及以上者不应小于 5m。用二氧化碳等有不导电的灭火机时，机体、喷嘴至带电体的最小距离：10kV 者不应小于 0.4m，36kV 者不应小于 0.6m。

（4）对架空线路等空中设备进行灭火时，人体位置与带电体之间的仰角不应超过 45″，以防导线断落危及灭火人员。

（5）如遇带电导线跌落地面，要划出一定的警戒区，防止跨步电压伤人。

### 3-33　电气设备着火后，能直接用水灭火吗？

**答：**电气设备着火后，不能直接用水灭火。因为水中一般含有导电的杂质，喷在带电设备上，再渗入设备上的灰尘杂质，则更易导电。如用水灭火，还会降低电气设备的绝缘性能，引起接地短路，或危及附近救火人员的安全。所以一般都用二氧化碳、四氯化碳、"1211"、干粉等灭火。因为这些灭火剂是不导电的。但对变压器、油断路器等充油设备发生火灾后，则可把水喷成雾状灭火。因水雾面积大，覆盖在火焰上，细小的水粒很易吸热气化，将火焰温度迅速降低；上升的烟气流又使悬浮的雾状水粒降落缓慢，更有利于吸热气化；落下的细小水粒浮在油面，也使油面温度降低，减弱了油的气化，从而使火焰减弱以致熄灭。

### 3-34　消除静电危害的措施有哪些？

**答：**消除静电危害的措施大致可分为 3 类：

第 1 类是泄漏法。静电接地、增湿、加入抗静电剂等都属于这种办法。

第 2 类是中和法。主要采用各种静电中和器中和已经产生的静电，以免静电积累。

第 3 类是工艺控制法。即在材料选择、工艺设计、设备结构等方面采取的消除静电的措施。

### 3-35　消除静电的方法有哪些？

答：（1）静电接地。接地是消除静电危害最简单、最基本的方法。主要用来消除导电体上的静电，而不宜用来消除绝缘体上的静电。

（2）增湿。增湿就是提高空气的湿度以消除静电荷的积累。有静电危险的场所，在工艺条件允许的情况下，可以安装空调设备、喷雾器或采用挂湿布条等办法，增加空气的相对湿度。

（3）加抗静电添加剂。抗静电添加剂是特制的辅助剂。一般只需加入千分之几或万分之几的微量，即可显著消除生产过程中的静电。

（4）静电中和器。静电中和器是借助电力和离子来完成的，大体上可分为感应式中和器、高压中和器、放射线中和器和离子流中和器。

（5）工艺控制法。工艺控制是指从工艺上采取适当的措施限制静电的产生和积累。

### 3-36　触电急救的一般原则是什么？

答：（1）触电急救，首先要使触电者迅速脱离电源。

（2）如触电者已停止呼吸和心跳时，应立即就地正确使用心肺复苏法（包括人工呼吸法和胸外按压心脏法）进行抢救，同时及早与医疗部门联系，争取医务人员接替救治。

（3）在医务人员未来接替救治前，不应放弃现场抢救，更不能只根据没有呼吸或没有脉搏，就擅自判定触电者死亡而放弃抢救。只有医生有权做出触电者死亡的诊断。

### 3-37 怎样使触电者脱离电源？

**答：** 触电急救，首先要使触电者迅速脱离电源，越快越好，因为电流对人体作用的时间越长，伤害越重。

脱离电源，就是要将触电者接触的那一部分带电设备的电源开关或插头断开，或者设法将触电者与带电设备脱离。在使触电者脱离电源时，救护人员既要救人，又要注意保护自己。触电者未脱离电源前，救护人员不得直接用手触及触电者，以免自己触电。

对于低压触电事故，可采用下列方法使触电者脱离电源。

（1）如果触电地点附近有电源开关或电源插销，可立即拉开开关或拔出插销，断开电源。但应注意到拉线开关和平开关只能控制一根线，有可能切断零线而没有断开电源。

（2）如果触电地点附近没有电源开关或电源插销，可用有绝缘柄的电工钳或有干燥木柄的斧头切断电线，断开电源，或用于木板等绝缘物插到触电者身下，以隔断电流。

（3）当电线搭落在触电者身上或被压在身下时，可用干燥的衣服、手套、绳索、木板、木棒等绝缘物作为工具，拉开触电者或拉开电线，使触电者脱离电源。

（4）如果触电者的衣服是干燥的，又没有紧缠在身上，可以用一只手抓住他的衣服，拉离电源。但因触电者的身体是带电的，其鞋的绝缘也可能遭到破坏，救护人不得接触触电者的皮肤，也不能抓他的鞋。

对于高压触电事故，可采用下列方法使触电者脱离电源。

（1）立即通知有关部门断电。

（2）戴上绝缘手套，穿上绝缘靴，用相应电压等级的绝缘工具按顺序拉开开关。

（3）抛掷金属线使线路短路接地，迫使保护装置动作，断开电源。注意抛掷金属线之前，先将金属线的一端可靠接地，然后抛掷另一端；注意抛掷的一端不可触及触电者和其他人。

### 3-38　帮助触电者脱离电源应注意哪些问题？

答：人触电以后，可能由于痉挛或失去知觉等原因而紧抓带电体，不能自行摆脱电源。这时，使触电者尽快脱离电源是救活触电者的首要因素。在实践过程中，应根据具体情况，以快为原则，选择采用合适的方法，并应注意以下问题。

（1）救护人不可直接用手或其他金属及潮湿的物体作为救护工具，而必须使用适当的绝缘工具。救护人最好用一只手操作，以防自己触电。

（2）防止触电者脱离电源后可能的摔伤，特别是当触电者在高处的情况下，应考虑防摔措施。即使触电者在平地，也要注意触电者倒下的方向，注意防摔。

（3）如果事故发生在夜间，应迅速解决临时照明问题，以利于抢救，并避免扩大事故。

### 3-39　触电者脱离电源后如何处理？伤情怎样判定？

答：触电者脱离电源后，如果神志尚清醒，应使其就地平躺，严密观察，暂时不要站立或走动。触电者如果神志已不清醒，则应使其就地仰面平躺，且确保其气道通畅，并在 5s 之内，呼叫触电者或轻拍其肩部，以判定其意识是否丧失。注意：禁止摇动触电伤员的头部呼叫伤员！

对需要抢救的触电伤员，应立即就地对其进行心肺复苏抢救，并设法联系医疗部门接替救治。

关于触电伤员呼吸和心跳情况的判定方法如下：

（1）如果伤员意识丧失，应在 10s 内用看、听、试的方法（见图 3-14）来判定伤员的呼吸和心跳情况：

看——看伤员的胸部、腹部有无起伏动作；

听——用耳贴近伤员的口鼻处，听有无呼气的声息；

试——试测伤员口鼻有无呼气的气流，再用两手指轻试一侧（左或右）喉结旁凹陷处的颈动脉有无搏动。

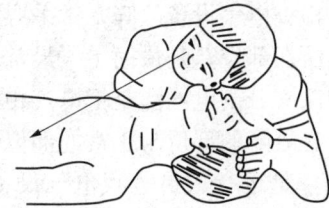

图 3-14　看、听、试以判定伤员的呼吸和心跳

（2）如果看、听、试的结果，既无呼吸又无颈动脉搏动，则可判定伤员的呼吸、心跳已经停止。

### 3-40　处理电气设备事故或故障的一般方法有哪些？

答：（1）一般程序法。

1）根据计算机监控报警和简报信息登录、测量仪表指示、继电保护动作情况及现场检查情况，判断事故性质和故障范围并确定正确的处理程序。

2）当事故或故障对人身和设备造成严重威胁时，应迅速切断该设备的相关电源；当发生火灾事故时，应通知消防人员，并进行必要的现场配合。

3）迅速切除故障点，继电保护未正确动作时应手动执行。为了加速事故或故障处理进程，防止事故扩大，凡对系统运行无重大影响的故障设备隔离操作，可根据现场事故处理规程自行处理。

4）进行针对性处理，逐步恢复设备运行，发电厂应优先恢复厂用电系统的供电。

5）设备发生事故时，立即清楚、准确地向值班调度员、发电公司主管生产领导和相关部门汇报。

6）做好故障设备的安全隔离措施，通知检修人员处理。

7）进行善后处理工作，包括事故现象及处理过程的详细记录，断路器故障跳闸及继电保护动作情况的记录等。

（2）感官检查法。感官检查法就是利用人的感官（眼看、耳听、手摸、鼻闻）检查电气设备故障，常采取顺藤摸瓜的检查方式找到故障原因及所在部位，是最简单、最常用的一种方式。

（3）分割电网法。分割电网法是把电气相连的有关部分进行切割分区，逐步将有故障的部位与正常的部位分离开，准确查出具体故障点的方法，是运行人员查找电气设备故障常用的一种方法

（4）电路分析法。电路分析法是根据电气设备的工作原理、控制原理和控制回路，结合感官，初步诊断设备的故障性质，分析设备故障原因，确定设备故障范围的方法。

（5）仪表测量法。仪表测量法是利用仪表器材对电气设备进行检查，根据仪表测量某些电参数的大小并与正常的数值比较后，确定故障原因及部位的方法。运行人员常使用的测量仪表有万用表和绝缘电阻表。

（6）再现故障法。再现故障法就是接通电源，操作控制开关或按钮，让故障现象再次出现，以找出故障点所在部位。

（7）断电复位法。自动装置本身是由各种电子元件组成的整体，加之装置长时间带电运行，常引起元器件工作不稳定，容易受到电气干扰、热稳定等因素的影响而发生各种偶发性故障。

运行经验证明，严格执行电气事故处理规程，并掌握处理电气设备事故或故障的一些方法和技巧，就能够正确判断和及时处理电力生产过程中，发生的各种设备事故或故障，将事故或故障造成的损失减到最小限度。

# 第二部分
# 设备结构及工作原理

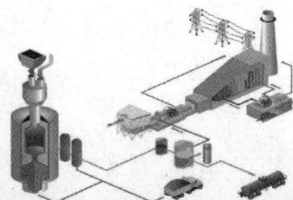

# 第四章

# 互　感　器

### 4-1　互感器是根据什么原理工作的？

**答**：互感器是一特殊的变压器，是一次系统和二次系统之间的联络元件。它利用电磁感应原理，将一次系统的高电压和大电流变换成二次系统的低电压和小电流，供测量、控制、保护设备采集电压、电流信号使用。

### 4-2　互感器有什么作用？

**答**：互感器包括电压互感器（TV）和电流互感器（TA），其作用主要表现在：

（1）技术方面。转换了被测设备的运行参数，使得对一次设备的测量、控制、监察、保护功能易于实现，并可以实现自动化和远动化。

（2）经济方面。使测量仪表和继电器等二次设备实现标准化、小型化、结构轻巧、节省了投资，且便于安装调试。

（3）安全方面。使测量仪表和继电器等二次侧的设备与一次侧高压设备在电气方面隔离，且互感器二次侧接地，当一次系统发生故障时，能够保护测量仪表和继电器等二次设备免受损害，保证了人身设备的安全。

### 4-3　互感器和普通变压器相比有什么异同点？

**答**：互感器有多种类型，目前应用较多的是电磁式互感器，与普通变压器一样，它也是利用电磁感应原理进行工作的。但互感器作为一种特殊的变压器形式，有着与普通变压器不同的特点，具体表现在以下几个方面：

（1）普通变压器是以电能的转换和传递为主要任务的，而互感器是以转换电压、电流参数为主要任务，一、二次绕组间的能量转换很少。

（2）普通变压器的电压、电流受二次侧负载变化的影响，而电压互感器的一次电压取决于电网电压，不受二次侧负载的影响；电流互感器的一次侧电流只取决于一次侧的电流，与二次侧电流无关。

（3）正常运行中，电压互感器二次侧负载阻抗很大，二次绕组几乎相当于开路，二次侧不允许短路；电流互感器二次侧负载阻抗很小，二次绕组几乎相当于短路，二次侧不允许开路。而普通变压器二次侧开路运行时，一次侧只有很小的空载电流用于励磁，可以正常运行，而短路时将产生很大的短路电流，保护将动作于跳闸。

（4）互感器二次侧必须接地，以保证人身设备的安全。

### 4-4　什么是电压互感器，它的作用是什么？

答：一次设备的高电压，不容易直接测量，将高电压按比例转换成较低的电压后，再连接到仪表或继电器中去，实现这种转换的设备称为电压互感器，用 TV 表示。

电压互感器实际上就是一种降压变压器，它的两个绕组在一个闭合的铁心上，一次绕组匝数很多，二次绕组匝数很少。一次侧并联地接在电力系统中，额定电压与所接系统的母线额定电压相同。二次侧并联接测量仪表、保护及自动装置的电压线圈等负荷，由于这些负荷的阻抗很大，通过的电流很小，因此电压互感器二次侧相当于断路状态。

电压互感器二次侧有两个、三个或四个绕组，供保护、测量及自动装置用。基本二次绕组的额定电压采用100V。为了和一相电压设计的一次绕组配合，也有的采用 $100/\sqrt{3}\,\text{V}$。如果互感器用在中性点直接接地系统，辅助二次绕组的额定电压为100V；

如果互感器用在中性点不接地系统，则辅助二次绕组的额定电压为 $100/\sqrt{3}$V，因此选择绕组匝数的目的就是在系统发生单相接地时，开口三角端出现 100V 电压。

### 4-5 什么是电流互感器？电流互感器的作用是什么？

答：把大电流按照规定比例转换为小电流的电气设备，称为电流互感器，用 TA 表示。电流互感器有两个或者多个相互绝缘的绕组，套在一个闭合的铁心上，一次绕组匝数较少，二次绕组匝数较多。

电流互感器的作用是把大电流按照一定的比例变为小电流，提供给各种仪表、继电保护及自动装置用，并将二次系统与一次系统的高电压、大电流隔离。电流互感器的二次电流为 1A 或 5A，这不仅保证了人身设备的安全，也使得仪表和继电器的制造简单化、标准化，降低了成本，提高了经济效益。

### 4-6 什么是光电式互感器？

答：光电式互感器是电子式互感器的一种，是利用光电子技术和电光调制原理，用玻璃光纤来传递电流或电压信息的新型互感器。它与传统电磁式互感器采用电磁耦合原理，用金属导体来传递电流或电压信息的互感器完全不同。

### 4-7 与传统电磁式互感器相比较，光电式互感器具有哪些优点？

答：（1）绝缘性能优良。光电式互感器是将高电压侧的电流或电压信息变换为光信息后，通过绝缘性能优良的玻璃光纤而传输到低压侧的，绝缘结构简单，可靠性高。

（2）不含铁心，不存在饱和问题。现代光电式互感器，不采用铁心做磁耦合，因而避免了磁饱和引起的一系列问题，如电压互感器的铁磁谐振问题、电流互感器的大电流磁饱和问题及二次开路问题。

（3）动态响应好。光电式互感器动态响应范围大，一个测量通道既可测量小电流，也可测量大电流，可以同时满足计量和继电保护的要求。由于动态响应快，还可以满足暂态保护特性的要求。

（4）频率响应范围宽。现代光电式互感器的测量频率很宽，可以测量工频，也可以测量谐波，还可以系统故障时含有的直流分量和高频分量的暂态数据。

（5）抗电磁干扰性能好。因为光电式互感器无磁耦合和电量传输，因而消除了电磁干扰对互感器性能的不良影响。

（6）体积小、重量轻、造价低。据报道一台无源光纤110kV电压互感器，与同电压等级的电磁式电压互感器相比，其体积小1倍以上，重量不足同类产品的一半，造价比$SF_6$传统型电磁式电压互感器低1/2左右。

（7）适应电力系统发展趋势，满足计量与继电保护向数字化、微机化和自动化发展的需要。

（8）为无油化产品，消除了因充油装置可造成的易燃、易爆炸等灾难性故障的危险。

### 4-8 电流互感器的结构及基本原理是什么?

答：电流互感器的结构与基本原理，如图4-1所示。它主要由铁心、一次绕组和二次绕组组成。铁心是由硅钢片叠加而成的。电流互感器的一次绕组与电力系统的线路串联，能通过较大的被测电流$I_1$，它在铁心内产生交变磁通，使二次绕组感应出相应的二次电流。若忽略励磁损耗，一、二次绕组有相等的安匝数，即$I_1 N_1 = I_2 N_2$（$N_1$为一次绕组匝数，$N_2$为二次绕组匝数）。电流互感器的电流比$k = I_1/I_2 = N_2/N_1$。电流互感器的一次绕组直接与电力系统的高压线路相连接，因此其一次绕组对地必须采用与线路的高压相对应的绝缘支持物，以保证二次回路的设备和人身安全。二次绕组与仪表、接地保护装置的电流绕组串联接成二次回路。

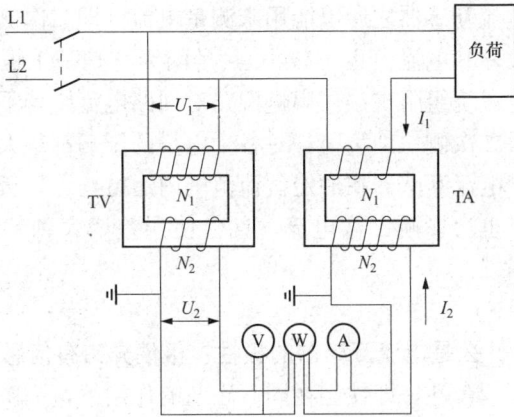

图 4-1 电压互感器和电流互感器的原理接线图

### 4-9 电流互感器与普通变压器相比较，在原理上有何特点？

答：（1）电流互感器二次回路所串的负荷是电流表、继电器等元件的电流线圈，阻抗很小，因此电流互感器正常运行时二次侧相当于短路。

（2）变压器的一次侧电流随二次侧电流的增减而增减，可以说二次侧电流起主导作用；而电流互感器的一次侧电流由取决于被测系统，与二次侧电流无关，故是一次侧电流起主导作用。

（3）变压器的一次侧电压决定了铁心中的主磁通又决定了二次电动势，因此一次电压不变，二次侧电动势也基本不变。而电流互感器则不然，当二次回路的阻抗变化时，也会影响二次电动势。这是因为电流互感器的二次回路是闭合的，在某一定值的一次电流作用下，感应二次电流的大小取决于二次回路中的阻抗（可想象为一个磁场中短路匝的情况）。当二次阻抗大时，二次电流小，用于平衡二次电流的一次电流小，用于励磁的电流就多，则二次电动势就高；反之，当二次阻抗小时，感应的二次电流大，一次电流中用于平衡二次电流的就大，用于励磁的电流就小，则二次电动势就低。所以这几个量是成因果关系的。

（4）电流互感器之所以能用来测量电流（即二次侧即使串上几个电流表，其电流值也不减小），是因为它是一个恒流源，且电流表的电流绕组阻抗小，串进回路对回路电流影响不大。它不像变压器，二次侧一加负荷，对各个电量的影响都很大。但这一点只适用于电流互感器在额定负荷范围内运行，一旦负荷增大超过允许值，也会影响二次电流，且会使误差增大到超过允许的程度。

**4-10　什么是电流互感器的极性？极性弄错有何影响？**

答：所谓极性，即铁心在同一磁通的作用下，一次绕组和二次绕组将感应出电动势，其中两个同时达到高电位的端或同时为低电位的端即称为同极性端。而对电流互感器而言，一般采用减极性标示法来定同极性端：即先任意选定一次绕组端头作始端，当一次绕组电流瞬时由始端流入时，二次绕组电流在该瞬间流出的那一端就标为二次绕组的始端，这种符合瞬时电流关系的两端称为同极性端。

在连接继电保护（尤其是差动保护）装置时，必须注意电流互感器的极性。只有电流互感器的极性连接的正确，保护装置才能正确动作，如差动保护，内部故障时，差动保护装置由各电流互感器来的电流应该是相加流入差动继电器，如果电流互感器极性错了，此时的各电流不是相加，而是相减，就不动作。

**4-11　什么是电流互感器的误差？影响误差的主要因素是什么？**

答：（1）在理想的电流互感器中，励磁损耗电流为零，由于一、二次绕组被同一交变磁通所交链，则在数值上一、二次绕组的安匝数相等，并且一、二电流的相位相同。但是，实际电流互感器由于有励磁电流的存在，一、二次绕组的安匝数不等，并且一、二次电流的相位也不相同。因此，实际的电流互感器通常有电流误差（简称比差）和相位误差（简称角差）。

1）电流误差 $\Delta I\%$。电流误差 $\Delta I\%$ 为二次电流的测量值

$K_i I_2$ 与实际的一次电流 $I_1$ 之差占一次电流 $I_1$ 的百分数表示。根据相量图推导得

$$\Delta I\% = \frac{K_i I_2 - I_1}{I_1} \times 100 = \frac{I_2 N_2 - I_1 N_1}{I_1 N_1} \times 100$$

$$= -\frac{I_0 N_1}{I_1 N_1} \times \sin(\psi + \alpha) \times 100 \qquad (4\text{-}1)$$

当 $I_2 N_2 < I_1 N_1$ 时，$\Delta I\%$ 为负；反之，$\Delta I\%$ 为正。

2）相位误差 $\delta_i$。相位误差 $\delta_i$ 为旋转 180° 的二次电流相量 $-\dot{I}_2'$ 与一次电流相量 $\dot{I}_1$ 的夹角。由于 $\delta_i$ 角度很小，所以用分（′）表示（$1 \mathrm{rad} = 180 \times 60/\pi \times 3440'$），根据电流互感器相量图 4-2 推导得

$$\delta_i \approx \sin\delta_i = \frac{ac}{oa} = -\frac{I_0 N_1}{I_1 N_1} \times \cos(\psi + \alpha) \times 3440' \qquad (4\text{-}2)$$

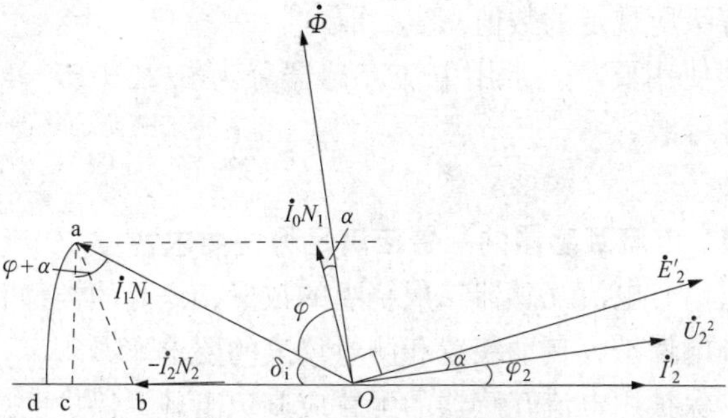

图 4-2　电流互感器相量图

当 $-\dot{I}_2'$ 超前 $\dot{I}_1$ 时，相位误差 $\delta_i$ 规定为正，反之为负。

（2）影响电流互感器误差的因素有：

1）电流互感器的相位误差主要由铁心的材料和结构来决定，若铁心损耗小，导磁率高，则相位误差的绝对值就小；采用带形硅钢片卷成圆环铁心互感器的误差较小。因此高精度的电流互感器多采用优质硅钢片卷成的圆环形铁心。

2）二次回路阻抗增大会使误差增大。这是因为在二次电流

不变的情况下，二次回路阻抗增大将会使二次侧感应电动势增大，从而使磁通增加，铁心损耗增加，因此使误差增大。二次阻抗功率因数的降低，则会使电流误差增大，而相位误差减小。

3）一次侧电流的影响。当系统发生短路故障时，一次电流急剧增大，致使电流互感器工作在磁化曲线的非线性部分，这样电流误差和相位误差都将增加。

### 4-12 什么是电流互感器的准确等级？

**答：**所谓电流互感器的准确等级，就是互感器变比误差的百分值。互感器一次在额定电流下，二次负荷越大则变比误差和角误差就越大；当一次电流低于电流互感器额定电流时，互感器的变比误差和角误差也就随着增大。在某一准确级工作时的标称负荷，就是互感器二次在这样负荷之下，互感器变比误差不超过这一准确等级所规定的数值。

根据使用要求，常用电流互感器分为 0.2、0.5、1、3、10 五个准确等级。

### 4-13 电流互感器的配置应满足哪些要求？

**答：**（1）电流互感器二次绕组的数量、铁心的类型和准确级应满足继电保护、自动装置和测量仪表的要求。

（2）保护用电流互感器的配置应避免出现主保护的死区。接入保护的电流互感器二次绕组的分配，应注意避免当一套保护停用时，出现被保护元件保护范围内部故障时的保护死区。

（3）对中性点有效接地系统，电流互感器可按三相配置，对中性点非有效接地系统，依具体要求可按两相或三相配置。

（4）当配电装置采用3/2断路器接线时，对独立式电流互感器每串宜配置三组，每组的二次绕组数量按工程需要确定。

（5）继电保护和测量仪表宜用不同二次绕组供电，若受条件限制需公用一个二次绕组时，其性能应同时满足测量和保护的要求。

（6）在使用微机保护的条件下，各类保护宜尽量公用二次绕组，以减少互感器二次绕组的数量。但一个元件的两套互为备用的主保护应使用不同的二次绕组。

（7）电流互感器的二次回路不宜进行切换，当需要时，应采取措施防止二次侧开路。

### 4-14　电流互感器二次接线有几种方式？

**答：**电流互感器的二次接线方式，根据不同的使用目的通常有如图 4-3 所示的几种形式。图 4-3（a）为单相接线，常用于测量对称三相负荷电路中的一相电流。图 4-3（b）为星形接线，可测量三相负荷电流，监视每相负荷不对称情况，适用于各种电压等级。图 4-3（c）为不完全星形接线，采用这种接线，流过公共导线上的电流为 U、W 两相电流的相量和，即 $-\dot{I}_V = \dot{I}_U + \dot{I}_W$，该接线一般用于小电流接地系统馈线上。图 4-3（d）为零序电流接线，应用于大电流接地系统线路的零序电流保护。另外，主变压器差动保护用电流互感器，主变压器星形侧接成三角形接线。

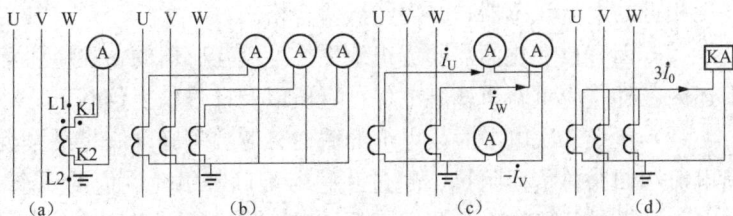

图 4-3　电流互感器与测量仪表接线图

（a）单相接线；（b）星形接线；（c）不完全星形接线；（d）零序接线

### 4-15　电流互感器二次侧为什么不允许开路？开路以后有什么现象，如何处理？

**答：**电流互感器一次侧电流的大小与二次侧电流无关。电流互感器正常工作时，由于二次侧阻抗很小，接近于短路状态，一次侧电流所产生的磁动势大部分被二次侧电流所补偿，总的磁通密度不大，二次绕组电动势也不大。当电流互感器二次侧开路时，二次侧阻抗无限增大，二次绕组电流等于零，二次绕组磁动势等于零，总的磁动势等于一次绕组的磁动势。也就是一次侧电流完全变成了励磁电流，在二次绕组产生很高的电动势，其峰值可达到几千伏，威胁人身安全或造成仪表、保护装置、电流互感器二次侧绝缘损坏。同时一次侧的磁动势使铁心的磁通密度增大，可能造成铁心过热而损坏。

电流互感器二次侧开路时，产生的电动势大小与一次侧电流的大小有关。在处理电流互感器二次侧开路时一定将负荷减少或使负荷为零，然后带上绝缘工具进行处理，在处理时应停用相应的保护装置。

### 4-16 更换电流互感器及其二次线时，应注意哪些问题？

答：对电流互感器及其二次线需要更换时，除应执行《电业安全工作规程》的有关规定外，还应注意以下几点：

（1）个别电流互感器在运行中损坏需要更换时，应选用电压等级不低于电网额定电压、变比与原来相同的、极性正确、伏安特性相近的电流互感器，并需经试验合格。

（2）因容量变化而需要成组地更换电流互感器的，除应注意上述内容外，应重新审核继电保护定值以及计量仪表倍率。

（3）更换二次电缆时，电缆的截面、芯数等必须满足最大负荷电流和回路总负荷阻抗不超过互感器准确等级允许值的要求，并对新电缆进行绝缘电阻测定。更换后，应进行必要的核对，防止错误接线。

（4）新换上的电流互感器或改动后的二次接线，在运行前必须测定大、小极性。

### 4-17 短路电流互感器二次侧为什么不允许用保险丝？

答：保险丝是易熔的金属，在电流超过一定限度时，温度增高会使保险丝熔断。如果用保险丝来短路电流互感器的二次绕组，一旦发生线路故障，故障电流很大，容易造成保险丝熔断，致使电流互感器二次侧开路的情况。

**4-18　电流互感器二次侧为什么要接地？对二次侧接地有何要求？**

答：电流互感器二次侧接地属于保护接地，可以防止一次绝缘击穿，二次侧窜入高压威胁人身设备安全。

对二次侧接地的要求有：

（1）电流互感器二次侧只允许一点接地，不许多点接地。若发生两点接地，则可能引起分流，使得电气测量的误差增大或影响继电保护装置的正确动作。

（2）电流互感器二次回路的接地点应在端子 K2 处。

（3）对于低压电流互感器，由于其绝缘裕度大，发生一、二次绕组击穿的可能性极小，因此其二次绕组不接地。由于二次侧不接地，也使二次系统和计量仪表的绝缘能力提高，大大地减少了由于雷击造成的仪表烧毁事故。

**4-19　电流互感器为什么不允许长时间过负荷？过负荷运行有什么影响？**

答：一方面电流互感器过负荷会使铁心磁通达到饱和，使其误差增大，表计指示不正确，不容易掌握实际负荷。另一方面由于磁通密度增大，使铁心和二次绕组过热，绝缘老化快，甚至损坏导线。

**4-20　电流互感器与电压互感器二次为什么不允许相连接，否则会造成什么后果？**

答：电压互感器连接的是高阻抗回路，称为电压回路，电流互感器连接的是低阻抗回路，称为电流回路。如果电流回路接于电压互感器二次侧会使电压互感器短路，造成电压互感器熔断器熔断或电压互感器烧坏及保护误动作等事故。如电压回路接于电流互感器二次侧，则会造成电流互感器二次侧近似开路，出现高电压，对人身和设备的安全造成威胁。

**4-21 什么情况下电流互感器的二次绕组采用串联或并联接线？**

答：同相套管上的电流互感器，根据需要其二次绕组可采用串联或并联接线。

（1）电流互感器二次绕组串联接线：电流互感器两套相同的二次绕组串联时，其二次回路内的电流不变；但由于感应电动势增大一倍，所以，在运行中如果因继电保护装置或仪表的需要而扩大电流互感器的容量时，可以采用二次绕组串联的接线方法。

电流互感器二次绕组串联后，其电流比不变，但容量增加一倍，准确度不降低。试验证明：有些双绕组的电流互感器，虽然两个二次绕组的准确等级和容量不同，但它的二次绕组仍可串联使用，串联后误差符合较高等级的标准，容量为两者之和，电流比与原来相同。

（2）电流互感器二次绕组并联接线：电流互感器二次绕组并联时，由于每个电流互感器的电流比没有变，因而二次回路内的电流将增加一倍。为了使二次回路内的电流维持原来的额定电流，则一次电流应较原来的额定电流降低 1/2。所以，在运行中如果电流互感器的电流比过大，而实际电流较小时，为了较准确地测量电流，可采用二次绕组并联的接线。

电流互感器二次绕组并联后，其一次额定电流应为原来的 1/2，而容量不变。

**4-22 什么原因会使运行中的电流互感器发生不正常声响？**

答：电流互感器过负荷、二次开路以及内部绝缘损坏发生放电等，均会造成异常声响。此外，由于半导体漆涂得不均匀形成的内部电晕以及夹铁螺栓松动等，也会使电流互感器产生较大的声响。

**4-23 电流互感器的启动、停用操作应注意什么问题？**

答：电流互感器的启动和停用，一般是在被测电路的断路器断开后进行的，以防止电流互感器二次侧开路。但被测电路的断路器不允许断开时，只能在带电情况下进行。在停电情况下，停用电流互感器时，应将纵向连接端子板取下，用它将标有"进"侧的端子横向短接。在启动互感器时应将横向短接端子板取下，并用取下的端子板，将电流互感器纵向端子接通。在运行中停用电流互感器时，应先用备用端子板将标有"进"侧的端子横向短接，然后取下纵向端子板。运行中启动电流互感器时，应用备用端子板将纵向端子接通，然后取下横向端子板。

在电流互感器启动、停用中，应注意在取下端子板时是否出现火花。如发现火花，应立即将端子板装上并旋紧，再查明原因。另外工作人员应站在橡皮绝缘垫上，不得碰到接地物体。

**4-24 零序电流互感器是如何工作的？分几种？**

答：零序电流互感器是一种零序电流过滤器，它的二次侧反映一次系统的零序电流。这种电流互感器将三相的导体用一个铁心包围住，二次绕组绕在同一个封闭的铁心上。

由于零序电流互感器的一次绕组就是三相星形接线的中性线。在正常情况下，三相电流之和等于零，中性线（一次绕组）无电流，互感器的铁心中不产生磁通，二次绕组中没有感应电流。当被保护设备或系统发生单相接地故障时，三相电流之和不再等于零，一次绕组将流过电流，该电流等于每相零序电流的 3 倍，这时铁心中产生零序磁通，该磁通在二次绕组感应出电动势，二次电流流过继电器使之动作。

实际上，由于三相导线排列不对称，它们与二次绕组间的互感彼此不相等，零序电流互感器的二次绕组中会有不平衡电流流过。

零序电流互感器一般有母线型和电缆型两种。

### 4-25 电流互感器允许在什么方式下运行?

**答**:电流互感器在运行中不得超过额定容量长期运行,如果过负荷运行,会使误差增大,表计指示不正确;会使铁心饱和,造成互感器误差增大,另外磁通密度增大后,会使铁心和二次绕组过热,绝缘老化加快,甚至造成损坏等。

电流互感器在运行时,它的二次侧电路应始终是闭合的。当要从运行的电流互感器上拆除电流表等仪表时,应先将二次绕组短接,然后方能把电流表等仪表的接线拆开,以防开路运行。

在运行时,二次绕组的一点应该和铁心同时接地运行,以防一、二次绕组间因绝缘损坏而击穿时,二次绕组窜入高电压,危及仪表、继电器及人身安全。

### 4-26 何谓电流互感器的末屏接地?不接地会有什么影响?

**答**:在 220kV 及以上的电流互感器或者 60kV 以上的套管式电流互感器中,为了改善其电场分布,使电场分布均匀,在绝缘中布置一定数量的均压板极——电容屏,最外层电容屏(末屏)必须接地。如果末屏不接地,则在大电流作用下,其绝缘电位是悬浮的,电容屏不能起均压作用,在一次通有大电流后,将会导致电流互感器绝缘电位升高,从而烧毁电流互感器。

### 4-27 采用暂态型电流互感器的必要性是什么?

**答**:(1) 500kV 电力系统的时间常数增大。220kV 系统的时间常数一般小于 20ms,而 500kV 系统的时间常数在 80~200ms 之间。系统时间常数增大,导致短路电流非周期分量的衰减时间加长,短路电流的暂态持续时间加长。

(2) 系统容量增大,短路电流的幅值也增大。

(3) 由于系统稳定的要求,500kV 系统主保护的动作时间一般在 20ms 左右,总的故障切除时间小于 100ms,系统主保护是在故障的暂态过程中动作的。

在电力系统短路，暂态电流流过电流互感器时，在互感器内也产生一个暂态过程。如不采取措施，电流互感器铁心很快趋于饱和。特别在装有重合闸的线路上，在第一次故障造成的暂态过程尚未衰减完毕的情况下，再叠加另一次短路的暂态过程，由于电流互感器剩磁的存在，有可能使铁心更快地饱和。其结果将使电流互感器二次电流不能正确反映一次电流的特征，造成继电保护不正确动作。这就要求在 500kV 系统中，选择具有暂态特性的互感器。

### 4-28 套管式电流互感器的作用和结构特点如何？

答：套管式电流互感器安装在变压器出线套管的升高座内，把变压器套管中导体的电流信息传递给测量仪器、仪表和保护及控制装置。

套管式电流互感器是由铁心和绕组组成。一次绕组为变压器套管中导体，铁心由冷轧优质电工钢带卷成圆环形（LRBT 型铁心中有气隙）并经退火处理。二次绕组均匀地绕在铁心上，它与铁心之间及导线外部均有良好绝缘。整个绕组浸绝缘漆处理。二次绕组引出线端焊有带 K，…K（或 S，…S）标志的接线片，并连接到升高座出线盒内套管上。套管旁有字牌 1K1…1K5，2K1…2K5，…或 1S1…1S5，2S1…2S5 等，可根据需要选择并变换合适的电流比。每个电流互感器安装在由钢板或低磁钢板制成的升高座内，电流互感器四周插入撑板使其与升高座壁固定，原则上电流互感器有"L"标志的端面均朝上。

根据变压器标准或技术条件要求，每个升高座内放置 1 个或数个电流互感器，这些电流互感器均浸没在变压器油中，保证产品绝缘不受潮、不污染，升高座密封良好且不渗漏。

### 4-29 电子式电流互感器的优点是什么？

答：电子式电流互感器应用于额定电压为 110kV（220、330kV 及 500kV）、频率为 50Hz 的电力系统中，作为测量电流，为数字化计量、测控及继电保护装置提供电流信息的设备使用。电子式电流互感器采用低功率线圈（LPTA）传感测量电流，采用空心线圈传感保护电流，这样可使电流互感器具有较高的测量准确度、较大的动态范围及较好的暂态特性。电子式电流互感器的主要优点如下：

（1）优良的绝缘性能。

（2）不含铁心，消除了磁饱和及铁磁谐振等问题。

（3）抗电磁干扰性能好，低压侧无开路高压危险。

（4）动态范围大，测量精度高，频率响应范围宽。

（5）体积小、重量轻、价格低。

（6）适应了电力计量和保护数字化、微机化和自动化发展的潮流。

**4-30 电流互感器在运行时有哪些常见的故障？**

**答：**（1）运行过热。有异常的焦臭味，甚至冒烟。产生该故障的原因是二次开路或一次负荷电流过大。

（2）内部有放电声，声音异常或引线与外壳间有火花放电现象。产生该故障的原因是绝缘老化、受潮引起漏电或电流互感器表面绝缘半导体涂料脱落。

（3）主绝缘对地击穿。产生该故障的原因是绝缘老化、受潮或系统过电压。

（4）一次或二次绕组匝间层间短路。产生该故障的原因是绝缘受潮、老化、二次开路产生高电压使二次匝间绝缘损坏。

（5）电容式电流互感器运行中发生爆炸。产生该故障的原因是正常情况下其一次绕组主导电杆与外包铝箔电容屏的首屏相连，末屏接地。运行过程中，由于末屏接地线断开，末屏对地会产生很高的悬浮电位，从而使一次绕组主绝缘对地绝缘薄弱点产生局部放电。电弧将使互感器内的油电离汽化，产生高压气体，造成电流互感器爆炸。

（6）充油式电流互感器油位急剧上升或下降。产生该故障的原因是由于内部存在短路或绝缘过热使油膨胀引起油位急剧上升；油位急剧下降可能是严重渗、漏油引起。

### 4-31 电压互感器的额定电压如何选择？

**答：**（1）一次侧额定电压。电压互感器的一次侧额定电压由所在系统的额定电压决定，按 0.5、3、6、10、15、20、35、60、110、220、330、500、750kV 选择，如用相电压时，其电压均为上述电压除以 $\sqrt{3}$。

（2）二次侧额定电压。

1）供三相系统间连接的单相 TV，其额定二次电压为 100V；

2）供三相系统与地之间用的单相 TV，当其额定一次电压为某一数值除以 $\sqrt{3}$ 时，额定二次电压为 $100/\sqrt{3}$V；

3）TV 辅助电压绕组的额定二次电压，当系统为中性点有效接地系统时为 100V，当系统为中性点非有效接地时为 100/3V。

### 4-32 电压互感器二次绕组数量如何确定？

**答：**（1）对于超高压线路和大型主设备，要求装设两套独立保护，因而可能要求电压互感器具有两个独立的二次绕组分别对两套保护供电。此外，某些计费用计量仪表，为提高可靠性和精确度，必要时可从二次绕组单独引出二次回路供电或采用有测量和保护分开的二次绕组 TV。

（2）保护用电压互感器一般设有辅助电压绕组，供接地故障时产生零序电压用，对于微机保护，推荐由三相电压自动形成零序电压，此时可不设辅助电压绕组。

根据一次电压等级及保护和测量的要求，330～500kV 的电压互感器可以有 4 个及以下二次绕组，110～220kV 的电压互感器可以有 3 个及以下二次绕组，35kV 及以下系统只有 2 个及以下二次绕组。二次绕组可以全部为主二次绕组（电压为 $100/\sqrt{3}$V 或

100V)，也可以其中一个辅助二次绕组（电压为 100V 或 100/3V）。

### 4-33　电压互感器的配置需考虑哪些因素？

**答**：电压互感器的配置需考虑系统电压等级、主接线及要实现的功能等因素，具体说明如下：

（1）TV 的二次绕组数量和准确度等级应满足测量、保护、同期和自动装置的要求，电压互感器的配置应能保证在运行方式改变时，保护装置不能失去电压，同期点的两侧都能采集到电压。

（2）对 220kV 及以下电压等级的双母线接线，宜在主母线三相上装设电压互感器。旁路母线是否装设应根据具体情况确定。当需要监视和检测线路侧有无电压时，可在出线侧的一相上装设电压互感器。

（3）对 500kV 电压的双母线接线，宜在每回出线和每组母线的三相上装设电压互感器。对 3/2 断路器接线，应在每回出线（包括主变压器进出线回路需要时）的三相上装设电压互感器，对母线可以在一相上装设电压互感器，如继电保护有要求，也可装设三相电压互感器。

（4）发电机出口可装设两组或三组电压互感器，供测量、保护和自动电压调整装置用。

（5）对 220～500kV 电压双母线，变压器进线是否装设电压互感器，应由保护和同步系统的要求决定，如果只做同步用，变压器低压侧电压互感器的电压能满足同步要求时，可利用该互感器，进线侧可考虑不装设电压互感器。

（6）对 100kV 及以下系统，测量表计和保护可共用一个二次绕组。

### 4-34　电容式电压互感器工作原理是什么？电容式电压互感器与电磁式电压互感器相比有何优缺点？

**答**：随着电力系统输电电压的增高，电磁式电压互感器的体积越来越大，成本也越来越高，因此为满足电力工业日益发展的需要，研制出了电容式电压互感器。

图 4-4 为电容式电压互感器原理接线图。电容式电压互感器实质是一个电容分压器，在被测装置和地之间有若干相同的电容器串联。为便于分析，将电容器串分成主电容 $C_1$ 和分压电容 $C_2$ 两部分。设一次侧相对地电压为 $U_1$，则 $C_2$ 上的电压为

$$U_{C2} = \frac{C_1}{C_1 + C_2} U_1 = K U_1 \tag{4-3}$$

式中　$K$——分压比。

改变 $C_1$ 和 $C_2$ 的比值，可得到不同的分压比。由于 $U_{C2}$ 与一次电压 $U_1$ 成正比，故测得 $U_{C2}$ 就可得到 $U_1$，这就是电容式电压互感器的工作原理。

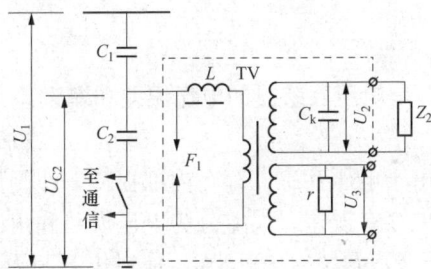

图 4-4　电容式电压互感器原理接线图

电容式电压互感器和电磁式电压互感器相比，具有冲击绝缘强度高、制造简单、重量轻、体积小、成本低、运行可靠、维护方便并可兼作高频载波通信的耦合电容等优点。但是，其误差特性和暂态特性比电磁式电压互感器差，且输出容量较小，影响误差的因素较多。过去电容式电压互感器的准确度不高，目前我国制造的电容式电压互感器，准确级已达到 0.5 级，在 220kV 及以上系统得到了广泛应用。

## 4-35　电压互感器在运行中，二次侧为什么不允许短路？

答：电压互感器在正常运行中，二次侧负载阻抗很大，电

压互感器相当于恒压源，内阻抗很小，容量也很小，一次侧绕组导线很细。当互感器二次侧发生短路时，一次侧电流很大，若二次侧熔丝选择不当，熔丝不能熔断时，电压互感器很容易被烧坏。

### 4-36　如何选择电压互感器的运行方式？

**答**：电压互感器在额定容量下可长期运行，但在任何情况下，都不允许超过最大容量运行，电压互感器二次绕组的负载是高阻抗仪表，二次侧电流很小，接近于磁化电流。一、二次绕组中的漏阻抗压降也很小，所以它在运行时接近于空载情况，因此二次绕组绝不能短路。如果短路，那么二次绕组的阻抗大大减小，会出现很大的短路电流，使绕组严重发热甚至烧毁，因此值班人员要特别注意。

### 4-37　什么是电压互感器的电压误差和角误差，影响误差的因素有哪些？

**答**：（1）由于电压互感器存在内部损耗，使测量结果和实际值的大小和相位存有误差。误差分为电压误差和角误差。

1）电压误差 $\Delta U\%$。电压误差是以电压互感器的测量值 $K_u U_2$，与一次侧电压的实际值 $U_1$ 之差，对一次侧电压的实际值 $U_1$ 的百分数。即

$$\Delta U\% = \frac{K_u U_2 - U_1}{U_1} \times 100 \qquad (4\text{-}4)$$

2）角误差 $\delta_u$。角误差 $\delta_u$ 为旋转 $180°$ 的二次电压相量 $-\dot{U}_2'$ 与一次电压相量 $\dot{U}_1$ 的夹角。并规定 $-\dot{U}_2'$ 超前于 $\dot{U}_1$ 时，$\delta_u$ 为正值，反之为负值。

（2）电压互感器的电压误差和角误差不仅与一、二次绕组的阻抗及空载电流有关，而且还与二次负荷的大小和功率因数都有关。当二次侧接近于空载运行时，电压互感器的误差最小。因此为了使测量尽可能准确，应使电压互感器的二次负荷降低到最

小，即不宜连接过多的仪表和保护，以免电流过大引起较大的漏阻抗压降，影响互感器的准确度。

**4-38 什么是电压互感器的准确度等级？不同准确度使用在什么场合？它与容量有什么关系？**

答：(1) 准确级。是指在规定的一次电压和二次负荷变化范围内，负荷功率因数为额定值时，电压误差的最大值，我国电压互感器准确级和误差限值如表 4-1 所示。3P、6P 为保护级。

表 4-1 电压互感器的准确级和误差限值

| 准确级次 | 误差限值 | | 一次电压变化范围 | 二次负荷变化范围 |
|---|---|---|---|---|
| | 电压误差±（％） | 相位差±（′） | | |
| 0.2 | 0.2 | 10 | $(0.8{\sim}1.2)\,U_{1N}$, $\cos\varphi_2=0.8$ | $(0.25{\sim}1)\,S_{2N}$ $\cos\varphi_2=0.8$ |
| 0.5 | 0.5 | 20 | | |
| 1 | 1.0 | 40 | | |
| 3 | 3.0 | 不规定 | | |
| 3P | 3.0 | 120 | $(0.05{\sim}1)\,U_{1N}$ | |
| 6P | 6.0 | 240 | | |

准确等级为 0.2 级的电压互感器主要用于精密的实验测量。0.5 级及 1 级的电压互感器通常用于发电厂、变压站内配电盘上的仪表及继电保护装置中，对计算电能用的电能表应采用 0.2 级或 0.5 级电压互感器。3 级的电压互感器用于一般的测量。3P、6P 级为继电保护用。

(2) 电压互感器准确等级和容量有着密切的关系。由于电压互感器误差随着二次负荷的变化而变化，所以同一台电压互感器对应于不同的准确级便有不同的容量（实际上是电压互感器二次绕组所接测量及继电保护、自动装置的功率）。

**4-39 电压互感器的多个容量分别是什么含义？**

答：电压互感器的误差与二次负荷的大小有关，因此，对应于每个准确度级，都对应着一个额定容量，但一般电压互感器的额定容量是指最高准确度级下的额定容量。同时，电压互感器按最高工作电压下长期工作允许的发热条件出发，还规定了最大容量。

与电流互感器一样，要求在某准确度级下测量时，二次负荷不应超过该准确度级规定的容量，否则准确度将下降，影响测量结果的准确度。

**4-40　电压互感器的一、二次侧装设熔断器是怎样考虑的？什么情况下可以不装设熔断器，其选择原则是什么？**

答：为防止高压系统受电压互感器本身或其引出线上故障的影响和对电压互感器自身的保护，可在一次侧装设熔断器。

100kV 及以上的配电装置中，电压互感器高压侧不装设熔断器。电压互感器二次侧出口不装设熔断器有以下几种特殊情况：

（1）二次接线为开口三角的出线除了供零序电压保护用外，一般不装熔断器。

（2）中性线上不装设熔断器。

（3）接自动电压调整器的电压互感器二次侧不装熔断器。

（4）110kV 及以上的配电装置中的电压互感器二次侧装空气小开关而不用熔断器。

二次侧熔断器选择原则是熔体的熔断时间必须保证在二次回路发生短路时小于保护装置动作时间。熔体额定电流应大于最大负荷电流，且取可靠系数为 1.5。

**4-41　电压互感器二次侧在什么情况下不装熔断器而装小开关？**

答：通常对带有距离保护的电压互感器二次侧熔断器的选择，要求较严。为了防止电压互感器二次侧熔断时间过长，使距离保护误动，熔断器容量选择应根据以下两个原则：

（1）熔断器的下限，应为最大负荷电流的 1.5 倍。此时考虑一条母线运行，所有负荷均倒至一台电压互感器上的情况。

（2）熔断器的上限为二次电压回路短路时不致使距离保护误

动作，即熔断器时间小于保护动作时间。

如果熔断器不能满足上述要求时，应装设空气小开关。因此，凡装有距离保护时，电压互感器的二次侧均采用空气小开关，即自动开关。

**4-42 电压互感器二次侧为什么必须接地？**

**答：** 电压互感器二次侧接地属于接地保护。为了防止一、二次绝缘损坏击穿高电压窜到二次侧来，对人身和设备造成危险，所以二次侧必须接地。

变电站的电压互感器二次侧一般采用中性点接地，一般电压互感器可以在配电装置端子箱内经端子排接地。发电厂的电压互感器都采用二次 b 相接地，也有 b 相和中性点共存的。

**4-43 为什么电压互感器二次侧有的采用零相接地，而有的采用 V 相接地？**

**答：** 为了安全的需要，电压互感器二次侧必须有一个接地点，防止绝缘降低时高压侧电压窜入二次侧，威胁人身及设备的安全。发电厂的电压互感器，有的采用零相接地，而有的采用 V 相接地，主要原因是：

（1）通常的习惯。为了节省电压互感器台数，有时选用绕组为 VNv 接线，此时二次侧的接地点往往选在两个二次绕组的公共端，即 V 相上，形成 V 相接地，如图 4-5 所示。

（2）为了简化同期系统的接线和减少同期开关的挡数。因为星形接线的电压互感器和 V 形接线的电压互感器所在系统需要并列时，也可以使星形接线的电压互感器采用 V 相接地，这样可以同时应用于同期系统，防止零相接地的星形电压互感器 V 相线圈因短路而烧坏，也节省了一台隔离变压器。另外，因为与同期有关的仪表只需要采取线电压，若采用 V 相接地后，公共的 V 相只需从盘上的接地小母线上引接即可，大大简化了同期系统的辅助开关、同期开关等接线。

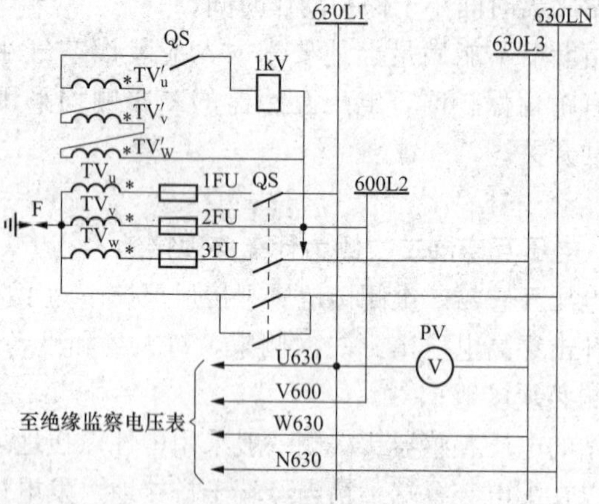

图 4-5　V 相接地的电压互感器接线图

对于装有距离保护的电压互感器二次回路均要求零相接地，因为要接断线闭锁装置，要求有零线。故一般发电厂、变电站的110kV 及以上系统的电压互感器是零相接地。

**4-44　为什么电压互感器 V 相接地的接地点一般放在熔断器之后，为什么 V 相也装设熔断器？**

答：如图 4-5 所示，1～3FU 是用以保护电压互感器二次侧绕组的熔断器。V 相接地的接地点放在熔断器之后，是为了防止当电压互感器一、二次间绝缘击穿时，经 V 相接地点和一次侧中性点形成回路，造成 V 相二次绕组短路而被烧坏。

在 V 相接地的电压互感器二次侧中性点接一个击穿熔断器 JB，是考虑到在 V 相二次侧熔断器熔断的情况下，即使二次侧出线窜入高压，仍能使熔断器 JB 击穿而使互感器二次不会失去保护接地。击穿熔断器的击穿电压设置不高，约为 500V。

**4-45　电压互感器铁磁谐振有哪些现象？发生铁磁谐振的危害是什么？**

答：电压互感器的铁磁谐振将引起电压互感器铁心饱和，产生电压互感器饱和过电压。电压互感器经常发生的铁磁谐振有基波谐振和分频谐振。

电压互感器发生基波谐振的现象是两相对地电压升高，一相降低，或者两相对地电压降低，一相升高。电压互感器发生分频谐振的现象是三相电压同时或依次轮流升高，电压表指针在同范围内低频摆动。电压互感器发生谐振时其线电压指示不变，但谐振时电压互感器感抗下降，一次励磁电流急剧增加，可能引起其高压侧熔断器熔断，造成继电保护和自动装置的误动作。

由于电压互感器发生谐振时，一次绕组通过很大的电流，在一次熔断器尚未熔断时，可能使电压互感器因长时间处于过电流状态下运行而烧坏。另外，当电压互感器一次熔断器熔断后，会因为保护和自动装置的误动而扩大事故，甚至会造成停机停炉的巨大损失。

另外，电压互感器谐振时会产生零序电压分量，可能使绝缘监察装置误发接地信号。

### 4-46 电磁式电压互感器如何防止铁磁谐振？

**答：**在中性点不接地系统中，电磁式电压互感器与母线或线路对地电容形成三相铁磁谐振。谐振是零序性质，输出的三相有功功率对谐振不起作用。抑制谐振的方法可在零序回路中采用阻尼吸能措施，如在电压互感器开口三角形两端接入低值电阻或白炽灯泡，或在电压互感器一次绕组中性点与地之间接入非线性电阻。也可以采取破坏谐振条件的措施，如人为地增大对地电容使之超过某一临界值，或将开口三角形临时短接等。

在中性点直接接地系统中，电磁式电压互感器在断路器跳闸或隔离开关合闸时，可能与断路器并联均压电容或杂散电容形成铁磁谐振。由于电源与互感器中性点均接地，各相的谐振回路基本上是独立的，谐振可能在一相发生，也可能在两相或三相内同时发生。抑制这种谐振的方法不宜在零序回路（包括开口三角形回路）采取措施。可采用呈容性的感应式电压互感器或采用人为破坏谐振条件的措施。

### 4-47 电容式电压互感器的铁磁谐振有什么特点？

答：电容式电压互感器包括电容分压器和电磁单元。电磁单元中的电抗绕组在额定频率下的电抗值约为分压器两个电容并联的电容值。在电磁单元二次短路又突然消除时，一次侧电压突然变化的暂态过程可能使铁心饱和，与并联的两部分分压电容发生铁磁谐振。这种谐振一般不会造成高压电容器损坏，但可导致保护装置误动作或二次设备损坏。因此，电容式电压互感器的性能应满足以下要求：

（1）互感器在电压为 0.9、1.0、1.2 倍额定电压而实际负荷为零的情况下，二次端子短路后又突然消除，其二次电压峰值应在 0.5s 之内恢复到与短路前正常值相差不大于 10%。

（2）互感器在电压为 1.5 倍额定电压（用于中性点有效接地系统）或 1.9 倍额定电压（用于中性点非有效接地系统），且实际负荷为零的情况下，二次端子短路后又突然消除，其铁磁谐振持续的时间不应超过 2s。

### 4-48 ZH-WTXC 微机型铁磁谐振消除装置的原理是什么？

答：微机型消谐装置可以实时监测电压互感器开口三角处电压和频率，当发生铁磁谐振时，装置瞬时启动无触点消谐元件（大功率晶闸管），将开口三角形绕组瞬间短接，产生强大阻尼，从而消除铁磁谐振。

如果启动消谐元件，瞬间短接后谐振仍未消除，则装置再次启动消谐元件，出于电压互感器安全的考虑，装置共可启动三次消谐元件。如果在三次启动过程中谐振被成功消除则装置的谐振指示灯点亮，并且谐振报警动作（持续时间为 10s），以提示曾有铁磁谐振发生，当操作装置查看记录后谐振灯熄灭；如果谐振未消除则装置的过电压指示灯亮，同时过电压报警出口动作，过电压消失后恢复正常。

装置通过面板实现显示、报警功能，并通过面板上的操作按钮实现菜单式操作，进行通信设置、时钟校对和参数设定等操作项目。装置可提供三种不同的通信接口，用户可自行设置与上位机的通信接口。

### 4-49　电压互感器有哪些常见故障？

**答:** （1）铁心故障。运行中可能由于铁心片间绝缘老化、过负荷、铁心松动和运行环境恶劣等原因造成铁心故障，使互感器运行中温度升高、有不正常的振动或噪声等。

（2）绕组故障。由于系统长期过电压、长期过负荷运行、绝缘老化以及制造工艺不良等原因，引起绕组可能发生匝间短路，运行中温度升高，有放电声，高压熔断器熔断，二次侧电压指示不稳定等现象。

（3）绕组断线。由于焊接工艺不良、机械强度降低等原因造成绕组断线，运行中断线部位可能产生电弧，有放电声，断线相的电压指示降低或为零。

（4）绕组相间或对地绝缘击穿。由于绕组绝缘老化、受潮及过电压、缺油等原因造成绕组相间短路或对地绝缘击穿，可能引起高压侧熔断器熔断，有放电响声、油温异常升高等现象。

（5）套管间放电闪络。由于外力损伤、异物进入以及严重污染等原因造成套管闪络放电，高压侧熔断器熔断。

### 4-50　电压互感器断线时有何现象显示？

**答:** 当运行中的电压互感器回路断线时，有如下现象显示：

（1）"电压回路断线"光字牌亮、警铃响；

（2）电压表指示为零或三相电压不一致，有功功率表指示失常，电能表停转；

（3）低电压继电器动作，同期鉴定继电器可能有响声；

（4）可能有接地信号发出（高压熔断器熔断时）；

（5）绝缘监察电压表较正常值偏低，正常相电压表指示正常。

**4-51　电压互感器产生断线的原因是什么？**

**答：** 电压回路断线可能的原因是：

（1）高、低压熔断器熔断或接触不良。

（2）电压互感器二次回路切换开关及重动继电器辅助触点接触不良。因电压互感器高压侧隔离开关的辅助触点串接在二次侧，与隔离开关辅助触点联动的重动继电器触点也串接在二次侧，由于这些触点接触不良，而使二次回路断开。

（3）二次侧快速自动空气开关脱扣跳闸或因二次侧短路自动跳闸。

（4）二次回路接线头松动或断线。

**4-52　电压互感器断线后如何处理？**

**答：** 电压互感器回路断线的处理方法：

（1）停用所带的继电保护与自动装置，以防止误动。

（2）如因二次回路故障，使仪表指示不正确时，可根据其他仪表指示，监视设备的运行，且不可改变设备的运行方式，以免发生误操作。

（3）检查高、低压熔断器是否熔断。若高压熔断器熔断，应查明原因予以更换；若电压熔断器熔断，应立即更换。

（4）检查二次电压回路的接点有无松动、有无断线现象，切换回路有无接触不良，二次侧自动空气开关是否脱扣。可试送一次，试送不成功再处理。

**4-53　电压互感器的操作顺序是什么？停用电压互感器应注意哪些问题？**

**答：** 电压互感器的操作顺序是：停电时，先停二次侧再停一次侧（先断开二次侧自动空气开关，再拉开一次侧隔离开关）；送电时与此相反。

电压互感器停用时应注意以下问题：

（1）不使继电保护和自动装置失去电压。

（2）必须及时进行电压切换。

（3）防止反充电，取下二次侧熔断器（包括电容器）或断开二次侧自动空气开关。

（4）二次负荷全部断开后，断开互感器一次侧电源。

# 第五章

# 发 电 机

**5-1 联合循环发电机组的立体布置图是什么样子的?**

**答**: 联合循环发电机组的立体布置图如图 5-1 所示。

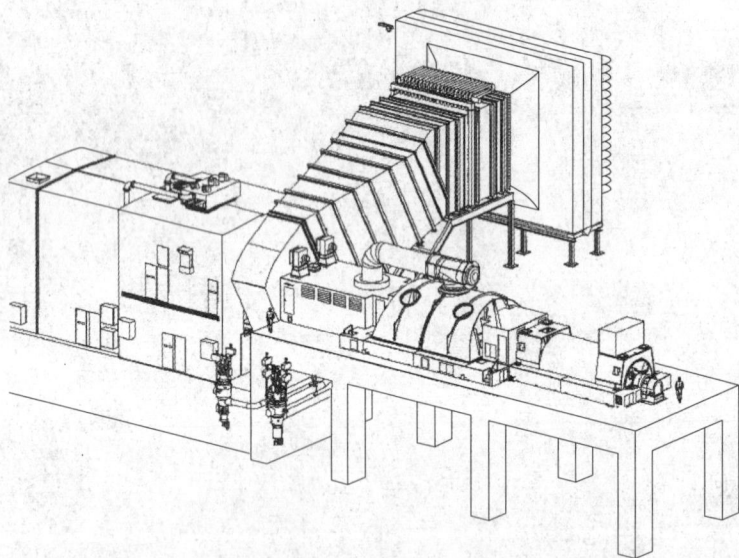

图 5-1　联合循环发电机组的立体布置图

**5-2 发电机铭牌上有哪些内容?**

**答**: (1) 发电机型号。表示该发电机的型式、特点。

(2) 额定容量 $P_N$。表示该发电机长期连续安全运行的最大允许输出功率。

（3）额定电压 $U_N$。表示该发电机长期安全工作的最高允许电压（线电压）。

（4）额定电流 $I_N$。表示该发电机正常连续运行的最大工作电流。

（5）额定温升 $\tau_N$。表示该发电机某部分的允许最高温度与冷却介质额定入口温度的差值。

（6）额定功率因数 $\cos\varphi_N$。表示该发电机的额定有功功率与额定视在功率的比值。

**5-3　大功率发电机的冷却介质和冷却方法有哪些组合形式？**

**答：**（1）定子绕组氢外冷，转子绕组氢内冷，铁心氢冷；

（2）定子绕组氢内冷，转子绕组氢内冷，铁心氢冷；

（3）定子绕组水内冷，转子绕组氢内冷，铁心氢冷；

（4）定子绕组水内冷，转子绕组水内冷，铁心氢冷；

（5）定子绕组水内冷，转子绕组水内冷，铁心空冷。

其中（3）种冷却方式应用最多，广泛应用于 20 万～100 万kW 的机组上。

**5-4　发电机绕组为什么都接成双星形？**

**答：**发电机的定子绕组的电动势波形，取决于气隙中磁通沿空间的分布情况，因此，电动势中不可避免地存在高次谐波，而高次谐波的主要成分为三次谐波。基波的一个周期相当于三次谐波的三个周期，即基波的 360° 相当于三次谐波的 $3\times360°$，这样，由于基波三相各差 120° 相位，对于三次谐波来说是 $3\times120°$ $=360°$，相当于各相没有相位差。如果接成三角形的话，就会在绕组间产生环流，产生额外损耗使发电机绕组发热。而接成星形的话便不能构成回路，三次谐波电流无法流通。所以，发电机绕组接成星形接线的作用有两个：一是消除高次谐波的存在；二是如果接成三角形的话，当内部故障或绕组接错造成三相不对称时，就会产生环流而危及发电机的绕组安全。

另外，定子绕组接成双星形，是为了增加每相线圈的并联支路数，避免每相导体中载流量过大。

**5-5 发电机定子绕组接成三角形有何现象？**

**答**：如果发电机采用三角形接法，当三相不对称或绕组接线出现错误时，会造成发电机电动势不对称，不再满足 $e_U + e_V + e_W = 0$，这样将在三角形绕组内部产生环流，该环流会随着三相不对称程度的增大而增大，有可能会使发电机烧毁。

**5-6 发电机的机座和端盖有何作用？**

**答**：燃气轮发电机的机座和端盖既是机械上的主要支撑，又是通风系统的重要组成部分，其构件也是整个发电机所有部件中尺寸最大的，机座要通过端盖支撑转子的重量。氢冷发电机的机座要能承受氢气爆炸时的压力，又要能满足强度和振动的要求。

发电机端盖既是发电机外壳的一部分，又是轴承座，为便于安装，沿水平方向分为上下两半。端盖与机座的配合面及水平合缝面上开有密封槽，以便槽内充密封胶，密封机内氢气。端盖应具有足够的强度和刚度，以支撑转子，同时承受机内氢气压力甚至氢爆产生的压力。发电机转子轴承、氢气轴封和向这些部件供油的油路均包含在外端盖中并由其支撑。

**5-7 发电机定子结构主要有哪几部分组成？**

**答**：发电机定子是由定子机座、隔振结构、定子铁心、定子绕组、铜制磁屏蔽、定子出线和出线盒、端盖及轴承、定子水路，气体氢冷却器及其外罩等部分组成。

**5-8 发电机的定子绕组结构有什么特点？其目的是什么？**

**答**：发电机定子绕组的共同特点，都采用 $60°$ 相带、三相、双层短距分布绕组，丫连接。目的是为了改善电动势波形，即消除绕组的高次谐波电动势，以获得近似正弦波电动势。

### 5-9  发电机转子结构主要由哪几部分组成？

答：发电机转子由转轴、磁极绕组、磁极绕组的电气连接件、护环、集电环、风扇、联轴器和阻尼系统等部件构成。

### 5-10  转子护环、中心环、阻尼环的作用是什么？

答：因为转子旋转时，转子绕组端部受到很大的离心力作用，为了防止对该部位的损害，采用了非磁性、高强度合金钢（Mn18Cr18）锻件加工而成的护环来保护转子绕组端部。护环分别装配在转子本体两端，与本体端热套配合，另一端热套在悬挂的中心环上。

中心环对护环起着与转轴同心的作用，当转子旋转时，轴的挠度不会使护环受到交变应力而损坏，中心环还有防止转子端部轴向位移的作用。

为减小由不平衡负荷产生的负序电流在转子上引起的发热，提高发电机承受不平衡负荷（负序电流和异步运行）的能力，采用了半阻尼绕组，在转子本体两端（护环下）和槽内设有全阻尼绕组。

### 5-11  燃气轮发电机的转子结构特点有哪些？

答：燃气轮发电机的转子结构特点有：

（1）转子细、长、柔性大；

（2）采用线圈底部抽风；

（3）没有稳定轴承；

（4）转子集电环端轴深为1m，集电环和集电环风扇位扇叶无支撑悬挂式；

（5）汽、励端平衡面不对称。

### 5-12  燃气轮发电机常用冷却介质的相对指标有哪些？

答：表5-1列出了空气、氢气和水3种介质的冷却性能。表中均以空气的各项指标为 1，其他介质所列为相对值。从冷却角度看，水的冷却性能最好，水的热容量比空气大 4.16 倍，密度较空气大 1000 倍，散热能力比空气大 84 倍。此外水还有良好的绝缘性能，得到电阻系数为 $200 \times 103\Omega \cdot cm$ 的凝结水是没有困难的。

表 5-1　　　　　　　　三种介质的冷却性能

| 冷却介质 | 相对比热 | 相对密度 | 吸热能力 | | 散热能力 | |
|---|---|---|---|---|---|---|
| | | | 体积流量 $(m^3)$ | 相对吸热量 $(J)$ | 流速 $(m/s)$ | 相对散热系数 |
| 空气 | 1 | 1 | 1 | 1 | 30 | 1 |
| 氢气 | 14.35 | 0.21 | 1 | 3 | 40 | 5 |
| 水 | 4.16 | 1000 | 0.05 | 208 | 2 | 84 |

**5-13　燃气轮发电机的主要组成部件有哪些？**

答：发电机主要由定子、转子、油密封装置、冷却器及内部监测系统等部分组成。发电机是全密封结构，运行中使用氢气作为冷却介质，包括风扇和气体冷却器在内的通风系统是完全密封的，以防止脏物和潮气进入。

**5-14　氢冷系统的功能有哪些？**

答：（1）使用中间介质（一般为 $CO_2$）实现发电机内部气体置换。

（2）通过压力调节器自动保持发电机内氢气压力在需要数值。

（3）通过氢气干燥器除去机内氢气中的水分。

（4）通过真空净油型密封油系统，保持机内氢气纯度在较高水平。

（5）采用相应的表计对机内氢气压力、纯度、温度以及漏入量进行监测显示，限时发出报警信号。

**5-15 何谓发电机的水—氢—氢冷冷却方式?**

**答:**目前较为普遍的冷却方式为转子绕组采用氢内冷、定子铁心采用氢表冷、定子绕组采用水冷。

**5-16 水氢氢冷汽轮发电机的氢气系统主要由哪几部分组成?**

**答:**氢气控制系统主要是由气体控制站、氢气干燥器、液位信号器、仪表盘、抽真空管路及与定子水系统连接管路组成,如图 5-2 所示。

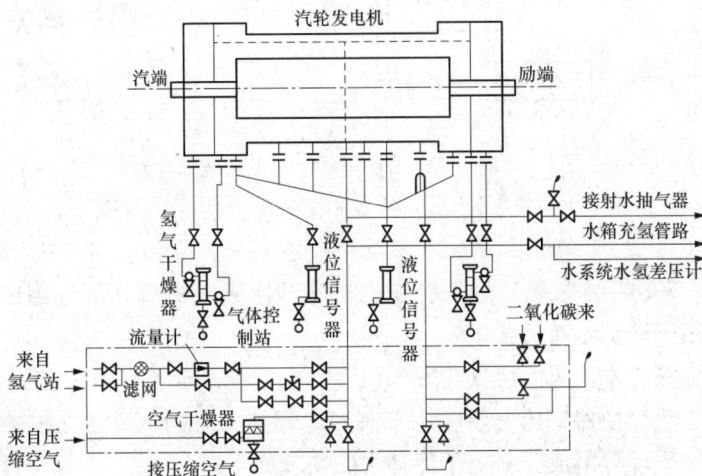

图 5-2 发电机氢气控制系统

**5-17 燃气轮发电机组氢气去湿装置由哪些系统组成?**

**答:**氢气去湿装置主要包括制冷系统、氢气去湿系统、电气控制系统三大部分。制冷系统由制冷压缩机组、热力膨胀阀、蒸发器、风扇等组成,氢气去湿系统由回热器、冷却器、储水罐等组成,电气控制系统由电气控制箱、化霜电磁阀、温度仪、水位控制器等组成,如图 5-3 所示。

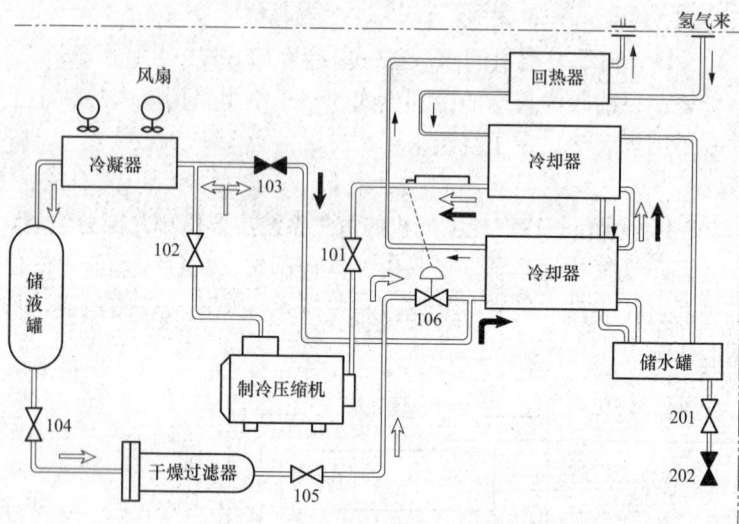

图 5-3 燃气轮发电机组氢气去湿装置示意图

**5-18 水氢氢冷燃气轮发电机冷却水系统由哪几部分组成？对定子冷却水有何要求？**

答：水氢氢冷燃气轮发电机冷却水系统由定子水箱、定子水泵、热交换器、压力温度调节阀、冷却器、滤网、离子交换器、电导率计等组成。对定子冷却水的要求如下：

（1）冷却水应当透明、纯洁、无机械杂质和颗粒。

（2）冷却水的导电度正常运行中应当小于 $2\mu S/cm$。过大的导电度会引起较大的泄漏电流，从而使绝缘引水管老化，还会使定子绕组相间发生闪络。

（3）防止热状态下造成冷却管内壁结垢，降低冷却效果，甚至堵塞。应控制水中的硬度，不大于 $10\mu g/L$。

（4）$NH_3$ 浓度越低越好，以防腐蚀铜管。

（5）pH 值要求为中性，规定为 $7\sim 8$。

（6）为防止发电机内部结露，对应于氢气进口温度，定子水温应大于一定值，一般规定为 40~46℃。

为达到上述要求，一般采用凝结水或除盐水作为水源，并设有连续运行的树脂型离子交换器系统，以保证运行中的水质。

### 5-19 直接空冷系统是如何组成的？

**答**：排汽冷却成的凝结水汇集到空冷器的下部联箱，在自身重力作用下由凝结水管路引到凝结水箱。凝结水管中的凝结水沿管壁流下，进入除氧头内进行除氧排空，凝结水管中央空间是从除氧头中排出的不凝结气体逆流而上由抽真空系统抽走。另外，从主排汽管道上引出一根蒸汽平衡管道至凝结水箱，用于对进入凝结水箱疏水除氧以及保持凝结水箱中一定的温度和压力。凝结水泵设置两台，一台运行一台备用，如图 5-4 所示。

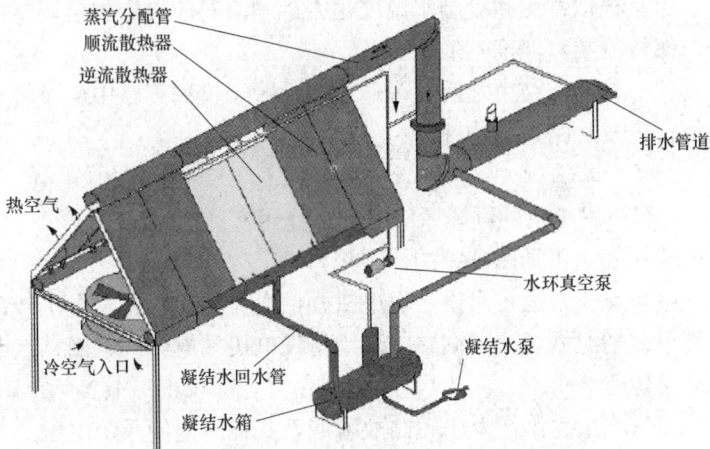

图 5-4 直接空冷系统的组成示意图

### 5-20 在空冷机组中完成热态清洗的部件有哪些？

**答**：对于空冷机组通常要在机组带大负荷之前完成热清洗。热态清洗的部件包括：排汽装置、排汽管道、蒸汽分配管、散热器管束、凝结水收集管、凝结水箱等。要求凝结水中悬浮物的含量小于 10mg/L、铁含量小于 $1000\mu g/L$ 时，就达到良好的清洗结果了。

**5-21 空冷系统清洗的注意事项有哪些？**

**答**：（1）排汽管道、蒸汽分配管和凝结水收集管在安装前进行喷砂处理是非常有效的基础工作，最好与现场系统安装配合进行，清洗完的管道尽快进行安装。

（2）在空冷系统打风压试验前，系统内部的人工打磨和空气吹扫要等清洗工作要细致，不留死角，特别注意排汽装置内部、凝结水箱内部、散热管束的堵塞。

（3）为保证空冷系统的大流量冲洗，对被冲洗的一列要监视凝结水的过冷度不超过 5℃。

（4）根据背压和凝结水温度是否饱和来对应决定如何调整风机。保持凝结水温度不低于 70℃。

（5）热冲洗结束之后，为避免污垢藏于检测管路中，应将所用的仪表及管路进行冲洗。

**5-22 发电机的励磁系统有什么作用？**

**答**：发电机励磁系统的作用是：

（1）在正常运行时供给发电机励磁电流，并根据发电机外部所带负载情况做相应的调整，以维持发电机端电压或电网某点电压满足运行要求。

（2）当电力系统发生短路故障或者其他原因使系统电压严重下降时，对发电机进行强行励磁以提高电力系统的稳定性。

（3）当发电机突然甩负荷时，实行强行减磁以限制发电机端电压的过度增高。

（4）当发电机出现内部短路故障时，能进行灭磁以减少故障损坏程度。

（5）发电机的励磁系统能使并联运行发电机的无功功率得到合理分配。

**5-23 为了保证安全运行，对大型发电机的励磁系统有什么要求？**

**答：**（1）保证发电机在各种可能运行方式下对励磁的需求，励磁装置的额定电流应为发电机转子额定电流的 1.1 倍。

（2）励磁系统应满足所要求的定值电压和励磁增长速度。一般定值倍数大于 2，即最高励磁电压是额定励磁电压的 2 倍以上，强励时间允许为 10s，可明显提高暂态稳定性。在故障时向系统提供瞬时无功，支持系统电压。响应比一般在 3.5 倍以上。

（3）励磁系统应能维持发电机端电压恒定并保证一定的精度，保证并列运行发电机之间的无功有稳定合理的分配，调压精度应高于 1%。

（4）保证发电机运行的可靠性和稳定性。

（5）励磁系统具有能充分发挥发电机进相运行能力的功能。

（6）具有快速减磁和灭磁的性能。

（7）反应速度快，具有高起始响应的励磁系统，即励磁系统电压响应时间为 0.1s 或以下的励磁系统。

（8）为改善机组动态稳定，机组振荡时能提供正阻尼。

**5-24 发电机励磁系统中，灭磁电阻的作用是什么？**

**答：**当发电机内部故障时，需要快速切除励磁电流，防止事故扩大。但是直接用开关切除励磁电流会在励磁绕组两端产生高电压，可能烧坏开关触头。因此在切断励磁绕组前，首先在转子的两端加入灭磁电阻，这样再切除励磁绕组时，灭磁电阻就可以迅速吸收励磁绕组的磁能，减缓转子电流的变换速度，达到降低转子自感电动势，起到抑制转子过电压和灭磁的目的。

**5-25 什么是强励？强励的作用是什么？**

**答：**（1）当系统电压大大降低，发电机的励磁电源会自动迅速增加励磁电流，这种作用叫做强行励磁，简称强励。

（2）强行励磁主要有以下几个方面的作用：增加电力系统的稳定性；在短路切除后，能使电压迅速恢复；提高带时限的过流保护动作的可靠性。

### 5-26 大型发电机组在参数设计方面具有哪些独到的特点？

**答：**（1）短路比减小，电抗增大。大型发电机组的短路水平反而比中小型机组的短路水平低，这对继电保护是十分不利的。由于 $x_d$ 的增大，使发电机的静稳储备系数 $K_{ch}$ 减小，因此在系统受到扰动或发电机发生失磁故障时，很容易失去静态稳定。失磁后异步运行时滑差增大，允许异步运行的负载小、时间短，要从系统吸取更多的无功功率，对系统稳定运行不利。

（2）衰减时间常数增大。大型发电机组定子回路时间常数 $T_a = \dfrac{X_\Sigma}{R_\Sigma}$ 和比值 $\dfrac{T_a}{T_d}$ 显著增大，短路时定子电流非周期分量的衰减较慢，整个短路电流偏移在时间轴一侧若干工频周期，使电流互感器更容易饱和，影响大机组保护正确工作。

（3）惯性时间常数降低。大容量机组的体积并不随容量成比例地增大，有效材料利用率提高，其直接后果是机组的惯性常数 $H$ 明显降低，在受到扰动的情况下机组更易于发生振荡。

（4）热容量降低。有效材料利用率提高的另一后果是发电机的热容量（WS/℃）与铜损、铁损之比显著下降，温度每上升 $1℃$ 所用的时间减少，发电机承受负序过负荷的能力降低。例如 200MW 及更小的发电机的定子绕组对称过负荷能力为 1.5 倍额定电流，允许持续运行 120s，转子绕组过负荷能力为 2 倍额定励磁电流，允许持续运行 30s；对于 600MW 汽轮发电机，定子绕组过负荷能力规定为 1.5 倍额定电流、只允许持续运行 30s，转子绕组过负荷能力为 2 倍额定励磁电流时，只允许持续运行 10s。转子表层承受负序过负荷的能力 $I_2^2 t$，中小汽轮发电机组（间接冷却方式）为 30s，而 1000MW 汽轮发电机减小到 6s。

**5-27 常见的燃气轮发电机的参数有哪些?**

答:常见的燃气轮发电机的参数有:

(1) 额定容量(或额定功率)。额定容量是指发电机在设计技术条件下运行输出的视在功率,单位用 kVA 或 MVA 表示;额定功率是指发电机输出的有功功率,单位用 kW 或 MW 表示。

(2) 额定定子电压。指发电机在设计技术条件下运行时,定子绕组出线端的线电压,单位用 kV 表示。我国生产的 300MW 和 600MW 发电机组额定定子电压均为 20kV。

(3) 额定定子电流。指发电机定子绕组出线的额定线电流,单位用 A 表示。

(4) 额定功率因数 cosφ。指发电机在额定功率下运行时,定子电压和定子电流之间允许的相角差的余弦值。300MW 机组的额定功率因数为 0.85,600MW 机组的额定功率因数为 0.9。

(5) 额定转速。指正常运行时发电机的转速,单位用 r/min(转数每分钟)表示。我国生产的汽轮发电机转速均为 3000r/min。

(6) 额定频率。我国电网的额定频率为 50Hz(即 50 周每秒)。

(7) 额定励磁电流。指发电机在额定出力时,转子绕组通过的励磁电流,单位用 A 或 kA 表示。

(8) 额定励磁电压。指发电机励磁电流达到额定值时,额定出力运行在稳定温度时的励磁电压,用单位 V 表示。

(9) 额定温度。指发电机在额定功率运转时的最高允许温度,单位用 ℃ 表示。

(10) 效率。指发电机输出与输入能量之百分比,一般额定效率在 93%～98%之间,300MW 和 600MW 大型机组在 98%以上。

**5-28 同步发电机的工作原理是怎样的?**

答:同步发电机是根据导体切割磁力线感应电动势这一基本

原理工作的。将导线连成闭合回路，就有电流流过，同步发电机就是利用电磁感应原理将机械能转变为电能的。大多数同步发电机把磁极做成旋转式，称为转子。在转子上绕有励磁绕组，通以直流电流励磁，并由原动机带动旋转。把切割磁力线的导体分为结构和参数相同的三相绕组 UX、VY、WZ，它们在空间上互差 120°电角度，并固定在定子的铁心槽中。定子与转子之间有气隙，如图 5-5 所示。当原动机驱动发电机的转子以转速 $n$ 按图示方向做恒速旋转时，定子三相绕组依次切割磁力线，分别感应出大小相等、时间上彼此相差 120°电角度的交流电动势。若气隙中的磁通密度按正弦规律分布，则三相绕组感应电动势的波形也为正弦波，如图 5-6 所示。其相序为 U－V－W，数学表达式为

$$\left.\begin{array}{l} e_U = E_m\sin\omega t \\ e_V = E_m\sin(\omega t - 120°) \\ e_W = E_m\sin(\omega t - 240°) \end{array}\right\} \quad (5\text{-}1)$$

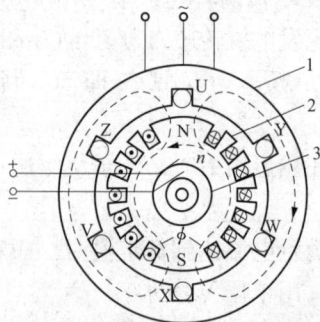

图 5-5 同步发电机的工作原理图
1—定子；2—转子；3—滑环

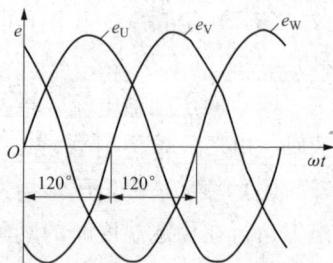

图 5-6 定子三相电动势波形图

定子绕组感应电动势的频率与发电机转子的磁极对数 $p$ 和转子的转速 $n$ 有关。当磁极对数为 1 时，转子旋转一周，定子绕组感应电动势变化一个周期。当同步发电机的转子有 $p$ 对磁极时，转子旋转一周，感应电动势变化 $p$ 个周期；而当转子的转速为每分钟 $nr$ 时，则感应电动势每分钟变化 $pn$ 个周期，即定子

绕组感应电动势的频率为

$$f = \frac{pn}{60} \qquad (5-2)$$

由式（5-2）可见，当同步发电机的极对数一定时，定子绕组感应电动势的频率与转子转速之间有着恒定的比例关系，这是同步电机的主要特点。我国电力系统的标准频率为50Hz，因此同步发电机的极对数与转速成反比。如一台汽轮机的转速 $n=3000\text{r/min}$，则被其拖动的发电机极对数应为一对极；当 $n=1500\text{r/min}$ 时，发电机应为两对极，依次类推。

**5-29 隐极发电机空载运行时的电磁状况是怎样的？**

**答：** 转子绕组分布在转子铁心槽内，如果不考虑槽和齿的影响，定、转子间的气隙可看成是均匀的，沿转子圆周气隙的磁阻相等。当励磁绕组通入直流励磁电流，产生励磁磁动势，气隙中产生随转子旋转的气隙磁通（或称主极磁通），同时交链定、转子绕组。受齿、槽的影响，励磁磁动势在空间产生的磁通为阶梯形分布，利用谐波分析法可分析出基波磁通分量（虚线部分，见图 5-7），合理选择大齿的宽度，可使气隙磁通的分布

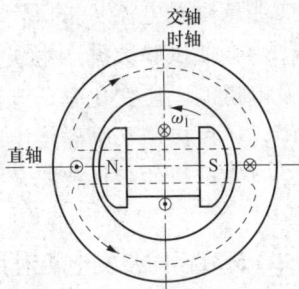

图 5-7 空载运行空间相量图

接近于正弦波形，进而产生正弦波形的定子感应电动势。

除此之外，励磁磁动势产生的磁通还有很少一部分只于与转子绕组交链，称为漏磁通，该部分磁通没有参与电机的能量转换过程，只有主磁通才是能量转换的媒介。

**5-30 什么是同步发电机的空载特性？空载特性试验的意义是什么？**

**答：** 当原动机转速恒定时，频率 $f$ 为恒定值，改变励磁电

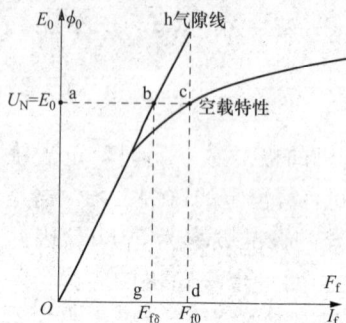

图 5-8　同步发电机的
空载特性（磁化曲线）

流 $I_f$ 大小，相应主磁通 $\phi_0$ 大小改变，因而每相感应电动势 $E_0$ 大小也改变。因此 $E_0 = f(I_f)$ 的曲线，表示了在额定转速下，发电机空载电动势 $E_0$ 与励磁电流 $I_f$ 之间的函数关系，称为发电机的空载特性，如图 5-8 所示。

电机的空载特性实质上反映了电机的磁化曲线，是由电机的磁路特点决定的。它反映了电机内部的"电"与"磁"的基本关系。空载特性是电机的一个基本特性，对已制成的电机，可利用空载试验来求取，试验时应注意励磁电流 $I_f$ 的调节只能单向进行，否则铁磁物质的磁滞作用会使试验数据产生误差。可以用发电机的空载特性曲线来求发电机的电压变化率、未饱和的同步电抗值等参数，在实际工作中，还可以用来励磁绕组和定子铁心的故障分析等，分析电压变动时发电机的运行状况及整定磁场电阻都需要利用空载特性。

### 5-31　同步发电机对称负载运行时的电磁状况是怎样的？

**答：**电枢反应的性质（去磁、助磁或交磁）与磁极的结构、电枢电流的大小及电枢磁动势和励磁磁动势之间的空间相对位置有关，主要的是与空载电动势 $\dot{E}_0$ 和电枢电流 $\dot{I}$ 的夹角 $\psi$ 有关。电枢反应的性质直接影响机电能量的转换过程。发电机正常带三相对称阻感性负载运行时，电枢磁动势 $\overline{F}_a$ 滞后于励磁磁动势 $\overline{F}_f$（$90° + \psi$）电角度，电枢反应既非纯交磁性质，也非纯直轴去磁性质，如图 5-9 所示。负载电流既有交轴分量，也有直轴分量，交轴电枢磁场与转子电流产生的电磁力总是阻止转子的旋转，电磁力矩是制动性质；直轴电枢磁场与转子电流部产生电磁力，但此时电枢磁动势对转子磁场产生去磁作用，使气隙磁场削弱，发电机端电压降低。因此，要维持发电机转速或频率不变，必须随着有功负载的变化，调节原动机的输入功率；要维持端电压不变，必须随着无功负载的变化调节转子的励磁电流。

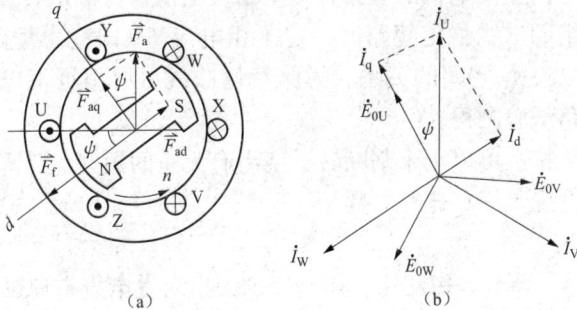

图 5-9 对称负载一般情况下的电枢反应

（a）发电机运行剖面图；（b）相量图

### 5-32 发电机同步电抗的含义是什么？

**答：** 同步电抗是同步发电机最重要的参数之一，它表征同步发电机在对称稳态运行时，电枢反应磁场和漏磁场对各相电路影响的一个综合参数，同步电抗的大小直接影响同步发电机端电压随负载变化的程度以及运行的稳定性等问题。同步电抗包括定子漏抗和电枢反应电抗。

在分析电枢反应时，通常把负载电流分解为直轴分量和交轴分量，相应的电枢反应磁通也分解为直轴电枢磁通 $\dot{\Phi}_{ad}$ 和交轴电枢磁通 $\dot{\Phi}_{aq}$，经过的磁路路径也不相同。对于凸极同步发电机，交轴磁路的磁阻远大于直轴磁路的磁阻，因此表现的电枢反应电抗 $x_{ad}$ 和 $x_{aq}$ 也不同，因此可用直轴同步电抗 $x_d = x_\sigma + x_{ad}$ 和交轴同步电抗 $x_q = x_\sigma + x_{aq}$ 来表示电枢反应磁场和漏磁场的作用。而对于隐极同步发电机，由于直轴和交轴磁路的磁阻相同，所以可用 $x_a = x_{ad} = x_{aq}$ 表示其电枢反应电抗，用 $x_t = x_\sigma + x_a$ 表示隐极发电机的同步电抗。

### 5-33 什么是同步发电机的短路特性？有何意义？

答：同步发电机的短路特性是指发电机保持额定转速，定子三相绕组的出线稳定短路时，定子相电流 $I$（即稳态短路电流）与励磁电流 $I_f$ 之间的关系。短路特性曲线可以根据发电机三相稳态短路试验测得。

短路特性可以用来判断转子绕组有无匝间短路、计算发电机的同步电抗、短路比等参数。

### 5-34 什么是短路比？短路比的大小对发电机有何影响？

答：短路比 $K_C$ 是空载时建立额定电压所需的励磁电流 $I_{f0}$ 与励磁电流 $I_{fN}$ 的比值。

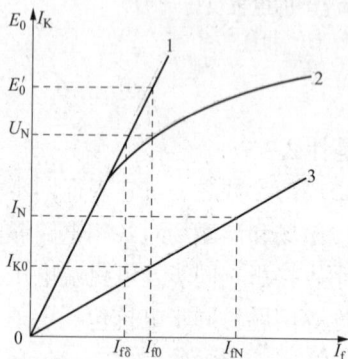

$$K_C = \frac{I_{f0}}{I_{fN}} = \frac{I_{K0}}{I_N} \quad (5\text{-}3)$$

当发电机三相短路试验时，因磁路处于不饱和状态，所以，由图 5-10 得

$$I_{K0} = \frac{E'_0}{x_d} \quad (5\text{-}4)$$

式中 $x_d$——发电机直轴同步电抗不饱和值，因为隐极式发电机的气隙均匀，各位置的同步电抗大小相等，故 $x_d = x_t$。

图 5-10 空载特性 $x_d$、短路特性曲线

1—不饱和的空载特性；2—空载特性；3—短路特性

将式（5-4）代入式（5-3），得

$$K_C = \frac{E'_0/x_d}{I_N} = \frac{E'_0/U_N}{I_N x_d/U_N} = k_\mu \frac{1}{x_d^*} \quad (5\text{-}5)$$

式（5-5）表明：短路比 $K_C$ 等于 $x_d$ 值的标幺值的倒数乘以饱和系数 $k_\mu$（通常 $k_\mu$ 取 $1.1 \sim 1.25$），短路比 $K_C$ 是影响到同步

发电机技术经济指标好坏的一个重要参数，其大小对发电机的影响如下：

（1）影响发电机的尺寸和造价。短路比大，$x_d^*$ 小，即气隙大，要在电枢绕组中产生一定的励磁电动势，则励磁绕组的安匝数势必增加，导致发电机的用铜量、尺寸和造价都增加。

（2）影响发电机的运行性能的好坏。短路比大，$x_d^*$ 小，发电机具有较大的过载能力、运行稳定性较好；$x_d^*$ 小，负载电流在 $x_d$ 上的压降小，负载变化时引起发电机端电压波动的幅度较小；$x_d^*$ 小，发电机短路时的短路电流则较大。

所以设计合理的同步发电机，其短路比 $K_c$ 数值的选用要兼顾到制造成本和运行性能两个方面。一般随着单机容量的增大，为了提高材料的利用率，短路比的要求值是有所降低的。

### 5-35　什么是同步发电机的外特性？有何意义？

**答**：外特性是指发电机保持额定转速不变，励磁电流和负载功率因数不变时，发电机的端电压与负载电流之间的关系，即 $n=n_N$，$I_f=$ 常数，$\cos=$ 常数，$U=f(I)$。

图 5-11 示出不同负载功率因数时的外特性曲线。从图中可以看出，在带纯电阻性负载 $\cos\varphi=1$ 和带阻感性负载 $\cos\varphi=0.8$（滞后）时，随负载电流 $I$ 的增大，外特性曲线都是下降的。这是因为当发电机带有上述两种性质的负载时，发电机的电枢反应均有去磁作用。同时，随负载电流 $I$ 的增大，定子绕组漏阻抗压降增大，致使发电机的端电压 $U$ 下降。而带容性负载 $\cos\varphi=0.8$（超前）时，若 $\varphi$ 角为负值，电枢反应为助磁作用，所以随负载电流 $I$ 的增大，端电压 $U$ 是升高的。从图 5-10 中还看到，为了在

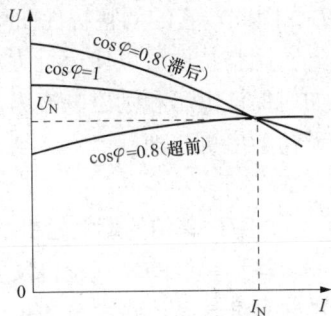

图 5-11　同步发电机的外特性

不同的功率因数下，在 $I=I_N$ 时，都能得到 $U=U_N$，感性负载需要较大的励磁电流，而容性负载的励磁电流则较小。

外特性可以用来分析发电机运行中的电压变化情况，借以提出对自动励磁调节装置调节范围的要求。

### 5-36 什么是同步发电机的调整特性？有何意义？

**答：** 调整特性就是指发电机保持 $U=U_N$，$n=n_N$，$\cos\varphi=$ 常数，励磁电流 $I_f$ 与负载电流 $I$ 的关系曲线 $I_f=f(I)$，如图 5-12 所示。图中示出了对应于不同负载功率因数有不同的调整特性曲线。对于纯电阻性和感性负载，为了补偿负载电流形成电枢反应的去磁作用和绕组阻漏电抗压降，保持发电机的端电压不变，必须随负载电流 $I$ 的增大相应增大励磁电流 $I_f$。因此，调整特性曲线是上升的，如图 5-12 中带纯电阻性负载 $\cos\varphi=1$ 和带阻感性负载 $\cos\varphi=0.8$（滞后）的曲线所示。而对容性负载时（内功率因数角 $\varphi$ 为负值），电枢反应的助磁作用使端电压升高。为保持发电机的端电压不变，就必须随负载电流 $I$ 的增大相应减少励磁电流 $I_f$。因此，它的调整特性曲线是下降的。

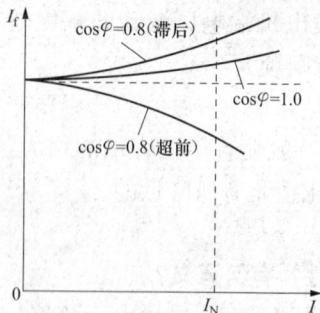

图 5-12 同步发电机的调整特性

调整特性可以使运行人员了解到，在某一功率因数运行时，如何保证电压和励磁电流为额定值不超标，如何合理分配系统的无功功率更合理。

### 5-37 单纯的燃气轮机发电机组效率不高的主要原因有哪些？

**答：** 单纯的燃气轮机发电机组效率不高的主要原因就是透平排气温度较高，将大量的余热无偿地排放到了大气中。

**5-38　解决单纯燃气轮机发电机组效率不高的方法有哪些?**

**答**：为了解决这个问题，目前常见的有三种解决办法。第一种是采用燃气轮机回热循环，也就是微型燃气轮机的结构，让透平的排气先预热从压气机出来的高压气体，使之在一定初温的基础上再进入燃烧室中与燃料一起燃烧，这样可以在一定程度上提高燃气轮机发电机组的发电量，但是所提高的幅度很有限，仍会有相当一部分余热被无偿地释放到了大气中。第二种办法就是常说的燃气—蒸汽联合循环，这是一种将燃气轮机循环与蒸汽轮机循环以一定的方式组合成为一个整体的热力循环，简称为"联合循环"。但是这种循环通常都用在容量较大的系统中，故在分布式热电联产这种规模较小的系统中应用很少。第三种办法是将燃气轮机和余热锅炉一起组成分布式燃气轮机热电联产系统，用余热锅炉来回收燃气轮机排气中的余热。这种办法简单、经济，因而得到了广泛的应用。一个最基本的分布式燃气轮机热电联产系统包括一个燃气轮机发电系统（压气机、燃烧室、透平）和一台余热锅炉，燃料被送进燃烧室与来自压气机的压缩气体混合燃烧，系统最终产出的热能的质与量取决于进入余热锅炉的燃机余热的温度。如果用户需要，也可以将若干个子系统并联运行。

**5-39　微型燃气轮发电机组的技术特征及优势有哪些?**

**答**：微型燃气轮机发电机组具有多台集成扩容、多燃料、低燃料消耗率、低噪声、低排放、低振动、低维修率、可遥控和诊断等一系列先进技术特征，除了分布式发电外，还可用于备用电站、热电联产、并网发电、尖峰负荷发电等，是提供清洁、可靠、高质量、多用途、小型分布式发电及热电联供的最佳方式，无论对中心城市还是远郊农村甚至边远地区均能适用。

**5-40　微型燃气轮机在电力方面的发展有哪些?**

**答**：先进微型燃气轮机具有多台集成扩容、多燃料、低燃料消耗率、低噪声、低排放、低振动、低维修率、可遥控和诊断等一系列先进技术特征，除了分布式发电外，还可用于备用电站、热电联产、并网发电、尖峰负荷发电等，是提供清洁、可靠、高质量、多用途、小型分布式发电及热电联供的最佳方式，无论对中心城市还是远郊农村甚至边远地区均能适用。

微型燃气轮机的发展源于分布式发电。分布式发电得益于电力市场的放松控制（世界范围内的发展趋势）和天然气市场的放松控制。先进微型燃气轮机提供了清洁。可靠、高质量，多用途、小型分布式发电及热电联供的最佳方式。

### 5-41 微型燃气轮机与常规发电装置比具备的优点有哪些？

**答:** （1）环保。微型燃气轮机的废气排放少，使用天然气或丙烷燃料满负荷运行时，排放的体积分数 $NO_x$ 小于 $9\times10^{-6}$；使用柴油或煤油燃料满负荷运行时，排放的体积分数 $NO_x$ 小于 $35\times10^{-6}$；采用油井气做测试，排放的体积分数 $NO_x$ 小于 $1\times10^{-6}$。其他采用天然气作为燃料的往复式发电机产生的 $NO_x$ 比微型燃气轮机多 $10\sim100$ 倍，柴油发电机产生的 $NO_x$ 是微型燃气轮机的数百倍。

（2）维护少。微型燃气轮机采用独特的空气轴承技术，系统内部不需要任何润滑，节省了日常维护。每年的计划检修仅是在全年满负荷连续运行后更换空气过滤网。

（3）效率高。微型燃气轮机发电效率可达 30%，联合发电和供热后整个系统能源利用率超过 70%。

（4）运行灵活。微型燃气轮机可并联在电网上运行，也可独立运行，并可在两种模式间自动切换运行。由软件系统控制两种运行模式之间的自动切换。

（5）适用于多种燃料。微型燃气轮机适用于多种气体燃料和多种液体燃料，包括天然气、丙烷、油井气、煤层气、沼气、汽油、柴油、煤油、酒精等。

（6）系统配置。可根据实际需要灵活配置微型燃气轮机的数量，并能够进行多单元成组控制，其中一台检修时不影响整个系统的运行。

（7）安全可靠。微型燃气轮机是同类型产品中符合美国保险商实验所（Underwriters，Laboratories，UL）严格标准UL2000的唯一产品，它同时符合 IEEE 519、NFPA 规范、AN-SI C84.1 和其他规范，保证了与电网互联的安全性。

# 第六章

# 变 压 器

**6-1 变压器的主要组成部件有哪些?**

**答:** 变压器的主要部件有:

(1) 器身:包括铁心、绕组、绝缘部件及引线。

(2) 调压装置:即分接开关,分为无励磁调压和有载调压装置。

(3) 油箱及冷却装置。

(4) 保护装置:包括储油柜、安全气道、吸湿器、气体继电器测温装置等。

(5) 绝缘套管。

**6-2 为什么采用硅钢片作为变压器铁心的材料?**

**答:** 铁心作为电力变压器的磁路,是主磁通流过的路径。能够以较小的励磁电流感应出所要求的磁通量,即在运行中可以产生较大的磁感应强度,可以大大减小变压器的体积并降低其损耗,提高变压器运行的经济性。因此,铁心必须由具有较高导磁率的铁磁材料构成。

变压器的铁心一般采用的硅钢薄片是一种优良的导磁材料,是经热、冷轧而成的电工硅钢。采用硅钢片做铁心具有以下优点:

(1) 减小磁滞损耗。磁滞损耗是铁心在磁化过程中,由于存在磁滞现象而产生的损耗,这个损耗正比于铁心材料的磁滞回线所围成的面积的大小。硅钢的磁滞回线狭小,是一种良好的软磁材料。用它做成变压器的铁心磁滞损耗较小,可使其发热程度大大减小。

（2）减小涡流损耗。交变电流产生的磁通也是交变的，这个交变的磁通会在铁心中垂直于磁通的平面上产生感应电流（即涡流），涡流同样会使铁心发热。为了减小涡流损耗，变压器的铁心用彼此绝缘的片状硅钢薄片制成，使涡流通过的截面积减小以增大涡流路径上的电阻。同时，硅钢中的硅使材料的电阻率增大，也起到了减小涡流的作用。

### 6-3　硅钢片表面为什么要涂绝缘漆？

**答：**硅钢片表面涂绝缘漆的目的，是为了限制涡流回路，使涡流只能在一片中流动，这样涡流回路的阻抗较大，从而限制了涡流的数值。如果片间不绝缘，涡流就会通过相邻的硅钢片，这样涡流回路的阻抗与单片时相比较小，涡流增大。由于涡流产生的损耗迅速增大，一般来说，涡流损耗与硅钢片的厚度的平方成正比。如果硅钢片不绝缘，铁心就相当于一块整铁，或者相当于一块厚钢板，这样涡流损耗就会大大地增加。因此硅钢片表面要涂绝缘漆，以减少涡流损耗。

### 6-4　变压器铁心的作用是什么？

**答：**铁心是变压器的重要组成部分，它主要有两个作用：

（1）铁心是变压器的主磁路。变压器铁心构成耦合磁通的主磁路，把一次电路的电能转化成磁能，又由自己的磁能转化成二次电路的电能，是能量转换的媒介。因为铁心是由导磁率较高、磁滞损耗和涡流损耗较小的硅钢片叠装而成，所以铁心磁路可以增强铁磁场，以产生足够大的主磁场，从而产生足够大的主磁通，并能有效地降低励磁电流。

（2）铁心是变压器的机械骨架。铁心由铁心柱和铁轭两部分构成，在其铁心柱上套上带有绝缘的绕组，并且牢固地对它们进行支撑和压紧。铁心本体是用硅钢片叠装而成的完整磁路结构，与其钢夹紧装置（钢夹件）构成框架，它牢固地把铁心夹件持成一个整体，同时在它的上面几乎安装了变压器内部的所有部件。

### 6-5 铁心的散热形式主要有哪几种？

答：变压器正常运行时，铁心由于存在铁耗而产生热量，且铁心重量和体积越大，产生的热量越多。一般来说，变压器温度在95℃以上容易老化，所以铁心表面的温度应尽量控制在此温度下，这就需要铁心的散热结构能够将铁心产生的热量尽快散发出去。散热结构主要是为了增加铁心的散热面，它主要有铁心油道和铁心气道两种形式。

### 6-6 大型变压器的铁心为什么要加装磁屏蔽？

答：大型变压器漏磁通产生的附加损耗的影响是不能忽略的。效果较好的方法是增加磁屏蔽，使漏磁通易于集中在磁屏蔽内流通，以减少直接通过夹件时引起的损耗的增加。

### 6-7 大型三相变压器为什么要采用三相五柱式铁心？

答：采用带旁铁轭的三相五柱式结构的铁心，可以降低上、下铁轭的高度，从而降低了变压器的高度，便于运输（因为运输途中需要穿越隧道或山洞，高度受到限制）。另外，旁铁轭的存在可以减少漏磁通，从而降低由于漏磁通而引起的附加损耗，同时还可以减小励磁电流中的5次和7次谐波。

### 6-8 三相变压器的磁路系统有什么特点？

答：按照磁路的不同，三相变压器可以分为三相变压器组和三相芯式变压器。

由三个完全相同的单相变压器组成的三相变压器组，由于每相的磁通各自沿着自己的磁路闭合，磁通之间互不相关。当一次侧外施对称三相电压时，三相磁通是对称的，如果三台单相变压器的性能相同，则三相空载电流也是对称的。

三相芯式变压器的各相磁路是彼此相关的，在这种结构的磁路系统中，三相磁路长度不相等，中间相最短，两边相较长，所以三相磁路的磁阻是不相同的。当外施三相对称电压时，三相空载电流便不再相等，中间相电流最小，两边相电流大一些。但是由于变压器的空载电流本身很小，它的不对称对变压器负载运行影响极小，可以忽略不计，而近似认为空载电流和主磁通仍是对称的。

**6-9　变压器绕组的作用是什么？对绕组有什么要求？**

**答：**绕组是变压器的电路部分，用于铁心的励磁和传输电能。绕组由表面包有绝缘材料的铜线或铝线绕制而成，并套装在变压器的铁心柱上。绕组分为一次绕组和二次绕组，一次绕组是电能的输入端，二次绕组是电能的输出端。当一次绕组通过交变电流时，在铁心中产生相应的交变磁通，根据电磁感应原理，一次绕组输入的能量通过铁心传递到二次绕组。在制造过程中，可以通过改变一、二次绕组的匝数比来改变二次侧输出的电压值，以满足用电单位的需要；同时也可以升高电压来进行远距离输电，以减少能量在传输过程中的损耗。绕组应具有足够的绝缘强度、机械强度和耐热能力。

**6-10　大型变压器绕组在绕制时为什么要采用多股导线并联绕制？并联绕制时导线为什么要进行换位？**

**答：**大型变压器的绕组应采用多股导线并联绕制，并且绕制时要进行换位。因为大电流变压器如果采用大截面积导线单股绕制，一方面绕制困难，另一方面较厚的大截面导线在轴向漏磁作用下会引起较大的涡流损耗，而且损耗会随着导线的厚度成倍的增加。因此大型变压器绕组应采用多股并联绕制。

多股并联的绕组，由于并联的各股导线在漏磁场中所处的位置不同，感应的电动势也不同；另外，各并联导线的长度不同，电阻也不同，这些都会使并联导线间产生环流，增大损耗。因此并联导线在绕制时必须进行换位，尽量使每根导线长度一样，电阻相等，交链的漏磁通相等。

**6-11　为什么降压变压器的低压绕组在里边，而高压绕组在外边？**

**答：**这主要是从绝缘方面考虑的。因为变压器的铁心是接地的，低压绕组在里边靠近铁心，容易满足绝缘要求。若将高压绕组靠近铁心，由于高压绕组的电压很高，要达到绝缘要求就需要很多绝缘材料和较大的绝缘距离，既增加了绕组的体积，又浪费了绝缘材料。另外把高压绕组放在外边也便于引出分接开关。

**6-12　为什么大容量变压器的一次或二次总有一侧接成三角形？**

**答：**当变压器接成 Yy 时，各相励磁电流的三次谐波分量在无中线的星形接法中无法流通，此时，励磁电流接近正弦波，而由于变压器铁心磁路的非线性，主磁通将出现三次谐波分量。由于各相三次谐波分量大小相等，相位相同，因此不能通过铁心闭合，只能借助于油、油箱壁、铁轭等形成回路，结果在这些部件中产生涡流，引起局部发热，并且降低变压器的效率。所以容量大和电压较高的变压器不宜采用 Yy 接法。

当绕组接成 Dy 时，一次侧励磁电流中的三次谐波分量可以流通，于是主磁通可保持为正弦波而没有三次谐波分量。

当绕组接成 Yd 时，一次侧励磁电流中的三次谐波虽然不能通过，在主磁通中产生三次谐波分量，但因为二次侧为 d 接法，三次谐波电动势将在二次侧产生三次谐波环流，而一次侧没有相应的三次谐波电流与之平衡，故此环流就为励磁性质的电流。此时变压器的主磁通将有一次侧正弦波的励磁电流和二次侧的环流共同建立，其效果与 Dy 接法时完全一样。因此主磁通亦为正弦波而没有三次谐波分量，这样三相变压器采用 Dy 或 Yd 接法后就不会产生因三次谐波涡流而引起的局部发热现象。

**6-13** 为什么小容量的变压器一般都接成 **Yy0** 或 **Yy** 接线？有何优缺点？

**答：** 小容量的变压器采用 Yy0 或 Yy 连接，主要在制造方面可以降低成本，节约材料；在运行中当三相负荷对称时，受三次谐波的影响并不严重，三次谐波电压通常不超过基波的 5%。

优点：

（1）Y 接和 D 接比较，在承受同样线电压的情况下，Y 接绕组电压等于 $1/\sqrt{3}$ 线电压，因此，匝数和绝缘用量少，导线的填充系数大，且可做成分级绝缘。

（2）Y 接绕组电流等于线电流，所用导线截面积较粗，故绕组机械强度高。

（3）中性点可以引出接地，也可用于三相四线制供电。如分接抽头放在中性点，三相抽头间正常工作电压很小，分接开关结构简单。

（4）在额定运行状态下，每相的最大对地电压仅为线电压的 $1/\sqrt{3}$，中性点的电压实际上等于零，因此绕组绝缘所承受的电压强度较低。

（5）由于导线填充系数大，匝间静电电容较高，冲击电压分布较均匀。

缺点：

（1）在芯式变压器中，Yy 接线因磁通中有三次谐波存在，它们在铁心柱中都朝着同一方向，这就迫使三相的三次谐波磁通经过空气及油箱、螺杆等闭合，将在这些部件中产生涡流引起发热，并降低了变压器的效率。因此，Yy 接线组合常用于三相芯式小容量的变压器，三相芯式大容量变压器不宜采用。

（2）为了限制中性点位移电压及零序磁通在油箱壁引起的发热，规定三相四线制的变压器二次侧中性线电流不得超过 25% 的额定电流。

（3）三相壳式变压器和三相变压器组，三次谐波磁通完全可以在铁心中流通，因此三次谐波电压较大，可达基波的 30%～60%，这对绕组绝缘极为不利，如中性点接地也将对通信产生干扰。因此三相壳式变压器和三相变压器组不能采用 Yy0 或 Yy 接线。

（4）当有一组发生事故时，不可能改成 V 形接线使用。

**6-14 什么叫分接开关？什么叫无载调压？什么叫有载调压？**

答：分接开关是连接以及切换变压器分接抽头的装置。

如果切换分接头时必须将变压器从电网中切除，即不带电切换，称为无载调压，这种分接开关称为无载分接开关。

如果切换分接头时不需要将变压器从电网中切除，即可以带着负载切换，则称为有载调压，这种分接开关称为有载分接开关。

**6-15、变压器的绝缘是如何分类的？**

答：变压器的导电系统是由绕组、分接开关、引线和套管组成。油浸式变压器的铁心、绕组、分接开关、引线和套管的下部装在油箱内，并完全浸在变压器油中。套管的上半部在油箱外部直接与空气接触，因此油浸式变压器的绝缘分为内绝缘和外绝缘。

外绝缘是变压器油箱外部的套管和空气的绝缘。它包括套管本身的外绝缘和套管间及套管对地部分的空气间隙的绝缘。

内绝缘是油箱内的各部分绝缘，内绝缘又分为主绝缘和纵绝缘两部分。主绝缘是绕组与接地部分之间，以及绕组之间的绝缘。在油浸式变压器中，主绝缘以油纸屏障绝缘结构最为常用。纵绝缘是同一绕组各部分之间的绝缘，如不同线段间、层间和匝间的绝缘等。通常以冲击电压在绕组上的分布作为绕组纵绝缘设计的依据，但匝间绝缘还应考虑长时间工频工作电压的影响。

引线的主绝缘包括引线对地之间绝缘、引线对与其不同相绕组之间的绝缘、不同相引线和同相不同电压等级引线之间的绝缘等；而引线的纵绝缘是指同一绕组引出的不同引线之间的绝缘。

**6-16 变压器油的作用是什么？**

答：变压器的油箱内充满了变压器油，变压器油的作用是：绝缘、散热、测量及保护铁心和绕组组件，延缓氧对绝缘材料的侵蚀。

变压器油可以增加变压器内部各部件的绝缘强度，因为油是易流动的液体，它能够充满变压器内部之间的任何空隙，将空气排除，避免了部件因与空气接触受潮而引起的绝缘降低。因为油的绝缘强度比空气大，从而在增加了变压器内部各部件之间的绝缘强度，使绕组与绕组之间、绕组与铁心之间、绕组与油箱盖之间均保持良好的绝缘。变压器油还可以使变压器的绕组和铁心得到冷却。因为变压器运行中，绕组和铁心周围的油受热后，温度升高，体积膨胀，相对密度减小而上升，经冷却后，再流入油箱的底部，从而形成了油的循环。这样，油在不断地循环过程中将热量传给冷却装置，从而使绕组和铁心得到冷却。另外，绝缘油能使木材、纸等绝缘物保持原有的化学和物理性能，使金属得到防腐作用，能熄灭电弧。

**6-17 变压器油箱的作用是什么？**

答：(1) 油箱是变压器的外壳，内装铁心和绕组并充满变压器油，使铁心和绕组浸在变压器油内。变压器油起到绝缘和散热的作用。有载调压的大型变压器一般有两个油箱，一个为本体油箱，另一个为有载调压油箱，有载调压油箱内装有切换开关。这是因为切换开关在进行操作的过程中会产生电弧，如进行频繁操作将会使变压器油的绝缘性能下降，因此设一个单独的油箱将切换开关单独放置。

(2) 油箱也是外部组件的支架。

**6-18 胶囊袋的作用是什么？胶囊式储油柜有什么特点？**

答：油的老化，除了由于油质本身的质量原因外，油和大气接触是一个非常主要的原因。因为变压器油中溶解了一部分空气，空气中的氧将促使变压器油及浸泡在油中的纤维老化。为了防止和延缓油的老化，必须尽量避免变压器油直接和大气接触。变压器油面与大气相接触的部位有两处：一是安全气道的油面，二是储油柜中的油面。安全气道改用压力释放阀，储油柜采用胶囊密封，可以减少油与大气接触的面积，用这种方法能防止和减缓油质的老化。

胶囊式储油柜是在储油柜的内壁增加了一个胶囊袋。胶囊袋内部经过吸湿器及其联管与大气相通，胶囊袋的底面紧贴地浮在储油柜上，使胶囊袋和油面之间没有空气，隔绝了油面和空气的接触。这样空气中的氧不再和油中的气体相交换，油中溶解氧的含量渐渐下降，直到全部消耗完为止，从而可以达到阻止油氧化的目的。用胶囊袋还可以防止外界的湿气、杂质等侵入变压器内部，使变压器能保持一定的干燥程度。当油面随温度变化时，胶囊袋也会随之膨胀和压缩，起到了呼吸的作用。

### 6-19 油位计的作用是什么？

答：油位计用于油浸式变压器储油柜和有载分接开关储油柜油面的显示以及最低和最高极限油位的报警。

### 6-20 油流继电器的作用是什么？

答：油流继电器是显示变压器强迫油循环冷却系统内油流量变化的装置，用来监视强迫油循环冷却系统的油泵运行情况，如油泵转向是否正确、阀门是否开启、管路是否堵塞等。当油流量达到动作油流量或减小到返回油流量时均能发出报警信号。

### 6-21 防潮吸湿器、吸湿器内部的硅胶、油封杯各有什么作用？

答：吸湿器的作用是提供变压器在温度变化时内部气体出入的通道，缓解正常运行中因温度变化产生的对油箱的压力。

吸湿器内部硅胶的作用是在变压器温度下降时对吸进的气体

去潮气。

油封杯的作用是延长硅胶的使用寿命，把硅胶与大气隔离开，只有进入变压器内的空气才通过硅胶。

### 6-22 变压器的安全装置的作用是什么？

**答**：变压器的安全装置主要是指防爆管和压力释放阀。变压器发生故障或穿越性的短路未及时切除，电弧或过流产生的热量使变压器油发生分解，产生大量高压气体，使油箱承受巨大的压力，严重时可能使油箱变形甚至破裂，并将可燃性油喷散满地。安全装置在这种情况下可动作排除故障产生的高压气体和油，以减缓和解除油箱所承受的压力，保证油箱的安全。

防爆管。变压器的防爆管又称喷油嘴，防爆管安装在变压器的油箱盖上，作为变压器内部发生故障时，防止油箱内产生过高压力的释放保护。

压力释放阀。压力释放阀是一种安全保护阀门，在全密封变压器中用于代替安全气道，作为油箱防爆保护装置。压力释放阀与变压器防爆管的区别是，压力释放阀是以弹簧阀反映变压器箱体内的压力，当压力达到一定值时，则弹簧阀打开阀门，将压力释放，同时发出报警或跳闸信号。

### 6-23 变压器为什么必须进行冷却？冷却器的作用是什么？

**答**：变压器在运行中由于铜耗、铁耗的存在而发热，它的温升直接影响到变压器绝缘材料的寿命和机械强度、负荷能力及使用年限。为了降低温升，提高出力，保证变压器安全经济的运行，变压器必须进行冷却。

当变压器的上层油温与下部油温产生温差时，通过冷却器形成油的对流，经冷却器冷却后流回油箱，起到降低变压器油温的作用。

### 6-24 变压器冷却方式有哪几种？

**答**：（1）油浸式自然空气冷却方式（ONAN）。油浸式变压器容量小于 6300kVA 时采用。绕组和铁心中的热油上升，油箱壁上或散热器中冷油下降而形成循环冷却。散热能力为 $500W/m^2$ 左右，维护简单。

（2）油浸风冷式（ONAF）。油浸式变压器容量在 $8000\sim31500kVA$ 时采用。以吹风加强散热器的散热能力。空气流速为 $1\sim1.25m/s$ 时可散热 $800W/m^2$ 左右，但风扇功率占变压器总损耗的 1.5% 左右，且需要维护。

（3）强迫油循环风冷式（OFAF）。220kV 及以上的油浸式变压器采用。以强迫风冷却器的油泵使冷油由油箱下部进入绕组间，热油由油箱上部进入冷却器吹风冷却。当空气流速为 6m/s、油流量为 $25\sim40m^3/h$ 时，可散热 $1000W/m^2$ 左右，但风扇和油泵等辅机损耗约占总损耗的 3%，且增加了运行维护工作量。

（4）强迫油循环水冷式（OFWF）。与强油风冷却方式相比，只是冷却介质是水，强油水冷却器常另外放置，在水电厂或水源充足时采用。当水流量为 $12\sim25m^3/h$，油流量为 $25\sim40m^3/h$ 时，散热量可达 $10000W/m^2$。

（5）强迫油循环导向冷却（ODAF 和 ODWF）。这种冷却方式与强油风冷和强油水冷不同之处在于，它在变压器绕组内设置了导向油道，将冷油直接导向绕组的线段内。线段的热油可很快被带走，使绕组最热点温度下降，提高了绕组的温升极限（5K），但变压器绝缘结构复杂，可能产生油流带电现象。

**6-25 有载调压变压器和无载调压变压器有什么不同，各有何优缺点？**

答：有载调压变压器与无载调压变压器的不同在于，前者装有带负荷调压装置，可以带负荷调压，后者只能在停电的情况下改变分接头位置，调整电压。

有载调压变压器用于电压质量要求较严格的地方，还可以加装自动调压检测控制部分，在电网超出规定范围时自动调整电压。其主要优点是：能在额定容量范围内带负荷随时调整电压，且调压范围大，可以减少或避免电压大幅度波动，母线电压质量高。但其体积大，结构复杂，造价高，检修维护要求高。

无载调压变压器改变分接头位置时必须停电，且调整的幅度较小（每改变一个分接头，改变电压 2.5% 或 5%），输出电压质量差，但比较便宜，体积较小。

### 6-26　有载分接开关由哪些主要部件组成？各部件的作用是什么？

**答：**（1）有载分接开关。它是能在变压器励磁或负荷状态下进行操作的分接头切换开关，是用于调换绕组分接头运行位置的一种装置。通常它由一个带有过渡阻抗的切换开关和一个带（或不带）范围开关的分接选择器组成。整个开关是通过驱动机构来操作的（在有些分接开关中，切换开关和分接选择器的功能被结合成为一个选择开关）。

（2）分接选择器。它是能承载但不能接通或切断电流的一种装置，与切换开关配合使用，以选择分接头的连接位置。

（3）切换开关。它是与分接选择器配合使用，以承载、接通、切断已选电路中的电流的一种装置。

（4）选择开关。它把分接选择器和切换开关的作用结合在一起，是能承载接通和断开电流的一种装置。

（5）范围开关。它具有通电能力，但不能切断电流。它可将分接绕组的一端或另一端接到主绕组上。

（6）驱动机构。它是驱动分接开关的一种装置。

（7）过渡阻抗。在切换时用于限制在两个分接头间的过渡电流，以限制其循环电流。

（8）主触头。它是承载通过电流的触头，是不经过过渡阻抗而与变压器绕组相连接的触头组，但不用于接通和断开任何电流。

（9）主通断触头。它不经过过渡电阻而与变压器绕组相连接，是能接通或断开电流的触头组。

（10）过渡触头。它是经过串联的过渡阻抗而与变压器绕组相连接的，是能接通或断开电流的触头组。

**6-27 为什么要从变压器的高压侧引出分接头？**

**答：**通常无载调压变压器都是从高压侧引出分接头，这是因为考虑到高压绕组在低压绕组外面，焊接分接头比较方便；又因高压侧流过的电流小，可以使引出线和分接开关载流部分的截面小一些，发热的问题也较容易解决。

**6-28 引线的作用是什么？**

**答：**引线的作用是完成要切的连接组别，电流的引出。

**6-29 变压器的绝缘套管的作用是什么？有哪些要求？**

**答：**套管是一种特殊类型的绝缘子。变压器需要通过套管将各个不同电压等级的绕组连接到线路中，需要使用不同电压等级的套管对油箱进行绝缘。绝缘套管由中心导电杆和瓷套两部分组成。导电杆穿过变压器油箱，在箱内的一端与线圈的端点相连，在外部的一端与外线路连接。因此变压器套管起着连接内外电路、支持固定引线，并且使引线对地（或对油箱）绝缘的作用。

变压器套管是变压器的载流元件之一，在变压器运行中，长期通过负载电流，当变压器外部发生短路时通过短路电流。因此，对变压器套管有以下要求：必须有足够的绝缘强度和机械强度；必须具有良好的热稳定性，能承受短路时的瞬间过热；同时套管还应具有体积小、重量轻、密封性好、通用性强和便于检修等特点。

**6-30 温度计的作用是什么？有几种？**

**答：**一般大型变压器都装有测量上层油温的带电触点的测温装置，它装在变压器油箱外，便于运行人员监视变压器油温的情况。

用于测量变压器上层油温的测温装置有电触点压力式温度计和遥测温度计。电触点压力式温度计除了可以测量变压器的实时温度外，还带有电触点，若温度到达或超过上下限给定值时，其触点会闭合，发出报警信号。

### 6-31　变压器净油器的作用是什么？

**答：** 运行中的变压器因上层油温与下层油温的温差，使油在净油器内循环。净油器是一个充有吸附剂（除酸硅胶或活性氧化铝）的金属容器。变压器油流经吸附剂时，油中水分、游离酸和各种氧化物，都被吸附剂所吸收，使油得到连续的再生，使油质能长时间保持在合格状态。如果压力释放阀和全密封储油柜配合使用时，可以不装净油器。

### 6-32　什么是自耦变压器，它有什么优点？

**答：** 自耦变压器是只有一个绕组的变压器。当作为降压变压器使用时，从绕组中抽出一部分线匝作为二次绕组；当作为升压变压器使用时，外施电压只加在绕组的一部分线匝上。通常把同时属于一次绕组和二次绕组的部分绕组称为公共绕组，其余部分称为串联绕组。

近几年来，由于电力生产的增长和输电电压的升高，自耦变压器应用得越来越多，因为在传输相同容量的情况下，自耦变压器与普通变压器相比，不但尺寸小，而且效率高。容量越大，电压越高，这个优点尤为突出，因为只有采用自耦变压器才能满足整体传输的要求。

### 6-33　自耦变压器有何特点？

**答：** 和普通双绕组变压器相比，自耦变压器有以下主要特点：

（1）由于自耦变压器的计算容量小于额定容量，所以在同样的额定容量下自耦变压器的主要尺寸较小，有效材料（硅钢片和导线）和结构材料（钢材）都相应减少，从而降低了成本。有效材料的减少使得铜耗和铁耗也相应减少，故自耦变压器的效率较高。同时，由于主要尺寸的减小和重量的减轻，可以在容许的运输条件下制造单台容量更大的变压器。但通常在自耦变压器中只有 $k_a$（自耦变压器变比）≤2 时，上述优点才明显。

（2）由于自耦变压器的短路阻抗标幺值比双绕组变压器小，故电压变化率较小，但短路电流较大。

（3）由于自耦变压器一、二次之间有电的直接联系，当高压侧过电压时会引起低压侧严重过电压。为了避免这种危险，一、二次必须装设避雷器。不要认为一、二次绕组是串联的，一次已装，二次就可以省略。

（4）在一般变压器中有载调压装置往往连接在接地的中性点上，这样调压装置的电压等级可以比在线端调压时低。而自耦变压器中性点调压侧会带来相关调压问题。因此要求自耦变压器有载调压时，只能采用线端调压方式。

### 6-34 高压自耦变压器为什么都制成三绕组？

**答：**采用中性点接地的星形连接自耦变压器时，因产生三次谐波磁通而使电动势峰值严重升高，对变压器绝缘不利。为此，现代的高压自耦变压器都制成三绕组，其中高、中压绕组接成星形，而低压绕组接成三角形。第三绕组与高、中压绕组是分开的、独立的，只有磁的联系，没有电的联系。和普通变压器一样，增加了这个低压绕组后，形成了高、中、低三个电压等级的三绕组自耦变压器。目前电力系统中常用的三绕组自耦变压器一般是 YNa0d11 接线。

### 6-35 变压器主要技术参数的含义是什么？

**答：**（1）额定容量 $S_N$：指变压器在铭牌规定的条件下，以额定电压、额定电流连续运行时所输出的单相或三相总视在功率。

（2）容量比：指变压器各侧额定容量之间的比值。

（3）额定电压 $U_N$：指变压器长时间运行时，设计条件所规定的电压值（线电压）。

（4）电压比（变比）：指变压器各侧额定电压之间的比值。

（5）额定电流 $I_N$：指变压器在额定容量、额定电压下运行时通过的线电流。

（6）空载损耗（铁损）$P_0$：指变压器一个绕组上加额定电压，其余绕组开路时，变压器消耗的功率。变压器的空载电流很小，它所产生的铜耗可忽略不计，所以空载损耗可认为是变压器的铁耗。空载损耗一般与温度无关，而与运行电压的高低有关，当变压器带负载后，变压器的实际铁耗小于此值。

（7）空载电流 $I_0\%$：指变压器在额定电压下空载运行时，一次侧通过的电流（不是刚合闸瞬间的励磁涌流峰值，而是指合闸后的稳态电流）。空载电流常用其与额定电流比值的百分数表示，即

$$I_0\% = \frac{I_0}{I_N} \times 100$$

（8）负荷损耗 $P_L$（短路损耗或铜耗）：指变压器当一侧加电压而另一侧短接，使电流为额定电流时（对于三绕组变压器，第三个绕组应开路），变压器从电源吸取的有功功率。按规定负载损耗是折算到参考温度（75℃）下的数值。因测量时实为短路状态，所以又称为短路损耗。短路状态下，使短路电流达到额定值的电压很低，表明铁心中的磁通量很少，铁损很小，可忽略不计，故可认为短路损耗就是变压器中绕组的损耗，即铜耗。

负载损耗与一、二次电流的平方成正比。

（9）百分比阻抗（短路电压）：指变压器二次绕组短路，使一次侧电压逐渐升高，当二次绕组的短路电流达到额定值时，一次侧电压与额定电压比值的百分数。

（10）额定频率：变压器设计所依据的运行频率，单位为 Hz（赫兹），我国规定为 50Hz。

（11）额定温升：指变压器的绕组或上层油面的温度与变压

器周围空气的温度之差，称为绕组或上层油面的温升。

### 6-36 变压器型号的含义是什么？

**答：** 变压器产品型号是用汉语拼音字母及阿拉伯数字组成，每个拼音和数字均代表一定含义。

$$\boxed{1}\ \boxed{2}\ \boxed{3}\ \boxed{4}\ \boxed{5}\ \boxed{6}\ \boxed{7}\ \boxed{8}\ /\ \boxed{9}\ \boxed{10}$$

其代表意义为：

1—绕组耦合方式：O—自耦变压器；普通变压器不标。

2—相数：D—单相；S—三相。

3—冷却方式：J—油浸自冷；F—油浸风冷；S—油浸水冷；FP—强迫油循环风冷；SP—强迫油循环水冷。

4—绕组数量：双绕组不标；S—三绕组；F—分裂绕组。

5—导体材料：铜线不标；L—铝线。

6—调压方式：无载调压不标；Z—有载调压。

7—设计序列号。

8—额定容量（kVA）。

9—高压绕组电压等级（kV）。

10—特殊环境使用代号。

### 6-37 变压器型号 SFPSZ—63000/110 代表什么意义？

**答：** 第 1 个 S 表示三相，F 表示风冷，P 表示强迫油循环；第 2 个 S 表示三绕组，Z 表示有载调压；63000 表示容量为 63000kVA，110 表示高压侧额定电压为 110kV。型号意义是该变压器为三相强迫油循环风冷三绕组有载调压 110kV 变压器，额定容量为 63000kVA。

### 6-38 什么叫变压器的接线组别，举出双绕组三相变压器常用的三种接线组别。

**答：** 单相变压器的两个绕组间有极性关系。而三相变压器两侧都有三个绕组，它们之间有如何连接的问题，如连成星形或三角形。所以对于三相变压器来说，除了三相间可有不同的连接方式外，每相的一、二次绕组相别也可互换，如原来的 A 相，可人为地把它改标为 B 相，B 相可标为 C 相等，这样就使三相变压器一、二次侧可有不同的组合，使一、二次侧电压、电流各量的相位和大小的关系就有很多种情况。在使用一台变压器时，首先要了解这台变压器的一、二次侧各量的相位关系。说明这种关系的通用术语，就是变压器的连接组别。简单地说，三相变压器的一次绕组和二次绕组间电压或电流的相位关系，就叫变压器的连接组别。相位关系就是角度关系，而变压器一、二次侧各量的相位差都是 $30°$ 的倍数，于是人们就用同样有 $30°$ 倍数关系的时钟指针关系，来形象的说明变压器的接线组别，用时钟表示组别，叫"时钟表示法"。

常用的接线组别有 YNd11、Yd11 和 Yyn0。

### 6-39　接线组别受哪些因素的影响？

答：变压器的接线组别变化受如下因素的影响：首、尾标号改变（如 A 改成 X，X 改成 A 等）会改变组别；相别的改变（如原来的 A 相改为 C 相，C 相改成 A 相等）会改变组别；接线方式的改变（如星形改成三角形等）会改变组别。

### 6-40　对于远距离输电，为什么升压变压器接成 Dy 接线，降压变压器接成 Yd 接线？

答：输电电压越高则输电效率就越高。升压变压器接成 Dy 接线，二次侧绕组出线获得的是线电压，从而在匝数较少的情况下获得了较高电压，提高了升压比。同理，降压变压器接成 Yd 接线可以在一次绕组匝数不多的情况下获得较大的降压比。另外，当升压变压器二次侧、降压变压器一次侧接成 Y 形时，都是中性点接地，使输电线对地电压为相电压，降低了线路对绝缘的要求，因而降低了成本。

**6-41 变压器有哪些损耗?**

答:变压器的损耗有空载损耗(铁损)和负载损耗(短路损耗或铜损)。

(1) 空载损耗 $P_0$。空载损耗又称为铁损,是指变压器一个绕组上加额定电压,其余绕组开路时,在变压器中消耗的功率,这部分功率变为热量散发出去用 $P_0$ 表示。变压器空载损耗包括三部分:

1) 铁损 $P_{Fe}$:是由交变磁通在铁心中造成的磁滞损耗和涡流损耗。磁滞损耗是由于铁心在磁化的过程中存在磁滞现象而产生的损耗,它占空载损耗的 $60\%\sim70\%$。磁滞损耗的大小取决于硅钢片的质量、铁心的磁通密度的大小以及电源的频率。涡流损耗是由铁心中存在交变磁通时,由于铁心本身是导体,因此铁心中会产生电流,该电流所引起的损耗就称为涡流损耗。涡流损耗的大小与磁通密度的平方成正比,与电源频率的平方成反比。

2) 一次绕组的空载铜损 $P_{Cu}$:是由空载电流流过一次绕组的电阻而产生的。

3) 附加损耗:由铁心中的磁通密度分布不均匀和漏磁通经过某些金属部件而产生的。

变压器的空载损耗中,空载铜损占有的比例很小,可以忽略不计,而正常的变压器空载时铁损也远大于附加损耗,因此变压器的空载损耗可近似等于铁损。变压器的空载损耗很小,不足额定容量的 $1\%$。空载损耗一般与温度无关,当电源的电压和频率不变时,主磁通不变,铁损也基本不变,故称铁损为不变损耗。

(2) 负载损耗(短路损耗或铜损)。负载损耗是指变压器一次侧加电压,而另一侧短路,使两侧的电流为额定电流(对于三绕组变压器,第三个绕组应开路),变压器电源吸取的有功功率。按规定,负载损耗应是折算到参考温度(75℃)下的值。

短路状态下,使短路电流达到额定值的电压很低,表明铁心中的磁通量很小,铁损很小,可忽略不计,故可近似认为短路损耗是变压器绕组的铜损。

负载损耗与一、二次电流的平方成正比，为可变损耗。

### 6-42　变压器的阻抗电压在运行中有什么作用？

**答：** 阻抗电压是涉及变压器成本、效率及运行的重要经济技术指标。同容量的变压器，阻抗电压小的成本小、效率高、价格便宜，另外运行时的压降及电压波动率也小，电压质量容易得到控制和保证。从变压器运行条件出发，希望阻抗电压小一些。从限制变压器运行条件出发，又希望阻抗电压大一些，以免电气设备（如断路器、隔离开关、电缆等）在运行中经受不住短路电流的作用而损坏。所以在制造变压器的时候，必须根据满足设备运行条件来设计阻抗电压，且应尽量小一些。

### 6-43　变压器短路阻抗 $Z_k\%$ 的大小对变压器的运行性能有什么影响？

**答：** （1）对短路电流的影响：短路阻抗 $Z_k\%$ 大的变压器，短路电流小。

（2）对电压变化率的影响：当电流的标幺值相等，负荷阻抗角 $\varphi$ 也相等时，$Z_k\%$ 越大，电压变化率也越大。

（3）对并联运行的影响：并联运行的各台变压器中，若 $Z_k\%$ 小的满负荷，则 $Z_k\%$ 大的欠负荷；若 $Z_k\%$ 大的满负荷，则 $Z_k\%$ 小的过负荷。

### 6-44　为什么规定变压器上层油温不允许超过 95℃？上层油温不宜经常超过 85℃？

**答：** 一般变压器的绝缘为 A 级绝缘，A 级绝缘材料耐热温度为 105℃，规定上层油温不允许超过 95℃ 是和 A 级绝缘材料最高允许温度 105℃ 相对应的。因为当考虑环境温度为 40℃、上层油温为 95℃，即油的最高温升为 55℃。需要说明的是，所谓变压器绕组的最高允许温度为 105℃，并不是说绕组可以长时间处在这个温度下运行。根据多年的运行经验和研究，A 级绝缘材料在 98℃ 以下具有适当经济上合理的寿命。同时考虑到温度每升高 10℃，油的氧化速度会增加一倍。因此上层油温不宜经常超过 85℃。

变压器上层油温一般规定值如表 6-1 所示。

**表 6-1　　　油浸式变压器上层油温一般规定值**

| 冷却方式 | 冷却介质最高温度（℃） | 最高顶层温度（℃） |
| --- | --- | --- |
| 自然循环自冷、风冷 | 40 | 95 |
| 强迫油循环风冷 | 40 | 85 |
| 强迫油循环水冷 | 30 | 70 |

**6-45　什么叫温升？变压器温升规定值是怎样规定的？为什么要限制变压器的温升？**

答：运行中设备的温度比环境温度高出的数值称为温升。

额定温升值：油为 55℃，绕组为 65℃。

因为变压器绕组正常老化温度为 98℃，运行中绕组最热点温升约比其平均温升高 13℃。在环境温度等于 20℃ 时，按以上温升标准设计的变压器，其绕组最热点温度恰好为 20＋65＋13＝98（℃）。恰好与绕组正常老化温度一致。而变压器过负荷时，其各部分温升将超过额定值，使变压器的绝缘老化加速。

**6-46　为什么将变压器绕组温升规定为 65℃？**

答：变压器在运行中要产生铁损和铜损，这两部损耗全部转化为热量，使铁心和绕组发热，绝缘老化，影响变压器的使用寿命。国际标准规定变压器绕组的绝缘多采用 A 级绝缘，因此规定了绕组的温升为 65℃。

**6-47　变压器的铁心为什么要接地？为什么铁心不能两点接地或多点接地？**

答：运行中变压器的铁心及其附件都处于绕组周围的电场

内，如果不接地，铁心及其附件必然产生一定的悬浮电位，在外加电压的作用下，当该电位超过对地放电电压时，就会出现放电现象。为了避免变压器内部放电，所以铁心要接地。

铁心只允许一点接地，需要接地的各部件之间只允许单线连接，铁心中如果有两点或两点以上的接地，则接地点之间可能形成闭合回路，当有较大的磁通穿过此闭合回路时，就会在回路中感应出电动势并引起电流，电流的大小取决于感应电动势的大小和闭合回路的阻抗值。当电流较大时，会引起局部过热故障甚至烧坏铁心。

为了对运行中的大容量变压器发生多点接地故障进行监视，检查铁心是否存在多点接地，接地回路是否有电流通过，需将铁心的接地先经过绝缘小套管后再进行接地。这样可以断开接地小套管，测量铁心是否还有接地点存在或将表计串入接地回路中。

**6-48　变压器运行中，运行电压高于额定电压时，各运行参数将如何变化？**

**答：**变压器运行中电压升高至额定电压以上，假设其他条件不变，则根据"电压决定磁通"，即 $U = 4.44N\Phi_m$ 可知，铁心磁路的磁通量将随着工作电压的升高而增加，铁心饱和程度增加，造成励磁阻抗下降，空载电流增加，损耗增加，温升增加，容量利用率下降，效率降低。因此，正常运行中的变压器应工作在额定电压。

**6-49　变压器允许过电压能力是如何规定的？**

**答：**当变压器一次绕组所加电压升高时，由于其铁心磁化过饱和，铁心损耗迅速增加而造成铁心过热，可能使绝缘遭到破坏。因此，国家有关标准规定，变压器一次侧所加电压一般不超过所接分接头额定电压的105%，并要求二次绕组的电流不超过额定电流。本机组主变压器要求，在额定频率下可在高于105%的系统额定电压下运行，但不得超过110%的额定电压。变压器和发电机直接连接必须满足发电机甩负荷的工作条件，在变压器与发电机相连的端子上应能承受 1.4 倍的额定电压历时 0.5s。

### 6-50 变压器运行电压过高或过低对变压器有何影响？

**答：** 变压器最理想的运行情况是在额定电压下运行，但由于系统电压在运行中随负荷变化波动相当大，故往往造成加入变压器的电压不等于额定电压的现象。若加于变压器的电压低于额定电压，对变压器不会有任何不良后果，只是对用户有影响；若加于变压器的电压高于额定电压，导致变压器铁心严重饱和，使励磁电流增大，铁心严重发热，将影响变压器的使用寿命；使变压器电压波形畸变，影响了用户的供电质量。其主要危害如下：

（1）引起用户电流波形的畸变，增加电机和线路上的附加损耗；

（2）可能在系统中造成谐波共振现象，导致过电压使绝缘损坏；

（3）线路中电流的高次谐波会影响电信线路，干扰电信的正常工作；

（4）某些高次谐波会引起某些继电保护装置不正确动作。

### 6-51 什么是变压器的正常过负荷？

**答：** 变压器在运行中的负荷是经常变化的，即负荷曲线有高峰和低谷。当它过负荷运行时，绝缘寿命损失将增加；而轻负荷运行时绝缘寿命损失将减小，因此可以互相补偿。变压器在运行中冷却介质的温度也是变化的，在夏季由于油温升高，变压器带额定负荷时的绝缘寿命损失将增大；而在冬季油温降低，变压器带额定负荷时的绝缘寿命损失将减小，因此也可以互相补偿。变压器的正常过负荷能力，是指在上述的两种补偿后，不以牺牲变压器的正常使用寿命为前提的过负荷。

### 6-52 变压器正常过负荷如何确定？

**答：** 在不损坏变压器绕组绝缘和不减少变压器使用寿命的前提下，变压器可以在负荷高峰及冬季过负荷运行。变压器允许的正常过负荷数值及允许的持续时间与昼夜负荷率有关，可以根据变压器的负荷曲线、冷却介质温度以及过负荷前变压器已带负荷的情况按运行规程确定。

### 6-53　为什么要规定变压器的允许温度?

**答:** 因为变压器运行温度越高,绝缘老化越快,这不仅影响使用寿命,而且还因绝缘变脆而碎裂,使绕组失去绝缘层的保护。另外温度越高绝缘材料的绝缘强度就越低,很容易被高电压击穿造成故障。因此变压器运行时不得超过允许温度。

### 6-54　表示变压器油电气性能好坏的主要参数是什么?

**答:** 表示变压器油电气性能好坏的主要参数有绝缘强度、介质损失和体积电阻率。

### 6-55　变压器常用的 A 级绝缘材料有哪些? 耐热温度是多少?

**答:** 变压器常用 A 级绝缘材料有绝缘纸板、电缆纸、黄漆绸、酚醛纸板、木材及变压器油等。耐热温度为 $105℃$。

### 6-56　什么叫绝缘老化? 什么是绝缘寿命六度法则?

**答:** 变压器中所使用的绝缘材料,长期在温度的作用下,原有的绝缘性能会逐渐降低,这种绝缘在温度作用下逐渐降低的变化,叫做绝缘老化。

绝缘寿命六度法则,是指变压器用的电缆纸在 $80\sim140℃$ 的范围内,温度每升高 $6℃$,绝缘寿命将要减少一半。

### 6-57　变压器的寿命由什么决定?

**答:** 变压器的寿命是由绕组绝缘材料的老化程度决定的。

### 6-58　主变压器新投运或大修后投运前为什么要做冲击试验, 冲击几次?

**答:** 打开空载变压器时,有可能产生操作过电压,在电力系统中性点不接地或者经消弧线圈接地时，过电压的幅值可达 4～4.5 倍相电压；在中性点直接接地时，可达 3 倍相电压。为了检查变压器绝缘强度能否承受全电压或操作过电压，需做冲击试验。

带电投入空载变压器时，会出现励磁涌流，其值可达 6～8 倍额定电流。励磁涌流开始衰减较快，一般经 0.5～1s 后即减到 0.25～0.5 倍额定电流值，但全部衰减时间较长，大容量的变压器可达几十秒，由于励磁涌流产生很大的电动力，为了考核变压器的机械强度，同时考核励磁涌流衰减初期能否造成继电保护误动，需做冲击试验。

冲击试验次数：新产品投入为 5 次，大修后投入为 3 次。

### 6-59  变压器工作的基本原理是什么？

**答**：变压器是利用电磁感应原理工作的电气设备。当一次绕组加电源电压时，一次侧流过交流电流，在铁心中就产生交变磁通。根据电磁感应定律，磁通的变化在一、二侧绕组上分别产生感应电动势。感应电动势的大小与匝数成正比。改变一、二侧的匝数比，就可以改变二次侧输出的电压，起到了变压的作用。如果二次侧加负载，就会有电能向外输出，从而实现了能量的传递。

### 6-60  变压器储油柜的工作原理是什么？

**答**：储油柜是变压器油存储、补充及保护的组件，安装在变压器油箱顶部，与变压器油箱相连。当油箱的油随温度升高体积膨胀时，多余的油通过联管到达储油柜，这样储油柜就完成了存储变压器油的作用；反之，当温度下降时，储油柜中的油通过联管到达油箱，补充变压器油的不足。储油柜中的胶囊阻断变压器油与空气的接触，使变压器油免于被氧化，与储油柜相连的吸湿器吸收进入储油柜的空气中的水分，使其免受潮湿。储油柜中的油在平常几乎不参加油箱内的循环，它的温度要比油箱内的上层油温低得多，而油在低温下氧化过程慢。因此有了储油柜，可以防止油的过速氧化。

### 6-61　浮子式油位计的结构原理是什么？

答：油位计用于油浸式变压器储油柜和有载分接开关储油柜油面的显示以及最低和最高极限油位的报警。主变压器采用 YZF-250 型浮子式油位计，其中 YZ 表示指针式油位计，F 表示浮子型（S 表示伸缩杆型），250 表示盘面直径（mm）。

浮子式油位计检测杆端部有浮球，检测杆长度不变，浮球位置随油面变化而变化。油位计主要由指针和表盘构成的显示部分，磁铁（或凸轮）和开关构成的报警部分，换向及变速齿轮组及摆杆和浮球构成的传动部分组成。当变压器储油柜的油面升高或下降时，油位计的浮球或储油柜的隔膜随之上下浮动，使得摆杆做上下摆动运动，从而带动传动部分转动，通过耦合磁铁使报警部分的磁铁（或凸轮）和显示部分的指针旋转，指针转到相应位置，当油位上升到最高油位或下降到最低油位时，磁铁吸合（或凸轮拨动）相应的舌簧开关（或微动开关）发出报警信号。

### 6-62　气体继电器的作用是什么？

答：气体继电器的作用是，当变压器内部发生绝缘击穿，线匝短路及铁心烧毁等故障时，给运行人员发车信号（Ⅰ段警告）或切断电源（Ⅱ段跳开变压器各侧断路器）以保护变压器。

### 6-63　气体继电器的工作原理如何？

答：正常运行时，气体继电器充满油，开口杯浸在油内，处于上浮位置，干簧触点断开。当变压器内部故障时，故障点局部发生高热，引起附近的变压器油膨胀，油内溶解的气体被逐出，形成气泡上升，同时油和其他材料在电弧和放电等的作用下电离而产生气体。当故障轻微时，排出的气体缓慢地上升而进入气体继电器，使油面下降，开口杯产生以支点为轴的逆时针方向转动，干簧触点接通，发出信号。

若变压器因漏油而使油面下降，也同样发出报警信号（对于进口气体继电器则发出跳闸信号）。

当变压器内部发生严重故障，油箱内压力瞬时升高，则在气体继电器所在的连接管路中产生油的涌浪，冲击气体继电器的挡板，当挡板旋转到某一限定位置时，气体继电器发出跳闸信号，切断与变压器连接的所有电源，从而起到保护变压器的作用。

### 6-64 压力继电器的作用是什么？

答：压力继电器是变压器的压力保护装置，安装在变压器油箱的顶部或侧壁，当变压器由于故障引起油箱内压力升高的速率超过规定值时，压力继电器迅速动作发出跳闸信号使变压器停止运行，防止变压器故障进一步发展。

### 6-65 压力继电器的工作原理如何？

答：压力继电器是变压器的压力保护装置，安装在变压器油箱的顶部或侧壁。当变压器由于故障引起油箱内压力升高的速率超过规定值时，压力继电器迅速动作发出跳闸信号使变压器停止运行，防止变压器故障进一步发展。

### 6-66 油面温度计（压力式）的工作原理是什么？

答：油面温度计是用来测量变压器油箱顶层油温的。它主要由温包、毛细管、表头组成。温度计温包插入油箱箱盖上的温度计座内，温度计表头则安装在油箱侧壁适当的高度上，以便于接线和读数。

当变压器内部油温升高时，油面温度计的温包内的感温介质体积随之增大，这个体积增量通过毛细管传递到仪表头内弹性元件上，使之产生一个相对应的位移，这个位移经机构放大后便可驱动指针指示被测油面温度，并驱动微动开关，开关信号用于控制冷却系统和变压器二次保护（报警和跳闸）。

### 6-67 绕组温度计（压力式）的工作原理是什么？

**答**：绕组温度计是用来测量变压器绕组热点温度的。它主要由温包、毛细管、电流匹配器（分内置式和外置式）、表头组成。温度计温包插入油箱盖上的温度计座内，内置式电流匹配器安装在绕组温度计内部，外置式电流匹配器安装在油箱上绕组温度计附近，温度计表头安装在油箱侧壁适当高度上，以便于接线和读数。

当变压器内部油温升高时，绕组温度计的温包内的感温介质体积随之增大，这个体积增量通过毛细管传递到仪表内弹性元件上，使之产生一个与之相对应的位移；同时变压器的负荷电流（与变压器负荷成正比）通过电流互感器二次侧输出给电流匹配器，经过电流匹配器变流后，输出与变压器油温差相对应的电流给电热元件，通过电热元件加热后，弹性元件又增加一个位移量，两个位移经机构放大后便可驱动指针指示被测绕组热点温度，并驱动微动开关，开关信号用于控制冷却系统和变压器二次保护（报警和跳闸）。

### 6-68 电阻温度计（电阻式）的工作原理如何？

**答**：电阻温度计也是用来测量变压器油箱顶层油温的。它的工作原理是利用电阻的热特性，变压器常用的电阻温度计的电阻式 Pt100 铂电阻。电阻温度计由两个部件组成：一是动圈式温度指示仪表，另一部件为热电阻检测元件。运行时，热电阻是装在变压器的油箱盖上的，温度指示仪则装在控制室，两者之间通过控制电缆或光缆连接起来，所以可以实现遥测的方式。

电阻温度计的电阻安装在油箱箱盖上的温度计座内。电阻式温度计不带本地显示，它与温度显示仪表配套使用，主要用于控制室内温度远方显示。电阻温度计与温度显示仪表之间的连接分为三线制和四线制两种。

当变压器内部顶层油温升高时，电阻温度计输出的电阻值随之增大，如当温度为 0℃，Pt100 铂电阻温度计输出的电阻值为 100Ω。

### 6-69 为什么加装变压器检测仪，其工作原理是什么？

**答：**从近年来变压器的事故情况看，许多事故是在无任何先兆的情况下发生的，这说明了目前的常规试验方法和试验周期仍存在一定的局限性，一些事故的先兆信息不能及时捕捉到。为了提高变压器运行的可靠性，在大型变压器上增加一些在线监测设备已经成为一种趋势和必然。

目前变压器采用的在线监测设备分为三类：第一类为套管在线监测设备，主要在线监测变压器套管的电容、介损和泄漏电流；第二类为气体（水）在线检测设备，主要在线监测变压器内部各种气体的组成及含量和水的含量；第三类为局放在线监测设备，主要在线监测变压器内部局放量的大小及相对位置。

变压器在运行中，利用变压器在线监测设备可以在线监测分析变压器内部的局放情况、油中溶解气体的组成和含量、油中溶解水分的含量，就能尽早发现变压器内部存在的潜伏性故障，并可随时掌握故障的发展情况。同样，使用套管在线监测仪也能尽早发现套管内部存在的潜伏性故障，并可随时掌握故障的发展情况。

### 6-70 有载分接开关的基本原理是什么？

**答：**有载分接开关是在不切断负荷电流的情况下，切换分接头来实现调压的装置。因此在切换瞬间，需要同时连接两个分接头。分接头间一个级电压被短接后，将产生一个很大的环流。为了限制环流，在切换时必须接入一个过渡电路，通常是接入电阻，其阻值应能把环流限制在允许的范围内。因此有载分接开关的基本原理概括起来就是采用过渡电路限制环流，达到切换分接头而不切断负荷电流的目的。

# 第七章

# 电 动 机

**7-1　异步电动机由哪几部分组成？**

答：异步电动机由以下几部分组成：

（1）定子部分。机座、定子绕组、定子铁心。

（2）转子部分。转子铁心、转子绕组、风扇、轴承。

（3）其他部分。端盖、接线盒等。

**7-2　异步电动机按结构的不同主要分为哪两大类？它们有何不同？**

答：异步电动机按照结构的不同分为鼠笼式电动机和绕线式电动机两大类。

二者定子结构相同，转子结构不同。绕线式电动机的转子绕组是三相对称绕组；鼠笼式电动机的转子绕组则是多相对称绕组，这种绕组的相数等于每对极下的槽数，极数和定子绕组的极数相同。

**7-3　异步电动机基本原理怎样？**

答：定子三相绕组接三相电源产生三相旋转磁势，磁场旋转时切割转子导体，在转子导体上感应出电动势。由于转子导体本身闭合，故转子导体中有电流流过，电流与磁场相互作用产生安培力，形成相应的转矩使转子继续转下去。从而把定子绕组上输入的电能转化成转轴上机械能输出。

**7-4　异步电动机的转向与什么因素有关，如何改变其转向？**

答：异步电动机的转向取决于通入定子电流的相序，总是从

159

超前相位的轴线转向之后相位的轴线，改变转向只需要改变通入电流的相序即可。

**7-5 什么是异步电动机的转差率，异步电动机为什么存在转差，其范围多大？**

答：所谓转差率就是同步转速 $n_1$ 与转子转速 $n$ 之差对同步转速 $n_1$ 的比值。因为异步电动机转子转速和定子合成磁场转速不相等，所以存在转差，其范围是 $0\sim1$。

**7-6 单相异步电动机是如何转起来的？**

答：由于单相异步电动机的定子绕组只有一相，接通单相交流电源后，将产生一个脉振磁场。转子静止时，转子上的合成转矩为零，不能产生启动转矩，电动机不能自行启动。为了电动机能够自启动，就得设法让电动机通电后产生一个力矩推动一下，为此，在定子铁心上再加装一个启动绕组，它和工作绕组在空间相距 $90°$ 电角度。启动绕组和电容串联后再和工作绕组一起并联在电网上，选择合适的电容使启动绕组中的电流超前工作绕组中的电流 $90°$，并且产生的磁动势相等，这样就会在电动机气隙中形成一个旋转磁场而产生启动转矩，于是电动机就转起来。

**7-7 异步电动机铭牌上有哪些主要数据？**

答：电动机铭牌上主要有额定功率、额定电压、额定电流、额定转数、相数、型号、绝缘等级、工作方式、允许温升、功率因数、出厂日期等。

**7-8 异步电动机运行时，有几种损耗？**

答：异步电动机运行时，有三种损耗：定子和转子绕组中的铜耗、定子和转子铁心中的铁耗、摩擦和通风阻力损耗。

### 7-9　什么是控制电机，其用途是什么？

**答**：在自动控制系统中，作为测量和检测放大元件、执行元件及计算元件的旋转电机统称为控制电机。

控制电机主要用于发电厂中自动控制、自动调节系统、遥控遥测系统、自动监视系统、自动仪表和自动装置等。

### 7-10　发电厂中为什么有的地方用直流电动机，有什么缺点？

**答**：由于异步电动机结构简单、投资少、运行可靠且维护方便，因此发电厂中大多数场合直流电动机已经被交流异步电动机代替。但是有些地方还用直流电动机，主要原因如下：

（1）直流电动机有良好的调节平滑性，有较大的调速范围。

（2）对于控制用的电动机来说，在有同样输出功率的前提下，直流电动机比交流电动机重量轻，效率高，且有比较大的启动力矩和反转力矩。

（3）为了安全的目的，特殊场合采用直流电动机比较可靠，也方便。如汽轮机的备用润滑油泵，采用直流电动机作为驱动后，即使在全厂停电的情况下，它仍能由蓄电池供电转动而使汽轮机的润滑油不中断。

直流电动机的主要缺点是维护麻烦，价格较贵，且需要一套直流电源。

### 7-11　直流电动机的工作原理是什么？

直流电动机的工作原理，仍遵循"电生磁、磁生电"的基本规律。定子上有磁极，当转子中通入直流电后，载流导体在磁场中受到电磁力的作用而使转子转动。

### 7-12　电磁调速异步电动机由哪几部分组成？

电磁调速异步电动机又叫滑差电动机，是一种交流无极调速电动机，可以进行较大范围的平滑调速。它由三相鼠笼式异步电动机、电磁转差离合器及测速发电机组成。

### 7-13 电磁调速异步电动机是怎样调节转速的?

答: 电磁调速异步电动机的平滑调速是通过电磁转差离合器实现的, 其工作原理如下: 鼠笼式异步电动机拖动电枢旋转, 若励磁绕组中没有通入电流, 此时输出轴不会转动。当离合器的励磁绕组通入直流电时, 则沿气隙圆周面的各爪极将形成若干对N、S极性交替的磁极, 其磁路经爪极 N—气隙—电枢—气隙—爪极 S 形成闭合回路, 此时电枢切割磁通而产生感应电动势, 从而在电枢中产生涡流。此涡流与磁场相互作用, 产生电磁转矩, 带动输出轴与电枢同一方向旋转。但其转速恒低于电枢的转速, 励磁电流越大, 电枢与磁极间作用力越大则转速升高, 反之则转速降低。因此, 只要改变离合器的励磁电流的大小, 就可以调节输出轴的转速, 从而达到调速的目的。

### 7-14 什么是伺服电动机? 它有哪些种类?

答: 能够把输入电信号转换成轴上的角位移或角速度的旋转电动机, 叫伺服电动机。在自动控制系统中一般作为执行元件, 因此它具有良好的可控性, 而且响应快, 运行稳定。

伺服电动机主要分为直流和交流两大类。其中交流伺服电动机按转子形式分为鼠笼形和非磁性杯形两种, 直流伺服电动机按励磁方式分为他励式和永励式两种。

### 7-15 什么是步进电动机? 为什么在许多装置上使用它, 有何优点?

答: 步进电动机是一种把电脉冲信号变换成直线位移或角位移的执行元件。由于转轴的转动是每输入一个脉冲, 步进电动机前进一步, 所以叫步进电动机或脉冲电动机。

步进电动机广泛地用于数控机床、电子计算机外围设备、自动仪表、电子钟以及飞机、导弹、潜艇等导航装置上。除了能把电脉冲变成机械的角位移外，步进电动机还具有以下优点：

（1）每步位移值不受电压、电流的波动及温度的影响，电动机转速只和脉冲频率有关。

（2）误差不积累，每一步虽然有误差，但转过一周时，积累误差为零。

（3）制性能好，精度高、快速性好、灵敏、准确、可靠。

# 第八章

# 厂 用 电 设 备

**8-1 什么是厂用电?**

**答:** 厂用电也称为自用电,是指厂用各类电动机及全厂的运行操作、实验照明、修配电焊等用电设备所使用的总电量。

**8-2 厂用电系统的作用和特点是什么?**

**答:** 厂用电系统的作用是向厂用机械设备和自动化监控机辅助设备提供电源;其特点是负荷多、分布广、工作环境差、操作频繁和异动较多。

**8-3 应用燃气轮机组的发电厂中,常见的厂用负荷有哪些?**

**答:** 应用燃汽轮机组的发电厂中,常见的厂用负荷主要是电动机所带的机械,作为燃气轮机组的辅助机械。根据厂用负荷在发电厂中起到的作用,以及供电中断对人身和设备产生的影响,可以将其分为两种:

(1) 短时停用可能影响设备和人身安全,使汽轮机出力减少,比如风机、给水泵、凝结水泵、发电机定子冷却水泵等;对于第一类负荷必须有两套电动机,必须都可以自启动,并由两个独立的电源供电;

(2) 停电与汽轮机的出力没有直接关系。如修配、化验等。这类负荷一般由单电源供电。

**8-4 对厂用电接线的基本要求是什么?**

**答:** 对厂用电接线的基本要求是可靠、灵活、经济、检修及运行操作方便。

### 8-5　什么是事故保安电源？

**答**：对于大型机组的备用电源，一般接于 220kV 系统上，供电可靠性比较高，但是仍需设置备用的后备电源，即事故保安电源。常见的事故保安电源有蓄电池组和柴油发电机，也可以采用外接电源作为第三电源。

### 8-6　常见的厂用电系统的接线图是如何的？

**答**：常见的厂用电系统接线图如图 8-1 所示。

### 8-7　直流系统的操作原则是什么？

**答**：（1）直流系统的任何操作都不能使直流母线瞬时停电。

（2）投用时，应先合充电器交流电源开关，待充电器工作正常且直流输出电压略高于直流母线电压时，才可合上直流侧开关；严禁直流母线向停用充电器倒充电。

（3）一般情况下，不允许充电器单独向直流负载供电。

### 8-8　不停电电源（UPS）的运行注意事项有哪些？

**答**：（1）不停电电源系统的任何操作，都不应使不停电电源母线瞬时停电；

（2）不停电电源在"逆变器供负载"方式时，不得并列运行；

（3）若要求停用逆变器，必须在确认交流旁路电源正常投用，切至交流旁路供给负载后，方可停用；

（4）当某段不停电电源逆变器及静态开关需要停电而采用兼工方式时，在两段不停电电源系统均为"旁路供负载"方式时，合母联开关；

（5）整流器启动后必须在输出直流电压稳定，UPS 自检正常后才可合上蓄电池开关。

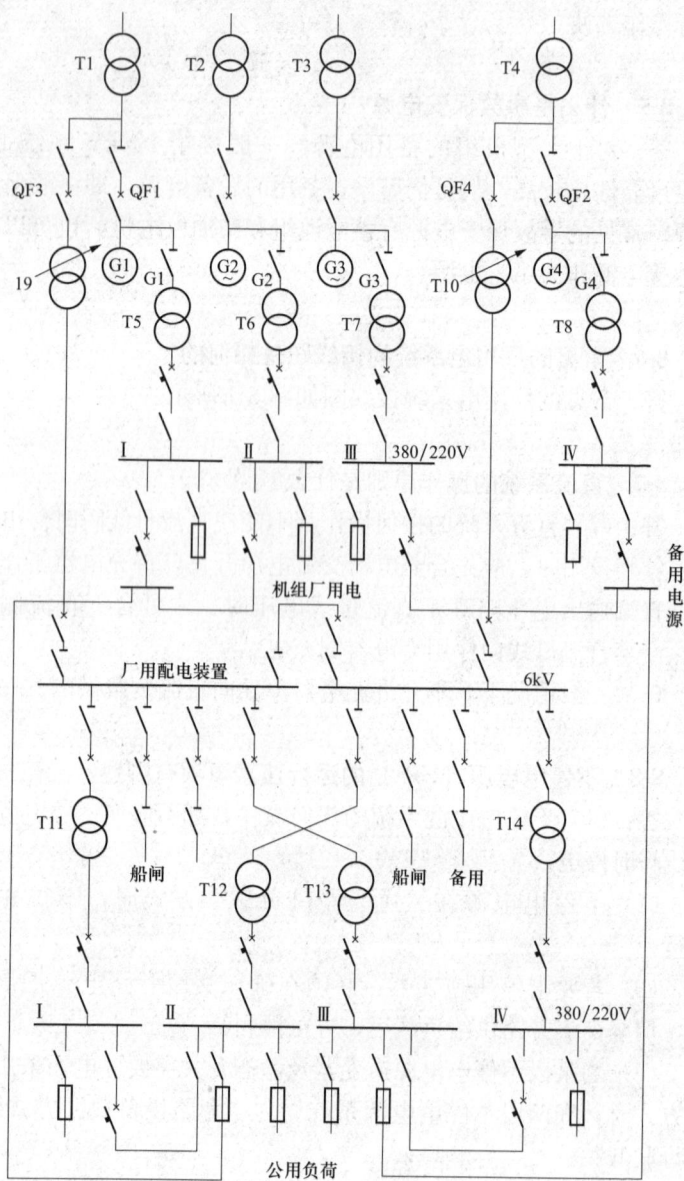

图 8-1   6kV 厂用电系统接线图

### 8-9　发电厂中的直流系统起到了什么作用?

**答**：直流系统是给信号设备、保护、自动装置、应急电源及断路器分合闸回路等提供直流电源的电源设备。直流系统是一个独立电源，它不受发电机、变压器和运行方式的影响，并在外部交流电中断的情况下，由后备电源—蓄电池继续提供直流电源的重要设备。

### 8-10　控制回路为什么不用交流电源而选用直流电源?

**答**：（1）输出电压稳定；

（2）单个直流屏有两个交流输入（自动切换），加上蓄电池相当于有三个电源，较为复杂；

（3）加入使用交流电源，当系统发生短路故障时，电压会因短路故障而降低，使二次控制电压也降低，严重时会因电压低而跳不开。

### 8-11　直流系统的构成有哪些?

**答**：直流系统主要由充电屏和蓄电池构成。其中充电屏由充电模块、交流配电、直流馈电、配电监控、监控模块、绝缘监测仪、电池检测仪构成；蓄电池由容器、电解液和正负电极构成。

### 8-12　直流系统中的蓄电池为什么要定期充放电?

**答**：定期充放电一般是一年不少于一次。定期充放电也叫做核对性充放电，就是对浮充电运行的蓄电池，经过一定时间要使其极板的物质进行一次较大的充放电反应，以检查蓄电池容量，并可以发现老化电池，及时维护处理，以保证电池的正常运行。

# 第三部分
# 运行岗位技能知识

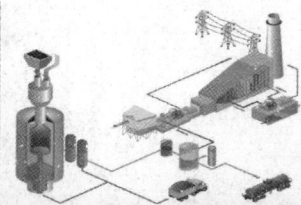

# 第九章

# 电气运行基本知识

**9-1　高压断路器在电网中的主要作用是什么？**

**答：**高压断路器是高压电器中一种功能最为全面的电器，其主要作用为：

（1）能切断或闭合高压线路的空载、负荷、故障电流。

（2）与继电保护装置配合，可快速切除故障，保证系统安全运行。

（3）能实现自动重合闸的要求。

**9-2　电网运行对交流高压断路器的要求有哪些？**

**答：**（1）绝缘部分能够长期承受最高工作电压，还能承受短时过电压。

（2）长期通过额定电流时，各部分温度不超过允许值。

（3）断路器的跳闸时间要短，灭弧速度要快。

（4）能够满足快速重合闸的要求。

（5）断路器的折断容量要大于电网的短路容量。

（6）在通过短路电流时，有足够的动稳定性和热稳定性，尤其不能出现因电动力作用而不能自行断开。

（7）具备一定的自保护功能和防跳功能。如失灵保护、防止非全相合闸功能、合分时间自卫功能、重合闸功能等。

（8）断路器的监视回路、控制回路应能与保护系统、监控系统可靠接口。

（9）断路器的使用寿命能够满足电力系统的要求，包括机械寿命和电气寿命。

（10）高压断路器还要保证在一般的自然环境条件下能够正常运行，且保证一定的使用寿命。

### 9-3 高压断路器一般由哪几部分组成？其作用是什么？

答：高压断路器一般由导电主回路、绝缘支撑件、灭弧室和操动机构等几部分组成。

（1）导电主回路：通过动触头、静触头的接触与分离实现电路的接通与隔离。

（2）灭弧室：使电路分断过程中产生的电弧在密闭小室的高压力下于数十毫秒内快速熄灭，切断电路。

（3）操动机构：通过若干机械环节使动触头按指定的方式和速度运动，实现电路的开断与关合。

（4）绝缘支撑件及传动部件：通过绝缘支柱实现对地的电气隔离，传动部件实现操作功的传递。

### 9-4 什么叫跳跃？什么叫防跳？目前常采用的防跳方法有哪两种？

答：所谓跳跃是指断路器在手动合闸或自动装置动作使其合闸时，如果操作控制开关为复归或控制开关触点、自动装置触点被卡住，此时恰好继电保护动作使断路器跳闸而发生的多次"跳—合"现象。

所谓防跳，是指利用操动机构本身的机械闭锁或另在操作上采取措施，以防止跳跃现象的发生。

目前常用的防跳有机械和电气两种方法，具体如下：

（1）在操动机构的分闸电磁铁可动铁心上装设防跳触点，只要分闸铁心吸动就将合闸回路自动断开，这种方法称为机械防跳。

（2）在断路器控制回路中装设防跳继电器。例如在分闸时，该防跳继电器动作将合闸回路断开，并保持一定时间。再如，将防跳继电器线圈经断路器辅助触点串联后与合闸线圈相并联，一且接到合闸命令，在断路器合闸终了，防跳继电器带电动作，其动断触点切断合闸回路，这样即使合闸脉冲仍保持，断路器也不可能再次合闸，该方法称为电气防跳。

### 9-5 高压断路器为什么有的要采用多断口？

答：高压断路器（油断路器、空气断路器、真空断路器、$SF_6$ 断路器等）有的采用单断口，随着电压等级的升高，有的采用两个或两个以上的断口。这是因为：

（1）有多个断口可使加在每个断口上的电压降低，从而使每段弧隙的恢复电压降低。

（2）多个断口把电弧分割成多个小电弧段串联，在相等的触头行程下，多断口比单断口的电弧拉得更长，从而增大了弧隙电阻。

（3）多断口相当于总的分闸速度加快了，介质强度恢复速度相应增大了。因此多断口断路器有较好的灭弧性能。

### 9-6 高压断路器本身可能发生的故障有哪些？

答：高压断路器本身可能发生的故障有：拒绝合闸、拒绝跳闸、假分闸、假跳闸、三相不同期、操动机构损坏、切断短路能力不够造成灭弧室爆炸，以及具有分相操作能力的断路器不按指令的相别合闸、跳闸动作等。

### 9-7 为什么在多断口断路器的断口并联电容器？

答：断路器采用多断口的结构后，由于导电部分与断路器底座和大地之间的对地电容的影响，每一个断口在开断时电压分布不均匀。下面以两个断口为例加以说明。

如图 9-1 所示，$U$ 为电源电压，$U_1$、$U_2$ 分别为两个断口的电压。电弧熄灭后每个断口可用一等值电容 $C_0$ 代替，中间导电部分与断路器底座和大地之间，也可看成是一个对地等值电容 $C_d$。对于两断口间的电压计算如下

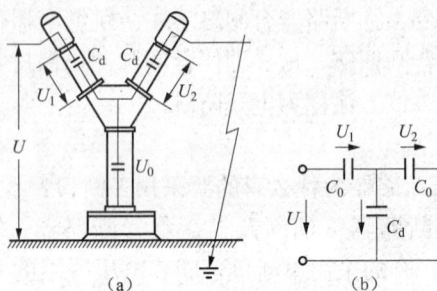

图 9-1 断路器开断单相故障

(a) 电路图；(b) 断口电压分布计算图

$$U_1 = U \frac{C_d + C_0}{2C_d + C_0} \tag{9-1}$$

$$U_2 = U \frac{C_d}{2C_d + C_0} \tag{9-2}$$

由于 $C_d$ 和 $C_0$ 都很小，可认为 $C_d = C_0$，则

$$U_1 = U \frac{C_d + C_0}{2C_d + C_0} = \frac{2}{3}U \tag{9-3}$$

$$U_2 = U \frac{C_d}{2C_d + C_0} = \frac{1}{3}U \tag{9-4}$$

可见，两个断口上的电压相差很大。第一个灭弧室工作条件要比第二个灭弧室严重得多。为使两个灭弧室的工作条件接近，一般采用在灭弧室两侧并联大电容（均压电容）器的方法，电容值一般为 1000～200pF。由于 $C$ 值比 $C_d$ 或 $C_0$ 大得多，$C_0$ 可忽略不计，则断口电压分布为

$$U_1 = U_2 \approx U \frac{C + C_d}{2(C + C_d)} = \frac{U}{2} \tag{9-5}$$

### 9-8 什么是真空断路器？有什么优点？

**答：** 触头在高真空中关合和开断的断路器称为真空断路器。真空断路器具有很多的优点，如开距短、体积小、重量轻、电气寿命和机械寿命长，维护少，无火灾和爆炸危险等。因此近年来发展很快，特别在中等电压领域使用很广泛，是配电开关无油化

的最好换代产品。

### 9-9 真空断路器有哪些特点？

**答：**（1）触头开距短。10kV 级真空断路器的触头开距只有 10mm 左右。因为开距短，可使真空灭弧室做得小巧，所需的操作功小，动作快。

（2）燃弧时间短，且与开距断开电流的大小无关，一般只有半个周波，故有半周波断路器之称。

（3）熄弧后触头间隙介质恢复速度快，对开断进区故障性能较好。

（4）由于触头在开断电流时烧损量很小，所以触头寿命长，断路器的机械寿命也长。

（5）体积小，重量轻。

（6）能防火防爆。

### 9-10 真空断路器的灭弧原理是怎样的？

**答：**气体间隙的击穿电压随气体压力的升高而降低。真空断路器灭弧室气体压力在 $133.3 \times 10^{-4}$ Pa 以下，当气体压力在高真空状态下，其介质绝缘强度很高，电弧很容易熄灭。真空的绝缘强度比变压器油、1 个大气压下的 $SF_6$ 气体和空气的绝缘强度都高出很多。在真空状态下，气体分子的自由行程为 1m，行程很大，发生碰撞游离的机会很小，因此，真空中产生电弧的主要因素不是碰撞游离。真空中电弧是在触头电极蒸发出的金属蒸气中形成的，只要金属触头形状有使电场能量集中部分，引起触头电极发热产生金属蒸气即可形成电弧。所以，电弧特性主要取决于触头材料及表面状况。目前，使用最多的材料为良导电材料制成的合金材料，如铜—铋合金，铜—铋—铈合金。

### 9-11 真空断路器使用和维护有哪些注意事项？

**答：**（1）进出开关柜时，必须使短路器处于分闸状态。

（2）供试验的断路器，必须接地。

（3）在保养、检测时必须切断主电路和控制电路，并退出至检修位置。

（4）检测时，使合闸弹簧释放能量，处于"未储能"状态。

（5）断路器在使用前应检查真空灭弧室有无破裂、漏气现象。确认断路器无异常后再清理其表面灰尘污垢，通过工频耐压检查真空灭弧室的真空度。

（6）在使用时应定期对灭弧室进行工频耐压检验，若不能承受试验电压，则应更换灭弧室。

（7）在使用中应注意触头磨损量。记录投入使用时导杆伸出导向板的长度 $H$，当长度 $H$ 减少 3mm 时应予更换真空灭弧室。

（8）正常运行的断路器应定期进行维护检查。每操作 2000 次或每年进行一次维护检查，内容是对灭弧室进行工频耐压检查。清除绝缘表面灰尘，注润滑油，拧紧松动的紧固件，检查开距和超行程等。

### 9-12　真空断路器的异常运行主要包括哪些情况？

**答：**（1）真空灭弧室真空度失常。真空断路器运行时，正常情况下，其灭弧室的屏蔽罩颜色应无异常变化，真空度正常。若运行中或合闸前（一端带电压）真空灭弧室出现红色或乳白色辉光，说明真空度下降，影响灭弧性能。

（2）真空断路器运行中断相。真空断路器接通高压电动机时，有时会出现断相，使电动机缺相运行而烧坏电动机。真空断路器出现合闸断相的可能原因有：

1）断路器超行程（触头弹簧被压缩的数量）不满足要求。

2）断路器行程不满足要求。

3）真空断路器的触头材料较软，在分、合闸数百次后触头易变形，使断路器超行程变化，影响触头的正常接触。

（3）真空断路器合闸失灵。合闸失灵的原因是：

1）电气方面的故障。

2）操动机构故障。

（4）真空断路器分闸失灵。分闸失灵的原因主要是：

1）电气方面的故障。

2）操动机构故障。

**9-13 选用气体作为绝缘和灭弧介质比选用液体或固体有哪些优点？**

答：（1）电导率极小，实际上没有介质损耗。

（2）在电弧和电晕作用下产生的污秽物很少，不会发生明显的残留变化，自恢复性能好。

在均匀或少不均匀的电场中，气体绝缘的电气强度随气体压力的升高而增加，故可根据需要选用合适的气体压力。

**9-14 什么是 $SF_6$ 断路器？有什么优点？**

答：$SF_6$ 断路器是采用 $SF_6$ 气体作为灭弧介质和绝缘介质的。$SF_6$ 断路器开断能力强，开断性能好，电气寿命长，单断口电压高，结构简单，维护少，因此在各个电压等级（尤其是在高电压领域）得到了越来越广泛的应用。

**9-15 $SF_6$ 气体的基本特性是什么？**

答：（1）物理性质。$SF_6$ 为无色、无味、无毒、不易燃烧的惰性气体，具有优良的绝缘性能，且不会老化变质，比重约为空气的 5.1 倍，在标准大气压下，-62℃时液化。

（2）化学性质。$SF_6$ 是一种极不活泼的惰性气体，具有很好的化学稳定性。在常规使用情况下，完全不会使材料劣化。但是在高温和放电情况下，就有可能发生化学变化，便会产生含有 S 或 F 的有毒物质。

（3）灭弧性能。$SF_6$ 气体是一种理想的灭弧介质，它具有优良的灭弧性能，$SF_6$ 气体的介质绝缘强度恢复快，约比空气快 100 倍，即它的灭弧能力为空气的 100 倍。

（4）绝缘性能。$SF_6$ 气体具有优良的绝缘性能，在同一气压和温度下，$SF_6$ 气体的介质强度约为空气的 2.5 倍，而在 3 个大气压时，就与变压器油的介质强度相近。

**9-16 $SF_6$ 断路器有哪些特点？**

**答：**（1）断口电压高，适合应用于高压、超高压和特高压领域，结构更简单，可靠性更高，体积小，无火灾危险。

（2）开断能力强，开断性能好。目前 $SF_6$ 断路器可以开断 $80\sim100kA$ 的短路电流，开断时间短。由于 $SF_6$ 气体具有强负电性，离解温度低，离解能大，电弧在 $SF_6$ 气体中可以形成有利于熄弧的"电弧弧柱结构"，熄弧时间短，一般 $5\sim15ms$；同时，对其他类型断路器反应较为沉重的开断任务如反相开断、近区故障、空载长线、空载变压器等开断性能也很好。开断小的感性电流时截流电流值小，操作电压低。

（3）寿命长，可以开断 $20\sim40$ 次额定短路电流不用检修，额定负荷电流可以开断 $3000\sim6000$ 次，机械寿命可达 10 000 次以上。现在的产品一般可以做到 $20\sim30$ 年不用检修。

（4）品种多，系列性好。

（5）$SF_6$ 断路器没有燃烧危险。$SF_6$ 气体不可燃，也不支持燃烧，运行更安全；不含碳分子，在电弧反应中没有碳或碳化物生成，绝缘或灭弧性能好，允许开断次数多，检修周期长。

**9-17 $SF_6$ 气体的灭弧特性及灭弧原理如何？**

**答：**（1）$SF_6$ 分子中完全没有碳元素，这是作为灭弧介质的优点之一。

（2）$SF_6$ 气体中没有空气，这可以避免触头氧化，大大延长了触头的电寿命。

（3）$SF_6$ 在电弧作用下所形成的全部化学杂质在电弧熄灭后极短的时间内又能重新合成，这样既可消除对人体的危害，又可保证处于封闭中的 $SF_6$ 气体的纯度和灭弧能力。

（4）$SF_6$是一种负电性气体，能很快地吸附自由电子而结合成带负电的离子，又容易与正离子复合成中性粒子，去游离能力强。

（5）$SF_6$气体的分解温度（2000K）比空气（主要是氮气）的分解温度（7000K 左右）低，而所需要的分解能高；因此，$SF_6$气体分子分解时吸收的能量多，对弧柱的冷却作用强。

（6）$SF_6$气体中电弧的熄灭原理和空气电弧及油中电弧是不同的，不是依靠气流等的等熵冷却作用，而主要是利用气体特异的热化学性和强电负性等特性，因而使气体具有强大的灭弧能力。对于灭弧来说，提供大量新鲜的$SF_6$中性分子并使之与电弧接触是有效的方法。

### 9-18  $SF_6$ 气体中含水量多有何危害？检测 $SF_6$ 气体湿度的方法有哪些？

**答**：$SF_6$气体中含水量较多时，至少有两方面的危害。一方面$SF_6$气体的电弧分解物在水分参与下会产生很多有毒的低氟化合物，威胁人身安全和对断路器内部构件产生腐蚀；二是含水量过多时，由于水分凝结，湿润绝缘表面，使其绝缘强度下降，威胁安全运行。因此，必须保证$SF_6$气体的含水量不超过允许值。

检测 $SF_6$气体湿度的方法有：重量法（称干燥剂的重量）、电解法（判断电解电流的大小）、阻容法以及露点法。

### 9-19  对 $SF_6$ 断路器的气体监视装置有哪些要求？

**答**：$SF_6$断路器的绝缘和灭弧能力在很大程度上取决于$SF_6$气体的密度和纯度，所以对$SF_6$气体的检测就十分重要。相关技术标准对$SF_6$气体的监视要求有：

（1）每个封闭压力系统（隔室）应设置密度监视装置，制造厂应给出补气报警密度值，对断路器室还应给出闭锁断路器分、合闸的密度值。低气（液）压和高气（液）压闭锁装置应整定在制造厂指明的合适的压力极限上（或内）动作。

（2）密度监视装置可以是密度表，也可以是密度继电器。压力（或密度）监视装置应装在与本体环境温度一致的位置，并设置运行中可更换密度表（密度继电器）的自封接头或阀门。在此部位还应设置抽真空及充气的自封接头或阀门，并带有封盖。当选用密度继电器时，还应设置真空压力表及气体温度压力曲线铭牌，在曲线上应标明气体额定值、补气值曲线。在断路器隔室曲线图上还应标有闭锁值曲线。各曲线应用不同的颜色表示。

（3）密度监视装置可以按 GIS 的间隔集中布置，也可以分散在各隔室附近。当采用集中布置时，管道直径要足够大，以提高抽真空的效率及真空极限。

（4）密度监视装置、压力表。自封接头或阀门及管道均应有可靠的固定措施。

（5）应防止内部故障短路电流发生时在气体监视系统上可能产生的分流现象。

（6）气体监视系统的接头密封工艺结构应与 GIS 的主件密封工艺结构一致。

### 9-20 $SF_6$ 断路器装设哪些 $SF_6$ 气体压力报警、闭锁及信号装置？

答：（1）$SF_6$ 气体压力降低信号，也称补气报警信号。一般它比额定工作气体压力低 5％～10％。

（2）分、合闸闭锁及信号回路。当压力降低到某一数值时，它就不允许进行合闸和分闸操作，一般该值比额定工作气压低 8％～15％。

### 9-21 $SF_6$ 断路器常见的异常有哪些？

答：（1）$SF_6$ 断路器中 $SF_6$ 气体水分值超标。

（2）运行中的 $SF_6$ 断路器发生频繁补气情况。

（3）操动机构打压超时或频繁打压。

（4）操动机构外部泄露。

**9-22　SF₆ 断路器气压降低时如何处理？**

**答：**监控系统发出相应断路器"SF₆气体泄漏"告警信号时，应立即到现场检查压力表指示，检查断路器有无明显漏气迹象。若无明显漏气迹象，应立即汇报调度，通知检修人员带电补气；若有明显漏气迹象，并立即汇报调度和有关部门，力争在断路器闭锁之前将其退出运行。若发出闭锁操作压力信号时，立即断开断路器直流操作电源，按调度命令将其退出运行。

**9-23　SF₆ 断路器本体严重漏气原因有哪些？如何处理？**

**答：**SF₆断路器造成漏气的主要原因有：

（1）瓷套与法兰胶合处胶合不良。

（2）瓷套的胶垫连接处，胶垫老化或位置未放正。

（3）滑动密封处密封圈损伤，或滑动杆光洁度不够。

（4）管接头处及自动封阀处固定不紧或有杂物。

（5）压力表，特别是接头处密封垫损伤。

SF₆断路器造成漏气的处理：

（1）应立即断开该断路器的操作电源，在手动操作手柄上挂禁止操作的标示牌。

（2）汇报调度，根据命令，采取措施将故障断路器隔离（可按分闸闭锁的方法进行处理）。

（3）在接近设备时要谨慎，尽量选择从"上风"接近设备，必要时戴防毒面具、穿防护服。

（4）室内 SF₆断路器气体泄漏时，除应采取紧急措施处理外，还应开启风机通风 15min 后方可进入室内。

**9-24　断路器压力释放等保护装置的作用是什么？**

**答：**当 GIS 内部母线管或元件内部等出现故障时，如不及时切除故障，电弧能将外壳烧穿。如果电弧能量使 SF₆气体的压力上升过高，还可能造成外壳爆炸，因此就必须加装压力释放装置。

对于 SF$_6$ 气室较大的 GIS，由于气体压力升高缓慢，气体压力升高幅度较小，使用压力释放装置已起不到保护作用，应装设快速接地开关。对于 SF$_6$ 气室较小的 GIS 或者支柱式 SF$_6$ 断路器，由于气体压力升高速度较快，气体压力升高幅度较大，压力释放装置对其较为敏感，使用压力释放装置可靠性也较高。

**9-25 断路器有哪几种操动机构？对操动机构的要求有哪些？**

**答：** 操动机构是带动传动机构进行断路器的合闸、分闸及合闸状态的保持的机构。根据合闸时所用能量的形式，操动机构可分为手动式、电磁式、弹簧式、压缩空气式和液压式等几种。

断路器对操动机构的要求如下：

（1）动作可靠、稳定，制动迅速。

（2）要有足够的操作能量，满足断路器开断、关合的要求。

（3）要有防跳跃功能、防慢分功能、连锁功能、缓冲功能。

（4）应具有重合闸功能，且具有三相不一致、失灵保护。

（5）要具有与保护及监控系统的接口功能。

（6）具有足够的使用寿命。一般应保证与断路器本体相同的使用寿命，并应保证断路器可靠操作 3000 次以上。

（7）使用环境要求、环保要求，具备防火、防小动物及驱潮功能。

（8）断路器的操动机构还应满足各种使用环境的要求，对于外界温度，特别是液压和气动机构应具备自保护和补偿功能。因为液压机构和气动机构的动作特性受温度影响较大。

**9-26 简述断路器的弹簧操动机构的原理和液压操动机构的原理。**

**答：** 弹簧操动机构是利用弹簧预先储存的能量作为合闸动力。在断路器操作前，由另外的小功率能源设备将合闸弹簧储能，以备合闸时所用。改型操动机构成套型强。不需配备附加设备，不需要大容量的能源装置，因此应用很广。其缺点是结构复杂，加工工艺及材料性能要求高，且机构本身重量随操作功率增加而急剧增加。

液压操动机构是利用高压压缩气体（氮气）作为能源，以液压油作为能量传递的媒介，推动活塞做功，使断路器进行合闸、分闸的机构。如果利用预先储能的弹簧作为能源，以液压油作为能量传递媒介的操动机构则称为液压弹簧操动机构。

### 9-27　弹簧操动机构的工作原理如何？

答：弹簧操动机构的工作原理是：利用电动机对合闸弹簧储能，并由合闸擎子保持，在断路器合闸时，利用合闸弹簧释放的能量操作断路器合闸；与此同时，对分闸弹簧储能，并由分闸擎子保持，断路器分闸时利用分闸弹簧释放能量操作断路器分闸。

### 9-28　弹簧操动机构为什么必须装有"未储能信号"及相应的合闸回路闭锁装置？

答：弹簧操动机构只有处在储能状态后才能合闸操作，因此必须将合闸控制回路经弹簧储能位置开关触点进行连锁。弹簧未储能或正在储能过程中均不能合闸操作，并且要发出相应的信号。另外，在运行中，一旦发出弹簧未储能信号，就说明该断路器不具备一次快速自动重合闸的能力，应及时进行处理。

### 9-29　弹簧储能操动机构的断路器发出"弹簧未储能"信号时应如何处理？

答：弹簧储能操动机构的断路器在运行中，发出"弹簧未储能"信号（光字牌及音响）时，值班人员应迅速去现场，检查交流回路及电动机是否有故障，如电动机有故障时，应用手动将弹簧储能；交流电动机无故障而且弹簧已拉紧时，应检查二次回路是否误发信号，如果是由于弹簧有故障不能恢复时，应向调度申请停电处理。

**9-30 SF₆断路器在运行中应巡视哪些项目？**

答：（1）检查瓷套、磁柱有无损伤、裂纹、放电闪络和严重污垢、锈蚀现象。

（2）检查断路器接头处有无过热及变色发红现象。

（3）断路器实际分、合位置与机械、电气指示位置是否一致。

（4）断路器与机构之间的传动连接是否正常。

（5）机构油箱的油位是否正常。

（6）油泵每天的启动次数。

（7）检查 $SF_6$ 压力表指示正常，并与当时环境相对应。

（8）检查液压系统无渗漏、压力正常。

（9）加热器投入与切换正确、照明完好。

（10）二次线无异常。

（11）机构箱门是否关紧。

**9-31 断路器停电操作后应检查哪些项目？**

答：断路器停电操作后应进行以下检查：

（1）红灯应熄灭，绿灯应亮。

（2）操动机构的分合指示器应在分闸位置。

（3）监控机断路器变位闪烁，电流指示应为零。

（4）报文显示操作信息正确。

**9-32 断路器出现哪些异常时应停电处理？**

答：断路器出现以下异常时应停电处理：

（1）严重漏油，油标管中已无油位。

（2）支持绝缘子断裂或套管炸裂。

（3）连接处过热变红色或烧红。

（4）绝缘子严重放电。

（5）$SF_6$断路器的气室严重漏气发出操作闭锁信号。

（6）液压机构突然失压到零。

（7）烧油断路器灭弧室冒烟或内部有异常音响。

（8）真空断路器真空损坏。

### 9-33　断路器越级跳闸应如何检查处理？

**答**：断路器越级跳闸后应首先检查保护及断路器的动作情况和监控机报文。如果是保护动作，断路器拒绝跳闸造成越级，则应在拉开拒跳断路器两侧的隔离开关后，将其他非故障线路送电。

如果是因为保护未动作造成越级，监控机及各保护装置均无信号或报文发出时，则应将故障母线所在的各线路断路器断开，并逐条线路试送电，当试送至某一线路发现故障线路后，将该线路停电隔离，拉开断路器两侧的隔离开关，再将其他非故障线路送电。最后再查找断路器拒绝跳闸或保护拒动的原因。

### 9-34　简述断路器拒绝合闸的原因及检查处理方法。

**答**：拒绝合闸原因：合闸电源消失；就地控制箱内合闸电源小开关未合；断路器合闸闭锁；断路器操作控制箱"远方—就地"选择开关在就地位置；控制回路断线；同期回路断线；合闸绕组及合闸继电器烧坏；操作继电器故障；控制把手失灵。

检查处理方法：

（1）若是合闸电源消失，运行人员可更换合闸回路熔断器或试投小开关；

（2）试合就地控制箱内合闸电源小开关；

（3）将断路器操作控制箱"远方—就地"选择开关切换至远方位置；

（4）当故障造成断路器不能投运时，应按断路器合闸闭锁的方法进行处理。

### 9-35　简述断路器拒绝分闸的原因及检查处理方法。

**答**：拒绝分闸原因：分闸电源消失；就地控制箱内分闸电源

小开关未合；断路器分闸闭锁；断路器操作控制箱"远方—就地"选择开关在就地位置；控制回路断线；同期回路断线；分闸绕组及分闸继电器烧坏；操作继电器故障；控制把手失灵。

检查处理方法：

（1）若是分闸电源消失，运行人员可更换分闸回路熔断器或试投小开关；

（2）试合就地控制箱内分闸电源小开关；

（3）将断路器操作控制箱"远方—就地"选择开关切换至远方位置；

（4）当故障造成断路器不能投运时，应按断路器合闸闭锁的方法进行处理。

### 9-36　断路器液压机构压力降到零时的原因及如何检查处理？

答：（1）液压机构压力降到零的原因是：

1）液压系统回路逆制阀密封不良；

2）液压系统油外泄；

3）控制回路故障，不能启动电动机；

4）电动机故障，不能建压等。

（2）液压机构压力降到零时的处理方法：当发生液压机构压力降到零，报出零压闭锁信号后，先断开油泵操作电源，再断开断路器操作电源，立即去现场检查设备的实际压力数值，检查液压机构运行状态，然后汇报有关人员。

### 9-37　断路器液压机构发出油泵"打压超时"信号时如何处理？

答：（1）当液压机构发出油泵打压超时信号时，应检查有无压力异常信号或压力异常总闭锁信号发出。

（2）检查电动机控制回路的时间继电器（延时触头）是否动作。

（3）检查油泵是否运转正常，检查开关的实际压力是否正常。

（4）检查交流接触器是否故障、热电偶是否动作、计时继电器是否良好，行程开关是否接触良好。

（5）检查高压放油阀是否关紧，安全阀是否动作，油面是否过低等。

（6）检查判断机构是否有内、外漏油现象。

（7）将检查的内容详细汇报调度，要求检修。

### 9-38　断路器故障跳闸后应立即做哪些检查？

**答：**（1）检查支持绝缘子及各瓷套等有无裂纹破损、放电痕迹。

（2）检查各引线的连接有无过热变色、松动现象。

（3）检查 $SF_6$ 气体有无泄漏或压力大幅度下降现象。

（4）检查并联电容器有无异常现象。

（5）检查液压弹簧储能操动机构启动储能是否正常。

（6）检查机械部分有无异常现象，三相位置指示是否一致。

### 9-39　断路器出现非全相运行如何处理？

**答：**断路器在运行中出现非全相运行时，应根据断路器发生不通的非全相运行情况，分别采取以下措施：

（1）断路器因单相自动跳闸，造成两相运行时，如果相应保护启动的重合闸没有动作，可立即指令现场手动合闸一次，合闸不成功则应断开其余两相断路器。

（2）如果断路器是两相断开，应立即将断路器断开。

（3）如果非全相断路器采取以上措施无法断开或合上时，则通过调度立即将线路对侧断路器断开，然后在断路器机构箱就地断开断路器。

（4）也可以用旁路断路器与非全相断路器并联，将旁路断路器跳闸电源停用后，用隔离开关解环，使非全相断路器停电。

（5）用母联断路器与非全相断路器串联，断开对侧线路断路器，用母联断路器断开负荷电流，线路及非全相断路器停电，再断开非全相断路器两侧的隔离开关，使非全相运行的断路器停电。

(6) 如果非全相断路器所带元件（线路、变压器等）有条件停电，则可先将对端断路器断开，再按上述方法将非全相运行断路器停电。

(7) 如果发电机出口断路器非全相运行，应迅速降低该发电机有功、无功出力至零，然后进行处理。

(8) 母联断路器非全相运行时，应立即调整降低断路器电流，倒为单母线方式运行，必要时应将一条母线停电。

(9) 若非全相运行断路器拉不开，则应立即将该断路器的功率降低至最小，并采用如下办法处理：

1) 有条件时，由检修人员拉开此断路器；

2) 旁路断路器备用时，用旁路断路器代；

3) 将所在母线的其他所有断路器都倒至另一条母线，最后拉开母联断路器；

4) 3/2断路器接线方式，可用隔离开关远方操作，解本站组成的环，解环前确认环内所有断路器在合闸位置；

5) 特殊情况下设备不允许时，可迅速拉开该母线上的所有断路器。

**9-40 断路器误跳闸的原因有哪些？误跳闸的特征是什么？如何处理？**

答：若系统无短路或直接接地现象，继电保护未动作，发生断路器自动跳闸，则称为断路器"偷跳"或"误跳"。

断路器"偷跳"或"误跳"的原因：

(1) 保护误动或误整定。

(2) 电流、电压互感器回路故障。

(3) 二次绝缘不良。

(4) 直流系统发生两点接地。

（5）合闸维持支架和分闸锁扣维持不住。

（6）液压操动机构中分闸一级阀和逆止阀处密封不良。

断路器误跳闸的特征：

（1）在跳闸前测量、信号指示正常，无任何故障征兆，表示系统无短路故障。

（2）跳闸后该断路器的电流表、有功、无功表指示为零（对某相跳闸后就进入非全相运行）。

（3）跳闸后故障录波器不启动，微机保护均无事故波形。

处理：

（1）若由于人为误解、误操作，或受机械外力、保护屏受外力振动而引起自动脱扣得"偷跳"或"误跳闸"，应排除断路器故障原因，立即申请送电。

（2）对其他电气或机械部分故障，无法立即恢复送电的，则应联系调度及汇报上级主管部门，将"偷跳"的断路器转检修。

**9-41　误拉断路器如何处理？**

**答：**（1）若误拉需检同期合闸的断路器，禁止将该断路器直接合上。应该检同期合上该断路器，或者在调度的指挥下进行操作。

（2）若误拉直馈线路的断路器，为了减小损失，允许立即合上该断路器；但若用户要求该线路断路器跳闸后间隔一定时间才允许合上时，则应遵守其规定。

**9-42　断路器合闸直流电源消失如何处理？**

**答：**（1）当断路器的合闸电源开关跳闸或断开时，将发出"合闸直流电源消失"信号。说明合闸回路有故障或合闸电源开关未合上。

（2）合闸直流电源消失的处理：运行人员应检查合闸回路有无明显故障（如合闸继电器、合闸线圈等）或合闸电源开关未合上的原因。如果未发现明显异常现象，运行人员可将合闸电流电源开关试合一次，如果试合成功，说明已正常；如果再次跳闸，说明直流回路确有问题，应申请调度停用该断路器的重合闸，并通知专业人员进行处理。

### 9-43　隔离开关有什么用途、特点和类型？

**答：**（1）用途。隔离开关是在高压电气装置中保证工作安全的开关电器，结构简单，没有灭弧装置，不能用来接通和开断负荷电流的电路。其用途有三：

1）保证高压电气装置检修工作的安全，即安全隔离作用；

2）用于改变运行方式的倒闸操作，如双母线接线的倒母线操作；

3）用于拉合小电流回路的操作，如拉合正常情况下的互感器、避雷器、一定容量和电压下的空载变压器和空载线路等。

（2）特点。

1）隔离开关的触头全部敞露在空气中，这可使断开点明显可见。隔离开关的动触头和静触头断开后，两者之间的距离应大于被击穿时所需的距离，避免在电路中发生过电压时断开点发生闪络，以保证检修人员的安全。

2）隔离开关没有灭弧装置，因此仅能用来分合只有电压没有负荷电流的电路，否则会在隔离开关的触头间形成强大的电弧，危及设备和人身安全，造成重大事故。因此在电路中，隔离开关一般只能在断路器已将电路断开的情况下才能接通或断开。

3）隔离开关应有足够的动稳定和热稳定能力，并能保证在规定的接通和断开次数内，不致发生故障。

（3）类型。隔离开关按照装置地点可分为户内用和户外用；按极数可分为单极和三极；按有无接地开关可分为带接地开关和不带接地开关；按用途可分为一般用、快速分闸用和变压器中性点接地用等。

**9-44　允许用隔离开关直接进行的操作有哪些?**

**答**：（1）在电力网无接地故障时，拉合电压互感器。

（2）在无雷电活动时拉合避雷器。

（3）拉合220kV及以下母线和直接连接在母线上设备的电容电流，拉合经试验允许500kV空载母线和拉合3/2断路器接线母线环流。

（4）在电网无接地故障时，拉合变压器中性点接地开关。

（5）与断路器并联的旁路隔离开关，当断路器合好时，可以拉合断路器的旁路电流。

（6）拉合励磁电流不超过2A的空载变压器、电抗器和电容器电流不超过5A的空载线路。

（7）对于3/2断路器接线，某一串断路器出现分、合闸闭锁时，可用隔离开关来解环，但要注意其他串的所有断路器必须在合闸位置。

（8）双母线单分段接线方式，当两个母联断路器和分段断路器中某断路器出现分、合闸闭锁时，可用隔离开关断开回路。操作前必须确认三个断路器在合位，并取下其操作电源熔断器。

**9-45　隔离开关操作时应注意什么?**

**答**：（1）应先检查相应回路的断路器、相应的接地开关确已拉开并分闸到位，确认送电范围接地线已拆除。

（2）隔离开关电动操作电压应在额定电压的85%～110%。

（3）手动合隔离开关迅速、果断，但合闸终了时不可用力过猛。合闸后应检查动、静触头是否在合闸到位，接触是否良好。

（4）手动分隔离开关，开始时应慢而谨慎；当动触头刚离开触头时应迅速，拉开后检查动、静触头断开情况。

（5）隔离开关在操作过程中，如有卡滞、动触头不能插入静触头、合闸不到位等现象时，应停止操作，待缺陷消除后再继续进行。

（6）在操作隔离开关过程中，要特别注意绝缘子有断裂等异常时应迅速撤离现场，防止人员受伤。对 GW6、GW16 等系列的隔离开关，合闸操作完毕后，应仔细检查操动机构上、下拐臂是否均已超过死点位置。

（7）远方操作隔离开关时，应有值班员在现场逐相检查其分、合位置，同期情况，触头接触深度等项目，确保隔离开关动作正常，位置正确。

（8）隔离开关一般应在主控室进行操作，当远控电气操作失灵时，可在现场就地进行电动或手动操作，但必须征得站长或站技术负责人许可，并有现场监督才能进行。

（9）电动操作的隔离开关正常运行时，其操作电源应断开。

（10）操作带有闭锁装置的隔离开关时，应按闭锁装置的使用规定进行，不得随便动用解锁钥匙或破坏闭锁装置。

（11）禁止用隔离开关进行下列操作：

1）带负荷分、合操作；

2）配电线路的停送电操作；

3）雷电时，拉合消弧线圈；

4）系统有接地（中性点不接地系统）或电压互感器内部故障时，拉合电压互感器；

5）系统有接地时，拉合消弧线圈。

### 9-46 隔离开关送电前应做哪些检查？

答：（1）支持绝缘子、拉杆绝缘子，应清洁完整；

（2）试拉隔离开关时，三相动作一致，触头应接触良好；

（3）接地开关与其主隔离开关机械闭锁应良好；

（4）操动机构动作应灵活；

（5）机构传动应自如，无卡涩现象；

（6）动静触头接触良好，接触深度要适当；

（7）操作回路中位置开关、限位开关、接触器、按钮以及辅助接点应操作转换灵活。

**9-47　带接地开关的隔离开关，主闸刀和接地开关的操作如何配合？**

答：隔离开关装有接地开关时，主闸刀与接地闸开关之间应具有机械的或电气的连锁，以保证"先断开主闸刀，后闭合接地开关；先断开接地开关，后闭合主闸刀"的操作顺序，即两者不能同时合闸，以免发生带电接地和带接地合闸事故。

**9-48　隔离开关容易出现哪些故障？如何处理？**

答：隔离开关运行中容易出现触头过热；绝缘子表面闪络、放电和击穿放电；绝缘子外伤和硬伤，隔离开关拉不开；刀片自动断开；刀片变形、弯曲等异常现象。

针对以上情况，应分别进行如下处理：

（1）立即设法降低负荷。

（2）与母线连接的隔离开关应尽可能停止使用。

（3）发热剧烈时，应以适当的断路器转移负荷。

（4）有条件或需要进行带电检修时，应设法进行检修。

（5）不严重的放电痕迹，可等办好停电手续后再进行处理。

（6）绝缘子外伤严重，应立即停电或带电检修。

**9-49　引起隔离开关触头发热的主要原因是什么？**

答：（1）合闸不到位，使电流通过的截面大大缩小，因而出现接触电阻增大，亦产生很大的斥力，减少了弹簧的压力，使压缩弹簧或螺栓松弛，更使接触电阻增大而过热。

（2）因触头紧固件松动，刀片或刀嘴的弹簧锈蚀或过热，使弹簧压力降低；或操作时用力不当，使接触位置不正。这些情况均使触头压力降低，触头接触电阻增大而过热。

（3）刀口合得不严，使触头表面氧化、脏污；拉合过程中触头被电弧烧伤，各联动部件磨损或变形等，均会使触头接触不良，接触电阻增大而过热。

（4）隔离开关过负荷，引起触头过热。

### 9-50 隔离开关拒绝分、合闸的原因有哪些？如何处理？

**答：**用手动或电动操作隔离开关时，有时发生拒分、拒合，其可能原因如下：

（1）操动机构故障。手动操作的操动机构发生冰冻、锈蚀、卡死、瓷件破裂或断裂、操作杆断裂或销子脱落，以及检修后机械部分未连接，使隔离开关拒绝分、合闸。若是气动、液压的操动机构，其压力降低，也使隔离开关拒绝分、合闸。隔离开关本身的传动机构故障也会使隔离开关拒绝分、合闸。

（2）电气回路故障。电动操作的隔离开关，如动力回路动力熔断器熔断，电动机运转不正常或烧坏，电源不正常；操作回路如断路器或隔离开关的辅助触点接触不良，隔离开关的行程开关、控制开关切换不良，隔离开关箱的门控开关未接通等均会使隔离开关拒分、合闸。

（3）误操作或防误装置失灵。断路器与隔离开关之间装有防止误操作的闭锁装置。当操作顺序错误时，由于被闭锁隔离开关拒绝分、合闸；当防误装置失灵时，隔离开关也会拒动。

（4）隔离开关触头熔焊或触头变形，使刀片与刀嘴相抵触，而使隔离开关拒绝分、合闸。

隔离开关拒绝分、合闸的处理方法：

操动机构故障时，如属冰冻或其他原因拒动时，不得用强力冲击操作，应检查支持销子及操作杆各部位，找出阻力增加的原因，如系生锈、机械卡死、部件损坏、主触头受阻或熔焊应检修处理。

如系电气回路故障，应查明故障原因并做相应处理。

确认不是误操作而是防误闭锁回路故障，应查明原因，消除防误装置失灵。或按闭锁要求的条件，严格检查相应的断路器、隔离开关位置状态，核对无误后，解除防误装置的闭锁再行操作。

电动隔离开关在拒分、拒合时，应观察接触器动作、电动机转矩、传动机构动作等情况，区分故障范围。若接触器不动作，属控制回路不通，应首先检查是否由于误操作造成，再检查三个隔离开关的操动机构的侧门是否关好，热继电器、交流接触器是否闭合，就地/远方开关是否切至相应位置，五防锁是否开启，检查开关是否断开及辅助接点是否确已闭合，以及操作电源及开关是否良好，或检查回路是否接通等；若电动机能够转动，机构因机械卡滞拉不开，应停止电动操作，经倒运行方式，将故障隔离开关停电检修。

### 9-51　操作中发生带负荷错拉、错合隔离开关时怎么办？

**答：** 错合隔离开关时，即使合错，甚至在合闸时发生电弧，也不准将隔离开关再拉开。因为带负荷拉隔离开关，将造成三相弧光短路事故。

错拉隔离开关时，在刀片刚离开固定触头时，便发生电弧，这时应立即合上，可以熄灭电弧，避免事故。但如隔离开关已全部拉开，则不许将误拉的隔离开关再合上。如果是单极隔离开关，操作一相后发现错拉，对其他两相则不应继续操作。

### 9-52　操作隔离开关时拉不开怎么办？

**答：** 隔离开关拉不开闸，操作人员不可用力过猛，强行操作，应来回轻摇操作把手，检查故障原因。一般机构卡涩，轻摇把手几次即可以拉闸。如主接触部分有阻力，不得强行拉闸，以免损坏传动杆、绝缘子，造成接地短路。此时应配合检修用绝缘棒进行辅助拉闸或停电处理。用电动操动机构操作拉不开时，应立即停止操作，检查电动机及连杆。用液压操动机构操作拉不开时，应检查液压泵是否有油或油是否凝结。如果油压降低不能操作，应断开油泵电源，改用手动操作。因隔离开关本身传动机械故障而不能操作时，应向上级汇报申请倒负荷后停电处理。户外隔离开关冬季因冰冻不能拉闸时，应设法除掉冰冻。若属于闭锁装置故障，值班人员不得随意解除闭锁装置。

**9-53　隔离开关合不上闸如何处理？**

答：隔离开关合不上闸，操作人员不可用力过猛，强行操作，应来回轻摇操作把手，检查故障原因。一般机构卡涩，轻摇把手几次即可以合闸。隔离开关冬季因冰冻不能合闸时，应设法除掉冰冻。若主接触部分有阻力，不得强行合闸，以防损坏传动杆、绝缘子，造成接地短路。此时应配合检修人员，用绝缘棒进行辅助合闸或停电处理。若属于闭锁装置故障，值班人员不得随意解除闭锁装置。

**9-54　隔离开关与断路器之间是如何实现连锁的？**

答：断路器和隔离开关之间的连锁有四种方式可以实现：

（1）机械连锁：断路器和隔离开关之间通过连杆连接起来，使断路器在合闸位置时无法分开隔离开关（用这种闭锁方式定断路器时要和断路器厂家说明）。

（2）电气连锁：在隔离开关的控制面板上安装一个电磁锁，串联入断路器的常开触点，也能保证断路器在合闸位置时无法分开隔离并关。

（3）程序锁：断路器的控制开关与隔离开关的控制面板分别加装程序锁，设定好步骤，也能保证断路器在合闸位置时无法分开隔离开关。

（4）微机五防：通过微机五防能保证断路器在合闸位置时无法分开隔离开关。

**9-55　为什么高压断路器与隔离开关之间要加装闭锁装置？**

答：因为隔离开关没有灭弧装置，只能接通和断开空载电路，所以断路器在断开情况下才能拉、合隔离开关，否则将发生带负荷拉、合隔离开关的错误。

**9-56　为何线路停电时要先拉线路侧隔离开关，线路送电时要先合母线侧隔离开关？**

**答**：这是因为隔离开关没有灭弧装置，带负荷拉合隔离开关将产生电弧对电气设备的绝缘造成威胁，因此应该在线路停电时要先拉线路侧隔离开关，线路送电时要先合母线侧隔离开关。

**9-57　隔离开关运行维护的内容有哪些？**

**答**：（1）定期清除隔离开关上的鸟巢。

（2）定期对机构箱、端子箱进行清扫。

（3）定期对动力电源开关进行检查（用万用表）。

（4）定期对隔离开关机构箱、端子箱内的加热器进行检查并按照要求投退。

（5）500kV 隔离开关支柱停电水冲洗。

**9-58　什么是电气主接线？电气主接线应满足哪些基本要求？**

**答**：电气主接线是指由一次设备按照工作要求的顺序连接而成的电路，也称为一次回路或一次接线。

电气主接线应满足以下基本要求：

（1）满足供电的可靠性要求。

（2）满足供电的电能质量的要求。

（3）接线简单、清晰，维护操作方便。

（4）技术先进，经济合理。

（5）运行方式灵活。

（6）便于发展和扩建。

以上要求可归纳为技术和经济两个方面的要求，应用时应结合实际具体分析，不能片面追求某一方面的要求，而应在保证安全可靠性的基础上，力争最佳的经济性。

**9-59 电气主接线的基本形式有哪几种？**

**答**：电气主接线的基本形式根据有无母线的具体情况，可以分为有母线接线和无母线接线两大类。其中有母线接线又有单母线接线（包括简单单母线接线、单母线分段接线以及单母线分段带旁路接线）、双母线接线（包括简单双母线接线、双母线分段接线、双母线带旁路接线、3/2 断路器接线），无母线接线有桥形接线、单元接线和多角形接线。

**9-60 什么是单元接线？单元接线中是否设置发电机出口断路器，如何考虑？**

**答**：单元接线是指发电机与主变压器直接串联，其间没有横向联系的接线方式。

单元接线中，发电机出口采用断路器可以简化运行操作程序，减小发电机和变压器的事故范围，简化厂用电切换及同期操作，提高其可靠性，方便调试和维护。但同时也增加了一个明显的设备和运行的故障点。另外，必须考虑主变压器或高压厂用变压器的有载调压问题和建设投资问题，以及出口断路器的运行维护等问题。

发电机出口是否装设断路器，应具体问题具体分析。如厂用备用变压器的引线方式及配电装置的布置、备用变压器的位置以及变压器的容量等因素均需考虑。同时，使用断路器后，对发电机、主变压器和高压厂用变压器及高压断路器的损坏和寿命问题、断路器的制造问题、价格问题也必须谨慎比较。

我国目前的条件下，发电机出口装设断路器的情况在中小容量的发电机组中可以见到，大型机组的单元接线一般采用发电机—双绕组变压器接线形式，经技术经济比较，一般发电机至主变压器和高压厂用变压器之间采用封闭母线，而不需要装设发电机出口断路器及高压厂用分支断路器。

**9-61　发电机—变压器—线路单元接线是怎样的？在什么情况下采用？**

答：大型电厂采用发电机—变压器—线路单元接线，厂内不设高压配电装置，电能可直接输送到附近枢纽变电站。在下列情况下以采用这种接线方式：

某些地区矿源丰富，同时地区有几个大型电厂，工业发达且集中，则汇总起来建设一个公用的枢纽变电站比较经济；有的电厂地势狭窄，采用这方式厂内可以不设高压配电装置，不仅解决了电厂占地面积庞大的困难，而且也为电厂总平面布置创造了有利条件；有的电厂距现有变电站较近，直接从那里引出线路较为方便，因而在电厂内也不设高压配电装置。

图 9-2 所示为某电厂采用发电机—变压器—线路单元接线，直接接至 7km 外的枢纽变电站的接线图。

**9-62　电机—变压器单元接线是怎样的？**

答：200MW 及以上大机组一般采用与双绕组变压器组成单元接线，而不与三绕组变压器组成单元接线，当发电厂具有两种升高的电压等级时，则装设联络变压器。其原因有：

（1）当采用三绕组变压器时，发电机出口要求装设断路器，但由于额定电流及短路电流很大，使得出口断路器制造困难，造价也很高。

（2）大机组要求避免在出口发生短路，除采用安全可靠的分相封闭母线外，主回路力求简单，尽量不装设断路器和隔离开关。而采用双绕组变压器时，就可以不装设出口断路器和隔离开关。

（3）三绕组变压器的中压侧（110kV 及以上），往往只能制

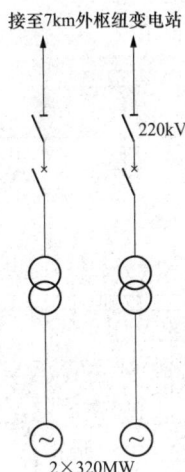

接至7km外枢纽变电站

220kV

2×320MW

图 9-2　发电机—变压器—线路单元接线图

造成死抽头，这对高、中压侧调压及负荷分配不利。不如采用双绕组变压器加联络变压器灵活方便，并可利用联络变压器的第三绕组作厂用启动或备用电源以节约投资。

（4）布置在主厂房前的主变压器、厂用高压变压器和备用变压器的数量较多，若主变压器为三绕组时，需增加中压侧引线的架构，并且主变压器可能为单相，将造成布置的复杂与难度。

图 9-3 为某大型火电厂的电气主接线简图。该厂地处煤矿附近，水源充足，没有近区负荷，在系统中地位十分重要，要求有很高的工作可靠性。因此，不设发电机电压母线，四台大型发电机组均以发电机—双绕组变压器单元接线形式，分别接入双母线带旁路母线的 220kV 高压配电装置和 3/2 断路器接线的 500kV 超高压配电装置。500kV 与 220kV 配电装置之间，经一台自耦联络变压器 LT 互相联络，自耦变压器 LT 的低压绕组兼作厂用电的备用电源。所以，该电厂电气主接线采用了双母线带旁路母

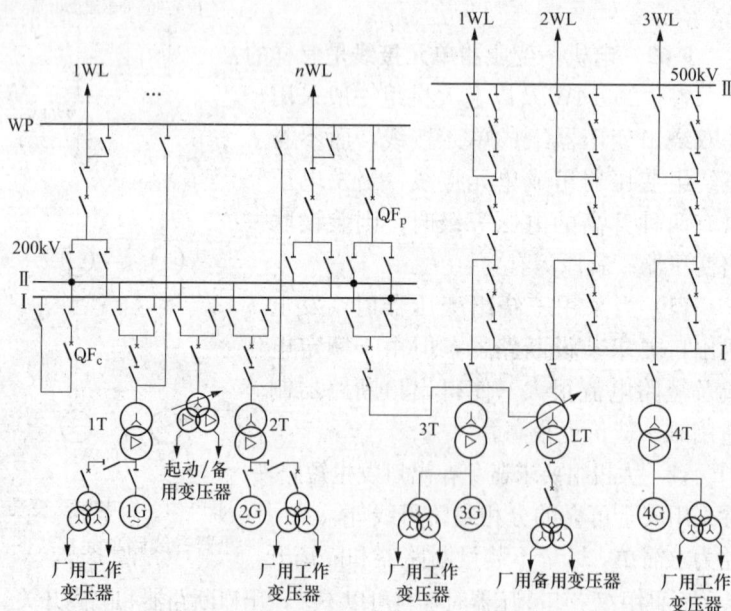

图 9-3　某大型火电厂电气主接线简图

线接线、3/2断路器接线和发电机—双绕组变压器组单元接线三种典型接线。

**9-63 桥形接线分为哪两种形式？各有什么优缺点？适用范围是什么？**

答：当只有两台变压器和两条线路时，可以采用桥形接线。桥形接线又分为内桥和外桥两种形式，如图9-4所示

（1）内桥形接线。如图9-4（a）所示。

优点：高压断路器数量少，四个回路只需三台断路器。

缺点：

1）变压器的投入和切除较复杂，需动作两台断路器，影响一回线路的短时停运。

2）桥连断路器检修时，两个回路需解列运行。

3）出线断路器检修时，线路需较长时间停运。为避免此缺点，可加装正常断开运行的跨条，为了轮流停电检修任何一组隔离开关，在跨条上需加装两组隔离开关。桥连断路器检修时，也可以利用此跨条。

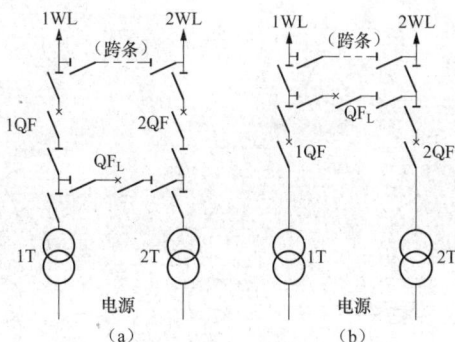

图9-4 桥形接线

（a）内桥形接线；（b）外桥形接线

适用范围：适用于较小容量的发电厂、变电站，并且变压器不需要经常切换或线路较长，线路故障率较高的情况。

（2）外桥形接线。如图 9-4（b）所示。

优点：同内桥形接线。

缺点：

1）线路的切除和投入较复杂，需动作两台断路器，并有一台变压器短时停运。

2）桥连断路器检修时，两个回路需解列运行。

3）变压器侧的断路器检修时，变压器需较长时间停运。为避免此缺点，可加装正常断开运行的跨条。桥连断路器检修时，也可以利用此跨条。

适用范围：适用于较小容量的发电厂、变电站，并且变压器的切换较频繁或线路较短，故障率较少的情况。此外，线路有穿越功率时，也宜采用外桥形接线。

**9-64 什么是多角形接线？有何优缺点？**

答：如图 9-5 所示为多角形接线。多角形接线的每个边中含有一组断路器和两组隔离开关，各个边互相连接成闭合的环形，各进出线回路中只装设隔离开关，分别接至多角形的各个顶点上。

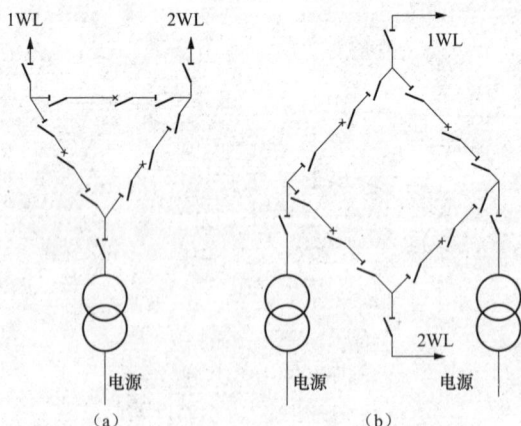

图 9-5 多角形接线（一）

（a）三角形；（b）四角形

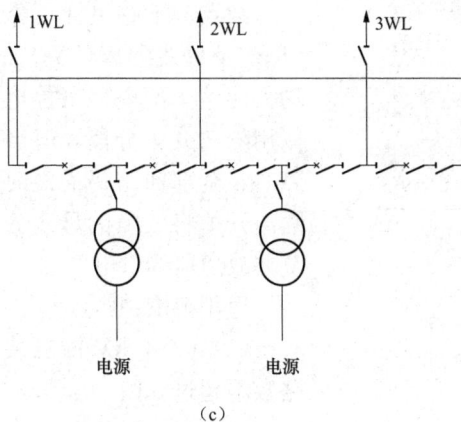

图 9-5　多角形接线（二）

（c）五角形

优点：多角形接线所用设备少，投资省，运行的灵活性和可靠性较高。正常情况下为双重连接，任何一台断路器检修都不影响送电，由于没有母线，在连接的任意部分故障时，对电网的影响都较小。

缺点：回路数受限制，因为当环形接线中有一台断路器检修时就要开环运行，此时当其他回路发生故障就要造成两个回路停电，扩大了故障停电范围，且开环运行的时间越长这一缺点就越大；而环中的断路器数量越多，开环检修的机会就越多，所以一般只采用四角（边）形接线和五角形接线。同时为了可靠性，线路和变压器采用对角连接原则。四边形的保护接线比较复杂，一、二次回路倒换操作较多。

## 9-65　单母线接线形式是怎样的？有何优缺点？适用范围是什么？

答：单母线接线的形式如图 9-6 所示。

优点：接线简单清晰、设备少、操作方便、便于扩建和采用成套配电装置。

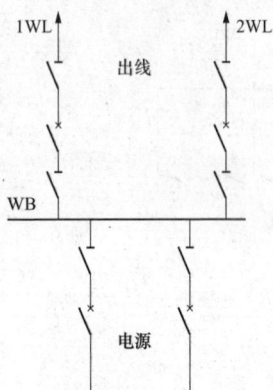

图 9-6　单母线接线

缺点：不够灵活可靠，任一元件（母线及母线隔离开关）故障或检修，均需使整个配电装置停电。单母线可以用隔离开关分段，但当一段母线故障时，全部回路仍需短时停电，在用隔离开关将故障的母线分开后才能恢复非故障段的供电。

适用范围：

（1）6～10kV 配电装置的出线回路数不超过 5 回；

（2）35～63kV 配电装置的出线回路数不超过 3 回；

（3）110～220kV 配电装置的出线回路数不超过 2 回。

**9-66　单母线分段接线的形式是怎样的？有何优缺点？适用范围是什么？**

答：单母线分段接线的形式如图 9-7 所示。

优点：

（1）用断路器将母线分段后，对于重要的用户可以从不同段引出两个回路，相当于两个电源供电。

（2）当一段母线故障时，分段断路器自动切除故障母线，保证正常段母线不间断供电和不使重要用户停电。

缺点：

（1）当一段母线或母线隔离开关故障或检修

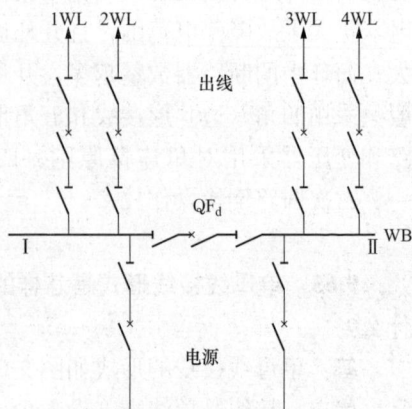

图 9-7　单母线分段接线

时，该段母线的所有回路都要在检修期间停电。

（2）当出线为双回路时，常使架空线路出现交叉跨越。

（3）扩建时需要两个方向均衡扩建。

单母分段接线一般适用于电压 6～10kV，出线为 6 回及以上；电压为 35～60kV，出线为 4～8 回；电压 110～220kV，出线为 3～4 回的配电装置中。

**9-67　双母线接线的形式是怎样的？有何优缺点？适用范围是什么？**

**答：**为了解决母线检修时所接回路需要停电的问题，进一步提高供电可靠性，可采用双母线接线。双母线接线如图 9-8 所示。每一回路经一组断路器和两组母线隔离开关分别接到Ⅰ、Ⅱ两组母线上，两组母线之间通过母联断路器 $QF_c$ 连接，该接线称为双母线接线。

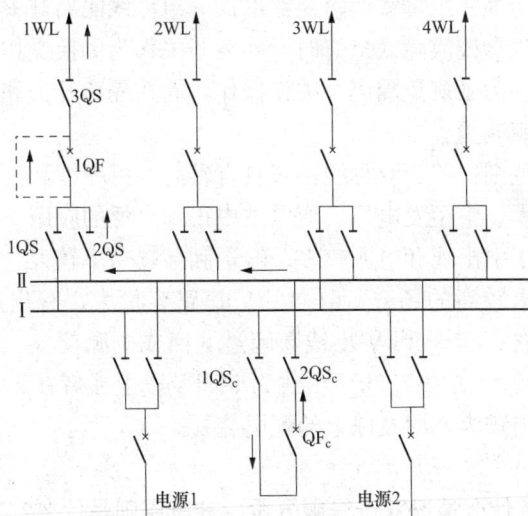

图 9-8　双母线接线

采用双母线接线的发电厂、变电站中，正常运行时，一般采用按固定连接的双母线并列运行方式。固定连接是指一部分电源和出线固定接在Ⅰ母线上，另一部分电源和出线固定接在Ⅱ母线上。只有一组母线检修或故障时，才转换为单母线运行。

优点：

（1）供电可靠。通过两组母线隔离开关的倒换操作，可以轮流检修一组母线而不致使供电中断；一组母线故障后，能迅速恢复供电；检修任一回路的母线隔离开关，只停该回路。

（2）调度灵活。各个电源和各回路负荷可以任意分配到某一组母线上，能灵活地适应系统中各种运行方式和潮流变化的需要。

（3）扩建方便。

（4）便于试验。当个别回路需要单独进行试验时，可将该回路分开，单独接至一组母线上。

缺点：

（1）增加一组母线及每回路增加一组母线隔离开关。

（2）当母线故障或检修时，隔离开关作为倒换操作电器，容易误操作。为了避免隔离开关误操作，需在隔离开关和断路器之间装设连锁装置。

适用范围：鉴于双母线接线具有较高的可靠性和灵活性，这种接线在大、中型发电厂、变电站中得到广泛的应用。双母线接线一般用于引出线和电源较多、输送和穿越功率较大、可靠性和灵活性要求较高的场合：6～10kV 短路容量大、有出线电抗器的配电装置；35～60kV 出线数超过 8 回或电源较多、负荷较大的配电装置；110～220kV 出线为 5 回及以上或者在系统中居重要位置、出线为 8 回及以上的配电装置。

## 9-68　什么情况双母线需分段，分段原则是什么？

**答**：当 220kV 进出线回路较多时，双母线需要分段，分段原则如下：

（1）当进出线回路数为 10～14 回时，在一组母线上用断路器分段。

（2）当进出线回路数为 15 回及以上时，两组母线均用断路器分段。

（3）在双母线分段接线中，均装设两台母联兼旁路断路器。

（4）为了限制 220kV 母线短路电流或系统解列运行的要求，可根据需要将母线分段。

**9-69　什么是 3/2 断路器接线？**

**答：**3/2 断路器接线目前是我国使用的可靠性、灵活性最高的一种主接线形式，如图 9-9 所示。该接线有两组母线，每一支路经一组断路器接至一组母线，两个支路间有一组断路器联络，

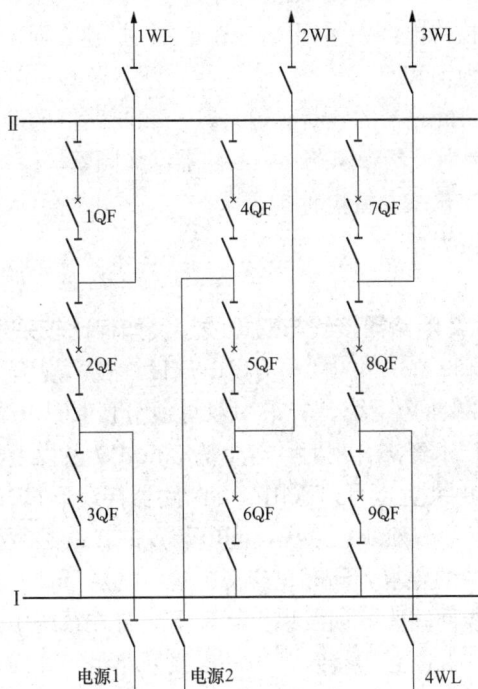

图 9-9　3/2 断路器接线

两个支路和三组断路器共同组成一个"串"电路，故称为一个半断路器的双母线接线或称 3/2 接线。正常运行时两组母线和所有断路器及所有隔离开关全部投入工作，形成多环形供电。

### 9-70 3/2 断路器接线的特点是什么？

**答：**3/2 断路器接线有以下特点：

（1）可靠。任何一台断路器检修时，不影响用户的供电；任何一组母线故障或检修时，回路均不会停电；母线故障或某母线侧断路器拒动时，只影响一个回路工作，只有联络断路器拒动时才会造成两个回路停电；任意一台断路器检修而另一台断路器有故障时，不切除两回以上的线路。

（2）灵活。多重环网供电，调度灵活；倒闸操作方便；隔离开关只作为检修电器；多回线路无交叉；扩建方便。

（3）占地面积小。

（4）联络断路器的开断次数是其两侧断路器的两倍，且一个回路故障时要跳开两台断路器，断路器动作频繁，检修次数增多。

（5）二次接线及继电保护复杂。

（6）投资大。

### 9-71 3/2 断路器接线与双母线接线如何比较采用？

**答：**DL 5000—2000《火力发电厂设计技术规程》中规定：

（1）对 220kV 系统，若采用双母线分段接线不能满足可靠性要求，且技术经济合理时，容量为 300MW 及以上机组发电厂的 220kV 配电装置也可以采用 3/2 断路器接线形式。

（2）对 330～500kV 系统，配电装置的接线必须满足系统稳定性和可靠性的要求，同时也应考虑运行的灵活性和建设的经济性。当进出线回路为 6 回及以上，配电装置在系统中占重要地位时，宜采用 3/2 断路器接线；当进出线回路少于 6 回，如能满足系统稳定性和可靠性的要求时，也可采用双母线接线。

目前，发电厂、变电站 220kV 配电装置采用 3/2 断路器接线的和双母线接线的比例相差不多，而 330kV 及以上系统采用 3/2 断路器接线较多，约占 80％以上。

### 9-72 3/2 断路器接线中有哪些注意事项？

答：（1）3/2 断路器接线中，电源进线直接与负荷出线配对成串，同名回路配置在不同串上，如主变压器两个引线不在同一串上，双回路线路不在同一串上，避免串内联络断路器故障时影响同名回路的运行。

（2）同名回路宜分别接在不同侧的母线上，尤其是初期仅两串时，避免母线故障的影响范围。当 3/2 断路器接线达三串及以上时，如果布置有困难，同名回路可接于同一侧回路。

（3）进出线的隔离开关，当 3/2 断路器接线仅两串时，避免线路检修时需将两台断路器断开而造成系统脱环。如 3/2 断路器接线达三串及以上时，进出线不宜装设隔离开关。

（4）3/2 断路器接线时，对独立式电流互感器每串宜配置三相，每组的二次绕组数量及准确等级按工程需要决定。

（5）3/2 断路器出线侧装三相电压互感器，母线及进线变压器高压侧是否装设电压互感器及其接线方式按工程需要决定。

（6）当进出线为单条、不能完全成串时，可以其中一串为双断路器接线。如果有一台联络变压器，当布置上允许时，该串可接联络变压器。

### 9-73 双母线四分段带旁路母线接线与 3/2 断路器接线相比各自有何特点？

答：（1）可靠性比较。

1）双母线四分段带旁路母线接线。一段母线故障时，停运 2~3 个回路；双重故障时停运范围不超过整个母线的 1/2。

2）3/2 断路器接线。元件检修合并另一元件故障时，停运回路不超过 2 回。

（2）灵活性比较。

1）双母线四分段带旁路母线接线。分段的母线可以分段运行，也可以并列运行，运行方式比较灵活；倒闸操作较繁琐，有时需要进行倒旁路操作，隔离开关作为倒闸操作用。

2）3/2 断路器接线。多重环网供电，运行方式非常灵活；倒闸操作简单，隔离开关只作为隔离电器。

（3）经济性比较。回路数少于 8 回时，双母线四分段带旁路母线接线投资较大，多于 8 回时，3/2 断路器接线投资较大。3/2 断路器接线可以采取断路器三列式布置，节省占地面积。

（4）继电保护及二次回路比较。两种接线的运行方式变化均较大，继电保护及二次回路均较复杂。

### 9-74 大型发电厂及 500kV 升压站的电气主接线主要有哪些接线形式？

**答：** 500kV 变电站与 220kV 变电站相比，对电气主接线的可靠性提出了更高的要求。因为 500kV 变电站在目前我国电力系统中，都处于系统枢纽的重要地位，在系统中一般都承担着连接电源、联网、传输功率和降压供电等多重任务，因此，把供电的可靠性放在第一的位置。

对于单机容量为 300MW 及以上的大型发电厂及 500kV 变电站的电气主接线，应满足如下要求：

（1）任何断路器检修，均不影响系统的供电连续性。

（2）任何一进出线断路器故障或拒动以及母线故障，不应切除一台以上机组和相应的线路。

（3）任何一台断路器检修时，如果同时发生另一台断路器故障或拒动，以及当母线分段或母线联络断路器故障或拒动时，不应切除两台以上的机组及相应的线路。

（4）对 500kV 变电站，除母联断路器及分段断路器外，任何一台断路器检修期间，如果同时又发生另一台断路器故障或拒动，以及母线故障时，不应切除三回以上的线路。

我国目前单机容量 300MW 及以上的大型发电厂，升高电压等级主要有 330kV 和 500kV 两种。采用的主接线形式主要有双母线带旁路母线接线、双母线三分段（或四分段）带旁路母线接线以及 3/2 断路器接线，供电可靠性是第一位的要求。

### 9-75　填用发电厂（变电站）第一种工作票的工作有哪些？

答：（1）在高压设备上工作，需要将该设备停电或部分停电，以及进行高压试验工作时；

（2）二次系统和照明回路等回路上的工作，需要将高压设备停电者或做安全措施者；

（3）高压电力电缆需停电的工作；

（4）其他工作需要将高压设备停电或要做安全措施者。

### 9-76　填用发电厂（变电站）第二种工作票的工作有哪些？

答：（1）在控制盘和低压配电盘、配电箱、电源干线上的工作；

（2）二次系统和照明回路上的工作，无需将高压设备停电者或做安全措施者；

（3）转动中的发电机、同期调相机的励磁回路或高压电动机转子电阻回路上的工作；

（4）非运行人员用绝缘棒和电压互感器定相或用钳形电流表测量高压回路的电流；

（5）大于《国家电网公司电力安全工作规程》距离的相关场所和带电设备外壳上的工作，以及无可能触及带电设备导电部分的工作；

（6）高压电力电缆不需要停电的工作。

### 9-77　如何办理发电厂（变电站）第一、二种工作票延期手续？

答：第一、二种工作票需办理延期手续，应在工期尚未结束以前由工作负责人向运行值班负责人提出申请（属于调度管辖、许可的检修设备，还应通过值班调度员批准），由运行值班负责人通知工作许可人给予办理。第一、二中工作票只能延期一次。

**9-78　在原工作票的停电范围内增加工作任务时，应如何办理？**

答：在原工作票的停电范围内增加工作任务时，应由工作负责人征得工作许可人和工作票签发人的同意，并在工作票上增填工作项目。若需变更或增设安全措施者，必须填用新的工作票，并重新履行工作许可手续。

**9-79　工作票中工作地点保留带电部分或注意事项应如何填写？**

答：工作地点保留带电部分必须填写停电设备上、下、左、右、前、后第一个相邻带电间隔和设备的名称、编号。

**9-80　工作许可人布置完现场安全措施后，如何在第一种工作票中进行安全措施确认？**

答：工作许可人布置完现场安全措施后，在工作票中应装接地线空位处填入相应接地线编号，逐项确认与工作票所填安全措施相符，并在"已执行"栏内打"√"。

**9-81　工作票每日收工、次日复工如何办理？**

答：每日收工，工作负责人应将工作票交回工作许可人。次日复工，工作负责人应从工作许可人处取回工作票。对无人值班变电站检修工作当日已收工，工作票无法交回工作许可人，应电话告知工作许可人当日工作已收工。次日复工，工作负责人重新检查安全措施完好，并与工作许可人电话联系，得到许可后方可工作。工作许可人、工作负责人应分别在自己所持工作票上填写收工、开工时间并签名。

### 9-82　如何办理工作票终结手续？

**答：**工作终结手续完成后，运行人员应根据有关命令，拆除工作票要求装设的接地线或接地开关、遮栏、标示牌等。调度要求或同时兼做另一份工作票中安全措施的、不能拆除的接地线、接地开关，在工作票中填写编号共几组，接地开关（小车）编号及共几副（台），工作票方告终结，工作许可人签名并填写工作票终结时间。

### 9-83　允许不在现场办理许可开工手续的工作有哪些？

**答：**工作不需要停电，工作人员在工作票规定的工作范围内无触及带电设备的危险，且不需要允许人员做安全措施的工作，可在操作队办理许可开工手续。

### 9-84　工作票中所列人员的安全责任各是什么？

**答：**工作票签发人的安全责任包括：

（1）工作必要性。

（2）工作是否安全。

（3）工作票上所填安全措施是否正确完备。

（4）所派工作负责人和工作班人员是否适当和足够，精神状态是否良好。

工作负责人（监护人）的安全责任包括：

（1）正确安全地组织工作。

（2）结合实际进行安全思想教育。

（3）督促、监护工作人员遵守规程。

（4）负责检查工作票所列安全措施是否正确完备，值班员所做的安全措施是否符合现场实际条件。

（5）工作前对工作人员交代安全事项。

（6）工作班人员变动是否合适。

工作许可人的安全责任包括：

（1）负责审查工作票所列安全措施是否正确完备，是否符合现场条件。

（2）工作现场布置的安全措施是否完善。

（3）负责检查停电设备有无突然来电的危险。

（4）对工作票中所列内容即使发生很小疑问，也必须向工作票签发人询问清楚，必要时应要求做详细补充。

值长安全责任：

负责审查工作的必要性和检修工期是否与批准期限相符，以及工作票所列安全措施是否正确完备。

工作班成员安全责任：

认真执行《电业安全工作规程》和现场安全措施，互相关心施工安全，并监督《电业安全工作规程》和现场安全措施的实施。

**9-85 在未办理工作票终结手续以前，在工作间断期间，若有紧急情况，需要将施工设备合闸送电，值班员应如何操作？**

答：在工作间断期间，若有紧急需要，值班员可在工作票未交回的情况下合闸送电，但应先将工作班全班人员已经离开工作地点的确切信息通知工作负责人和电气分场负责人，在得到他们可以送电的答复后方可执行，并应采取下列措施：

（1）拆除临时遮栏、接地线和标示牌，恢复常设遮栏，换挂"止步，高压危险！"的标示牌。

（2）必须在所有通路派专人守候，以便告诉工作班人员"设备已经合闸送电，不得继续工作"，守候人员在工作票未交回前，不得离开守候地点。

**9-86 检修工作结束以前，若需将设备试加工作电压，该如何布置措施？**

答：可按下列条件进行：

（1）全体工作人员撤离工作地点。

（2）将该系统的所有工作票收回，拆除临时遮栏、接地线和标示牌，恢复常设遮栏。

（3）应在工作负责人和值班员进行全面检查无误后，由值班员进行施加电压。工作班若需继续工作时，应重新履行工作许可手续。

### 9-87　如何变更工作负责人？

**答：**（1）工作票签发人在生产现场时，由工作票签发人通知值班负责人，向工作负责人说明原因，并命令全部工作班成员暂停工作，集中撤离工作现场，收回工作票。工作票签发人将工作票交给新的工作负责人，并详细交待工作内容及安全措施。由新旧工作负责人正式办理交接手续。双方确认无问题后，在工作票上分别签名。工作票签发人填写变动时间并签名。新工作负责人将工作票交值班负责人并经许可后，带领全体工作班成员进入工作现场，宣布开始工作。

（2）签发人不在现场时，由签发人将变动情况分别通知原工作负责人、新工作负责人和值班负责人，同时停止工作，撤离工作现场，由新旧工作负责人认真进行交接。双方确认无问题后，在工作票上分别签名。值班负责人代替签发人填写变动时间及签名，并将变更情况在备注栏内注明，经许可后方可开始工作。

（3）新工作负责人不在工作现场且工作内容和安全措施不变时，新工作负责人持签发人通知单，去现场按照上述规定办理变动手续。

### 9-88　操作票的填写项目有哪些？有哪些项目可不填写操作票？

**答：**下列各项为单独项目填入操作票：

（1）应拉、合的断路器。如拉开××断路器，合上××断路器。

（2）检查断路器开、合情况。如检查××断路器已合好。

（3）应拉、合的隔离开关。如拉开××隔离开关。

（4）检查隔离开关开、合情况。如检查××隔离开关已拉开。

（5）操作前的检查项目。检查设备的运行位置状态，作为单独项目填入操作票，其目的是防止误操作。如检查××断路器在分闸位置，检查××隔离开关在断开位置。

（6）检查送电范围内是否遗留有接地线。如检查送电变压器各侧一次回路无接地线（或接地开关在断开位置）作为单独项目填入操作票，其目的是防止带地线合闸。

（7）验电和装、拆接地线。填写操作票时，一定要写明验电和装、拆接地线的地点及编号（或拉、合接地开关的编号）。如验明 1 号母线无电压后，在 1 号母线上装设接地线 NO. 3；又如验明××线路无电压后，合上××线路的线路侧××接地开关。

（8）检查负荷的转移情况（检查表计指示情况）。两回并列运行的线路，当停下其中的一回路时，应检查负荷的转移情况。

（9）取下或装上熔断器。如装上××断路器的控制熔断器。

（10）停用或投入继电保护的保护连接片（包括同时投入或停用多个连接片）。若一项中有同时停用或投入多个保护连接片，操作时，每操作完一个连接片，应在该连接片编号前打"√"。

除事故处理以外，下列各项可以不填写操作票但必须记录入操作记录本：

（1）拉、合某一断路器或隔离开关的单一操作；

（2）拆除全厂（站）仅有的一组接地线；

（3）拉开全厂（站）仅有的一组已合上的接地开关；

（4）投入或停用一套保护或自动装置的一个连接片。

**9-89 倒闸操作中关于填写操作票使用术语有哪些规定？**

**答**：倒闸操作是一项非常严谨、严肃的工作，一项完整的倒闸操作应是始于系统调度员或值长的操作命令，结束于操作完成后的记录和汇报，整个过程的各个环节无论是书面还是口头内容都要求语言、文字准确、简练、规范，标准统一，即必须使用规范术语，这也是防止发生误操作的一项重要要求。

倒闸操作的规范术语见表 9-1 所示。

表 9-1 　　　　　　　　倒闸操作的规范术语

| 被操作设备 | 术　语 | 被操作设备 | 术　语 |
|---|---|---|---|
| 发变组 | 解列、并列 | 继电保护 | 投入（加用）、退出（停用）、动作 |
| 变压器 | 运行、备用、充电 | 自动装置 | 投入、退出、动作 |
| 环网 | 合环、解环 | 熔断器 | 装上、取下 |
| 联络线 | 并列、解列、充电 | 接地线 | 装设、拆除 |
| 断路器 | 拉开、合上、跳闸、重合 | 有功、无功 | 增加、减少 |
| 隔离开关 | 拉开、合上 | | |

**9-90 填写操作票的一般步骤如何？**

**答**：要写出一份合格的操作票，不能盲目和急于求成，需要在认真分析接线特点的基础上认真填写。首先应是接到上级的操作命令，明确操作任务；然后结合要操作的接线形式，明确当前的运行方式，明确目前相关设备所处的状态；再把操作的任务进行分解，列举出要完成该任务应分为几个大的步骤进行；写出每一步所需要的详细操作步骤；最后，按照操作顺序将每一分步的操作步骤组合在一起并充分考虑注意事项，即可完成一份合格的、完整的操作票。

### 9-91 填写操作票应注意哪些事项？

**答：** 填写操作票时，必须使用统一的操作术语，在了解系统或设备当前运行方式的基础上，根据操作任务的名称，对照电气接线图，认真细致地填写操作票。填写时注意事项如下：

（1）操作票要由操作人填写。

（2）每份操作票只能填写一个操作任务。一个操作任务是指：根据同一个操作命令，且为了相同的操作目的而进行一系列相互关联的、不间断的、依次进行的倒闸操作过程。如一台机组的启动操作，停运操作，变压器的切换操作，倒母线操作，线路的停电、送电操作等，均可分别填用一份操作票。

（3）填写时用钢笔或圆珠笔填写。用计算机开出的操作票应与手写格式一致；票面应清楚、整洁，不得任意涂改。个别错、漏字允许修改（不超过 3 个字），但被改的字和改后的字均应保持字迹清楚。

（4）填写时，在操作票上应先填写编号并按编号顺序使用。

（5）操作票应填写设备的双重名称，即设备的名称和编号，名称在前、编号在后或编号在前、名称在后，各地用法不同，具体按上级调度规定执行。

（6）一个操作任务所填写的操作票超过一页时，续页操作序号应连续。续页操作任务栏填"续前"，首页填操作开始和结束时间，每页有关人员均应签名。

（7）操作票填写完毕，经审核正确无误后，在操作顺序最后一项后的空白处打终止号，表示以下无任何操作。

### 9-92 操作票填好后，执行前需经过哪些程序审核？

**答：** 操作票填写好了以后，必须经过以下三次审查：

（1）自审。由操作票填写人自己审查。

（2）初审。由操作监护人审查。

（3）复审。由值班负责人（值班长、值长）审查，特别重要的操作票由技术负责人审查。

审票人应认真检查操作票的填写是否有漏项，操作顺序是否正确，操作术语使用是否正确，内容是否简单明了，有无错漏字等。三审无误后，各审核人均在操作票上签字，操作票经值班负责人签字后生效。

### 9-93　如何审查与核对操作票？

**答：**（1）操作人填写完操作票后，自己应先审查一遍，然后交监护人审查。发电厂的操作票还应交值班长和值长审查，变电站复杂操作的操作票还应交值班长或所长审查。

（2）为了保证操作项目和顺序的正确，操作人和监护人应在符合现场实际的模拟图板上认真进行模拟预演。由监护人按操作票的项目顺序唱票，由操作人改变模拟图板设备指示位置。模拟预演后，如很快就有进行操作，模拟图板可以不恢复；如操作有变动或撤销操作任务时，应立即恢复模拟图板的原状。

（3）经模拟预演确认操作票正确无误后，由监护人在操作项目下面的空白格处加盖"以下空白"章，然后由操作人、监护人签名后，交值班长、值长审查并签名。

（4）操作票经审核无误签名盖章后，监护人应将该操作票放在专用的操作票夹板上，等候值班调度员或值班负责人下达执行操作的命令。若按照有关规定，需与值班调度员核对操作票时，则应由监护人在操作前负责完成核对工作。

（5）在运行方式和设备状态等无任何变化时，对于发电机并列与解列、励磁倒换、厂用电联动试验，直配线路停送电等操作，可以使用固定操作票，但同样必须履行核对、模拟预演、审查、签名等手续。

### 9-94　为了同一操作目的，根据调度指令进行中间有间断的操作时，如何填写和执行操作票？

**答：**为了同一操作目的，根据调度指令进行中间有间断的操作，应分别填写操作票。如果填用一份操作票，则每接一次操作指令，应在操作票上用红线表示出应操作范围，不得将未下达操作指令的操作内容一次模拟完毕。分段操作时，在操作项目终止、开始项旁边应填相应的时间。

### 9-95 操作过程中因调度指令变更，操作票如何执行？

答：操作过程中因调度指令变更，最后几项操作不执行，则应在已操作完毕项目的最后一项栏内盖"已执行"章，并在备注栏说明"调度指令变更自××项起不执行"，对多张不执行的操作票，应在次页起每张操作票上盖"未执行"章。

### 9-96 操作过程中发现操作票有问题时如何执行？

答：操作过程中发现操作票有问题时，该操作票不得继续使用，并在已经操作完项目的最后一项盖"已执行"章，在备注栏注明"本操作票有误，自××项起不执行"，对多张操作票，应在次页起每张操作票上盖"作废"章，然后重新填写操作票再继续操作。

### 9-97 在什么情况下，允许不填写操作票进行倒闸操作？

答：在变电站倒闸操作中，往往有些由于特殊情况或事故紧急处理，为了保证人身和设备安全，来不及填写操作票的项目，运行人员可不写操作票，具体内容如下：

（1）根据调度命令的下列操作，可以不填写操作票：

1）事故应急处理时，可以不填写操作票。所谓事故应急处理，是指为了迅速处理事故，不使事故延伸扩大而进行的紧急处理和切除故障点、将有关设备恢复运行的操作，在发生人身触电时紧急断开有关设备电源的操作。紧急处理操作不包括故障设备转入检修或修复后恢复送电所需要的操作。

2）拉、合断路器的单一操作。

3）拆除全厂（站）仅有的一组接地线，或拉开全厂（站）

仅有的一组已合上的接地开关。

4）投入或退出一套保护的一块连接片。

5）使用隔离开关拉、合一组避雷器，拉、合一组电压互感器（不包括取下、装上熔断器的操作）。

6）拉、合一台消弧线圈（不包括调整分接头的操作）。

上述各项操作在完成后应在值班记录簿上做好记录，事故应急处理应保存原始记录。

（2）不需调度命令的操作，也不需要填写操作票，但操作完毕后，应尽快汇报调度员及相关上级部门，并做好记录。这一类型的操作包括：

1）在出现危及人身或设备安全的情况时，可以不经许可，即行断开有关设备的电源，但事后应立即报告调度和上级部门。

2）对已损坏的设备脱离电源、与带电设备隔离。

3）当母线失压时，可以断开连接在母线上的断路器。

4）允许强送电的线路跳闸后，经检查设备无问题后，可对该线路强送电。

5）通信中断，进行事故处理。

（3）不需调度命令，也不需要填写操作票，由值班长发令，值班员操作，操作完毕后，做好记录。该类操作包括：

1）非调度管辖的设备。

2）按规定由值班员操作的设备。

总之，在处理事故时，为了能迅速断开故障点，缩小事故范围，尽快限制事故的发展，及时恢复供电，所以不需要填写操作票，但事故处理结束后，应尽快向调度部门及相关上级部门汇报，并做好相关记录。

**9-98　在什么情况下要采用电气闭锁或微机"五防"闭锁？**

**答：**机械闭锁只能与本身隔离开关处的接地开关进行闭锁，如果需要和断路器及其他隔离开关或接地开关进行闭锁，机械闭锁就无能为力了，因此，在这种情况下就要采用电气闭锁或微机

"五防"闭锁。

**9-99 什么是微机防误操作闭锁装置?**

**答:** 微机防误操作闭锁装置是一种以计算机及其外围设备为基础、智能专家系统为核心的防止人为操作失误的计算机监控装置。它是专门为电力系统防止电气误操作事故而设计研制的,可以检验及打印操作票,同时能对所有的一次设备强制闭锁的装置。

**9-100 微机闭锁装置由哪些部件构成? 其工作原理是怎样的?**

**答:** 微机防误闭锁装置的结构示意如图 9-10 所示。该装置主要包括三大部分:微机模拟盘、电脑钥匙、机械编码锁。

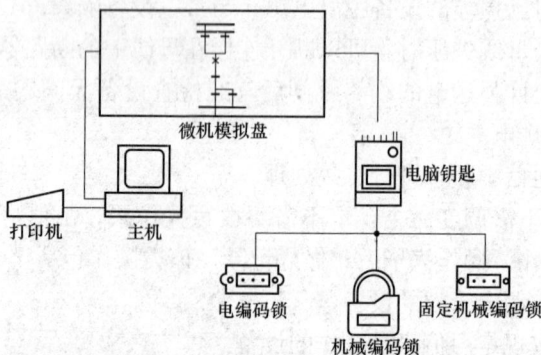

图 9-10 微机防误闭锁装置结构示意图

在微机模拟盘的主机内,预先储存了变电站所有操作设备的操作条件。模拟盘上各模拟元件都有一对触点与主机相连。运行人员要操作时,首先在微机模拟盘上进行预演操作。在操作过程中,计算机根据预先储存好的条件对每一操作步骤进行判断。若操作正确,则发出一个操作正确的音响信号;若操作错误,则通过显示器闪烁,显示错误操作项的设备编号,并发出报警信号,直到将错误项复归为止。预演操作结束后,打印机可打印出操作票，并通过微机模拟盘上的光电传输口将正确的操作程序输入到电脑钥匙中。然后，运行人员就可以拿电脑钥匙到现场操作。操作时，正确的操作内容将顺序显示在电脑钥匙的显示屏上，并通过探头检查操作的对象是否正确。若正确则闪烁显示被操作设备的编号，同时开放闪烁回路，可对断路器操作或打开机械编码锁，使隔离开关能操作。每一步操作结束后，能自动显示下一步的操作内容。若走错间隔，则不能打开机械编码锁，同时电脑钥匙发出报警，提示运行人员。全部操作结束后，电脑钥匙发出音响，提示操作人员关闭电源。

**9-101　常见的电气误操作有哪些类型？**

**答：**常见的电气误操作有误拉合断路器、带负荷拉合隔离开关、带电挂接地线（合接地开关）、带接地线（接地开关）合断路器（隔离开关）、漏退保护连接片、非同期并列等。

**9-102　防误装置有哪些类型？**

**答：**防误装置有微机"五防"装置、电气闭锁装置、电磁闭锁装置、机械闭锁装置等。

**9-103　防误装置的解锁工具（钥匙）或备用解锁工具（钥匙）的使用制度包括哪些内容？**

**答：**包括倒闸操作、检修工作、事故处理、特殊操作和装置异常等情况下的解锁申请、批准、解锁监护、解锁使用记录等规定。

**9-104　防误装置的解锁工具（钥匙）应如何封存管理？**

**答：**防误装置的解锁工具（钥匙）应有两套。防误装置的授权密码和解锁钥匙（工具）应同时封存。解锁工具（钥匙）或备用解锁工具（钥匙）应在控制室设一个专用箱，并锁好或封好。专用箱正面应为透明窗，从外部可直观看见解锁钥匙，并建立解锁钥匙使用记录簿。

**9-105 解锁钥匙管理机和解锁钥匙专用箱应如何进行管理？**

**答：** 变电站使用解锁钥匙管理机时应配备两套开机钥匙，一套由变电站站长或操作队队长保存，另外一套由二级单位主管变电运行的领导保存，作为备用开机钥匙。220kV 以下变电站的解锁钥匙专用箱应使用专用封条封存，其封条应由供电公司生产部发放并盖章、编号。

**9-106 防误装置及电气设备出现异常要求解锁操作，或电气设备检修时需要对检修设备解锁操作，使用解锁钥匙（工具）必须经谁批准？**

**答：** 防误装置及电气设备出现异常要求解锁操作，或电气设备检修时需要对检修设备解锁操作，使用解锁钥匙（工具），必须经防误闭锁专责人到现场核对操作无误，确认需要解锁操作，批准解锁并监护完成全部操作（包括检修时对设备的解锁操作）。非防误闭锁专责人无权批准解锁。严禁防误闭锁专责人不到现场核实、确认，而采用电话等方式批准解锁。

**9-107 防误操作技术措施有哪些？**

**答：**（1）新、扩建变电工程及主设备经技术改造后，防误闭锁装置应与主设备同时投运。

（2）断路器或隔离开关闭锁回路不能用重动继电器，应直接用断路器或隔离开关的辅助触点；操作断路器或隔离开关时，应以现场状态为准。

（3）防误装置电源应与继电保护及控制回路电源独立。

（4）采用计算机监控系统时，远方、就地操作均应具备防止误操作闭锁功能。利用计算机实现防误闭锁功能时，其防误操作规则必须经本单位电气运行、安监、生技部门共同审核，经主管领导批准并备案后方可投入运行。

（5）成套高压开关柜"五防"功能应齐全、性能良好。开关柜出线侧易装设带电显示装置，带电显示装置应具有自检功能，并与线路侧接地开关实行连锁；配电装置有倒送电源时，间隔网门应装有带电显示装置的强制闭锁。

**9-108　如何防止误入带电间隔或误登室外带电设备？**

答：（1）检修设备现场应采用全封闭的检修临时围栏，局部停电检修时围栏的出入口应设至站内主要通道处并设有出入口标志。

（2）在检修设备相邻或相似设备上悬挂"设备运行中"红布或"止步，高压危险"标示牌。

（3）在成套开关柜上应装设带电感应灯及间隔门带电闭锁装置或电锁。

（4）工作人员应尽可能配备静电感应手表、安全帽等防护用品。

**9-109　防误装置"五防"功能的内容是什么？**

答：（1）防止误分、误合断路器；

（2）防止带负荷拉、合隔离开关或手车触头；

（3）防止带电挂（合）接地线（接地开关）；

（4）防止接地开关在合闸位置合断路器（隔离开关）；

（5）防止进入带电的开关柜内部。

**9-110　如何实现"五防"？**

答：（1）防止误入带电间隔。工作小车摇到"隔离/实验"位置以后，接地的金属隔板自动落下遮住带电的静触头部分，防止进入柜体检修的人员接触带电部分。开关接地开关合上以后，后柜门的机械联锁才允许打开柜门。

（2）防止带负荷分合一、二次触头。当接触器处于合闸状态时，与接触器联动的机械连锁挡板推进机构上的连杆使推进机构螺旋无法转动，通过这种设计，在带负荷时，不能够分合一、二次触头。

（3）防止带电挂地线。当小车进入工作位置时，推进机械的挡板抵住接地开关合闸机构的帘板装置，使帘板无法打开，接地开关不能合闸。

（4）防止带地线合闸。当接地开关合上时，帘板装置挡板将阻碍小车进入柜内，从而避免了接地状态下合接触器的可能性。

（5）防止断路器误分误合。运行操作人员时刻牢记规程，按照操作票操作。

### 9-111 "五防"功能测试基本要求是什么？

答：（1）制作测试表。

（2）各单元各类操作测试一次。

（3）各单元反向操作试验（误操作试验）测试一次。

### 9-112 微机"五防"运行注意事项有哪些？

答：微机五防运行时注意事项如下：

（1）防误闭锁装置不能随意退出运行，停用防误闭锁装置时，要经本单位总工程师批准，值长下令，并做好记录；短时间退出防误闭锁装置时，应经值长或发电部管理人员批准，并按程序尽快投入运行。

（2）五防闭锁解锁钥匙应现场封存，按值交接。事故情况要使用机械解锁钥匙时，应得到当班值长的同意，发电部领导批准。

（3）特殊情况下需使用解锁钥匙应征得发电部主任同意，总工程师或主管生产领导批准。

（4）在检修工作中，检修人员需要进行拉、合断路器、隔离开关试验时，由工作许可人和工作负责人共同检查措施无误后，经值长同意，可由运行人员使用解锁钥匙进行操作。

（5）电脑钥匙和机械解锁钥匙由运行人员保管使用，不得外借，严禁非运行人员使用解锁钥匙。

（6）使用机械解锁钥匙应及时做好记录，用完后交回，重新贴上封条并在封条上注明年、月、日。

（7）微机五防闭锁装置存在缺陷时应及时汇报并记录存在缺陷，联系防误闭锁装置维护人员处理。

（8）禁止在五防主机中加装任何其他软件，不得随意修改系统数据库文件和文本文件，禁止在系统目录下建立其他目录文件。

（9）登录系统时应使用本人的用户名及密码登录，个人用户名及密码不可外泄。登录人在完成所进行的操作后应及时退出登录以结束操作。

（10）使用本装置开票操作前、后应检查本系统显示设备状态与监控系统显示状态一致，否则需设定状态保持与监控系统显示一致。临时接地线和网门的状态与电脑钥匙上传的状态相一致；通信适配器应处于备用等待状态。

（11）电脑钥匙电量不足时，应及时进行充电，充电时应关断电脑钥匙的电源。电脑钥匙长期不用时，应取下电池放置好。

（12）使用电脑钥匙开锁时，不允许先将电脑钥匙插入锁内再打开其电源，以免影响开锁程序；操作完毕后应及时回传系统（电脑钥匙在开机状态，系统在运行），并检查确认改变后的系统状态。

（13）操作过程中，应严格按电脑钥匙显示进行操作。若实际操作电脑钥匙发出闭锁报警时，应认真检查所操作的设备名称编号是否与电脑钥匙的操作显示相一致。

（14）在操作中，操作项需进行跳步操作时，必须得到当班值长的同意后方可进行。

（15）设备机械编码锁或状态检测器若需更换时，应核对原检测器实际编码及其原存编码，并保持一致。操作人员完成操作后，应及时盖好保护罩，以保证使用寿命。

（16）在使用操作过程中发现机械锁操作不灵活或有卡涩等

异常现象，应及时汇报发电部进行更换或处理。

### 9-113 微机"五防"的日常巡视检查项目有哪些？

答：微机"五防"的日常巡视检查项目如下：

（1）设备正常运行时，机械编码锁应在锁定状态，各部件完好，编码锁名称与设备名称相一致。

（2）装置系统和台式通信适配器电源正常，无告警，无操作时显示的状态应在未登录，装置显示设备状态与监控系统显示一致，临时接地线和网门的状态应与实际状态相一致。

（3）电脑钥匙、充电器完好，钥匙电量充足。

（4）机械解锁钥匙封存完好，封条无破损，封存日期与使用记录时间一致。

### 9-114 特殊情况下，防误装置解锁应执行哪些规定？

答：（1）防误装置及电气设备出现异常、特殊情况造成非程序操作时（如新设备送电定相等）要求解锁操作，应由供电公司防止电气误操作专责人到现场核实无误，确认需要解锁操作，经专责人同意并签字履行手续后，方可解锁操作。操作时增加第二监护人。

（2）若遇危及人身、电网和设备安全等紧急情况需要解锁操作，可由变电站或操作队当值值班长下令紧急使用解锁工具（钥匙）。操作时如具备条件应增加第二监护人。

（3）电气设备检修时需要对检修设备解锁操作，应经变电站站长或操作队队长批准。操作时增加第二监护人。

（4）使用解锁钥匙必须在防误装置解锁记录簿上记录启封时间、启用原因、操作项目、操作人、监护人、第二监护人、批准人，使用后放回原地及时封存或锁好解锁钥匙管理机箱门，并记录封存时间、封存人（变电站站长、操作队队长）姓名。

**9-115　防止电气误操作逻辑闭锁软件更新升级（修改）时，应如何进行？**

答：防止电气误操作逻辑闭锁软件更新升级（修改）时，应首先经二级单位审核，结合该间隔断路器停运或做好遥控出口隔离措施，报生产管理部门逐级批准后方可进行。升级后应验证闭锁逻辑的正确恢复，并做好详细记录及备份。

**9-116　防误装置的"三同时"是指什么？**

答：防误装置的"三同时"是指防误装置应与主设备同时设计、同时安装、同时验收投运。

**9-117　防误装置不得影响所配设备的性能，具体有哪些要求？**

答：防误装置应不影响断路器、隔离开关等设备的主要技术性能（如合闸时间、分闸时间、分合闸速度特性、操作传动方向角度等）；尽可能不增加正常操作和事故处理的复杂性；微机防误装置应不影响或干扰继电保护、自动装置和通信设备的正常工作。

**9-118　对微机防误装置的电脑钥匙有哪些要求？**

答：主、备用电脑钥匙均应充电完好，电脑钥匙随时可用。并保证可持续操作 2h 以上、电池寿命 3 年以上，否则更换电池。

**9-119　计算机监控系统中，相关设备有检修作业时，应如何实现闭锁操作？**

答：当进行 RTU 校验、保护校验、断路器检修等工作时，应能利用"检修挂牌"禁止计算机监控系统对此断路器进行遥控操作。当一次设备运行而自动化装置需要进行维护、校验或修改程序时，应能利用"闭锁挂牌"闭锁计算机监控系统对所有设备进行遥控操作。

**9-120　对保护装置定值更改工作有什么防误要求？**

**答：**应对不同类型保护制定二次设备定值更改的安全操作规定，如微机保护改变定值区后应打印或确认定值表，调整时间继电器定值时应停用相关的出口连接片，时间定值调整后应检查装置无异常后再投入出口连接片等。

**9-121　什么是闭锁点？**

**答：**在一套防误装置中能对高压电气设备实现某种防止电气误操作功能的一个闭锁控制点，如机械闭锁装置或电气闭锁装置的一个执行元件（锁、接点）。

**9-122　防止带电挂（合）地线（接地开关）有哪些逻辑原则？**

**答：**在挂接地线或合接地开关时，应保证接地点的任何方向都有断开的隔离开关或手车触头（但线路隔离开关或手车触头的线路侧或封闭式电气设备等，使用常规技术无法满足防止电气误操作的要求，宜加装带电显示装置等技术措施进行强制闭锁）。

**9-123　停用防误操作闭锁装置应履行什么手续？**

**答：**高压电气设备都应安装完善的防误操作闭锁装置。防误操作闭锁装置不得随意退出运行，停用防误操作闭锁装置应经本单位分管生产的行政副职或总工程师批准；短时间退出防误操作闭锁装置时，应经变电站站长或发电厂当班值长批准，并应按程序尽快投入。

**9-124　什么是电气一次设备和一次回路？什么是电气二次设备和二次回路？**

**答：**一次设备是指直接生产、输送和分配电能的高压电气设备。它包括发电机、变压器、断路器、隔离开关、自动开关、接触器、刀开关、母线、输电线路、电力电缆、电抗器、电动机等。由一次设备相互连接，构成发电、输电、配电或进行其他生产的电气回路称为一次回路。

二次设备是指对一次设备的工作进行监测、控制、调节、保护以及为运行、维护人员提供运行工况或生产指挥信号所需的低压电气设备。如熔断器、控制开关、继电器、控制电缆等。由二次设备相互连接，构成对一次设备进行监测、控制、调节和保护的电气回路称为二次回路。

### 9-125　二次回路由哪些组成部分？其作用是什么？

**答**：二次回路的类型包括对发电厂和变电站一次设备进行控制、测量、信号、调节、继电保护和自动装置等回路以及操作电源系统。

（1）控制回路的作用：是对一次开关设备进行"跳"、"合"闸操作。

（2）信号回路作用：是反应一、二次设备的工作状态。

（3）测量回路的作用：是指示或记录一次设备的运行参数，以便运行人员掌握一次设备运行情况。

（4）调节回路的作用：是根据一次设备运行参数的变化，实时在线调节一次设备的工作状态，以满足运行要求。

（5）继电保护及操作型自动装置回路的作用：是自动判别一次设备的运行状态，在系统发生故障或异常运行时，自动跳开断路器（切除保障）或发出异常信号，故障或异常运行状态消失后，快速投入断路器，恢复系统正常运行。

（6）操作电源系统的作用：是供给上述回路的工作电源。

### 9-126　二次回路可以分为哪几类？

**答**：按电源性质分为交流回路和直流回路；按用途区分为测量回路、继电保护回路、开关控制及信号回路、断路器和隔离开关的电气闭锁回路、操作电源回路。

**9-127 哪些回路属于连接保护装置的二次回路？**

**答：**（1）从电流、电压互感器二次侧端子开始有关继电器保护装置二次回路（对多个断路器或变压器等套管互感器自端子箱开始）。

（2）从继电保护直接分路熔丝开始到有关保护装置的二次回路。

（3）从保护装置到控制屏和中央信号屏间的直流电路。

（4）继电保护装置出口端子排到断路器操作箱端子排的跳合闸回路。

**9-128 对二次回路的标号的目的是什么？基本原则是什么？**

**答：**根据电源的性质或回路的作用的不同，二次电气回路可分为交流回路和直流回路。交流回路又可分为交流电流回路和交流电压回路，直流回路也可进一步细分。国家根据相关标准对回路标号制定了同一的标准，对不同性质的回路有不同的标号规则以示区别。

（1）回路标号的目的：

1）便于了解该回路的性质和用途。

2）便于制造、安装、施工和运行维护。

3）能够区分回路功能。

（2）回路标号的基本原则：

1）二次回路标号根据等电位原则进行，连接于同一点的所有导线用同一标号。

2）在二次回路中看起来是等电位，但运行过程中状态变化时会发生电位不等现象的导线，要用不同的标号。如继电器触点两端的导线等。

3）电气图中同一单元的回路标号不能重复。

4）标号应能区分回路的性质、用途和功能。

5）在保证能表达清楚的情况下，回路标号力求简单。

6）对于在接线图中不经过端子而在屏内直接连接的回路，可不标号。

### 9-129　直流回路的标号细则是什么？

**答**：直流回路标号采用3位（或2位）数字表示，其一般形式为：

表示回路性质的数字范围为0～9的正整数。"0"表示该回路为保护回路；"1～5"表示该回路为控制回路（事故跳闸音响信号回路一般与控制回路在一张图中）；"6"表示该回路为励磁回路；"7～9"表示该回路为信号回路。

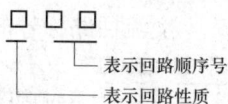

直流回路标号的后两位表示回路顺序号。需要注意的是，在控制回路标号中，某些标号为专用标号。对于某些特定的主要回路通常给予专用的标号组。

对于不同用途的直流回路，使用不同的数字范围。控制和保护回路使用的数字标号，按熔断器所属的回路进行分组，每一百个数分为一组，如101～199，201～299，301～399，…，其中每段先按正极性回路（编为奇数）由小到大（从左向右、从上向下），再编负极性回路（偶数）由大到小（从左向右、从上向下），如101，103，133，…，142，140，…。

信号回路的数字标号，按事故、位置、预告、指挥信号进行分组，按数字大小进行排列；开关设备、控制回路的数字标号组，应按开关设备的数字序号进行选取。例如有3个控制开关1SA、2SA、3SA，则1SA对应的控制回路数字标号选101～199，2SA所对应的选201～299，3SA对应的选301～399。

正极回路的线段按奇数标号，负极回路的线段按偶数标号；每经过回路的主要压降元（部）件（如线圈、绕组、电阻等）后，即行改变其极性，其奇偶顺序即随之改变。对不能标明极性或其极性在工作中改变的线段，可任选奇数或偶数。

### 9-130 交流回路标号细则是什么？

答：交流回路的标号细则。交流回路按相别顺序标号，它除用三位数字标号外，还加有文字标号以示区别。例如 U411、V411、W411。对于不同用途的交流回路，使用不同的数字组。

交流回路标号的一般形式为：

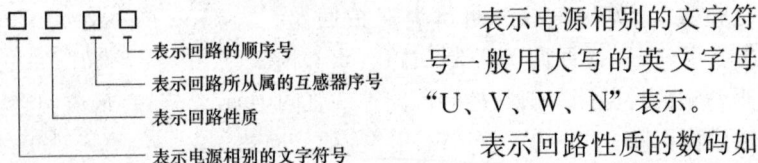

□□□□
└─ 表示回路的顺序号
└── 表示回路所从属的互感器序号
└─── 表示回路性质
└──── 表示电源相别的文字符号

表示电源相别的文字符号一般用大写的英文字母"U、V、W、N"表示。

表示回路性质的数码如"3"表示母线差动保护公用电流回路；"4"表示交流电流回路；"6"表示交流电压回路；"7"表示经隔离开关辅助触点或继电器切换的回路等。

表示回路所从互感器序号如为"0"表示该回路从属于互感器 TA 或 TV；回路所从互感器序号如为"1"表示该回路从属于互感器 1TA 或 1TV。

表示回路的顺序号依次为 1、2、3、…

如 V411 标号表示 V 相交流电流回路、从属于第一组互感器的第一回路。

某些特定的交流回路（如母线电流差动保护公共回路、绝缘监察电压表的公共回路等）给予专用的标号组。

### 9-131 什么叫二次回路图？二次回路图可分为哪几种？各有什么功能？

答：二次回路图是将所有的二次设备（元件）用国家统一规定的图形和文字符号来表明其相互连接的电气接线图。

二次回路图一般常见的有：原理图——表示动作原理的接线图；安装图——根据安装施工要求，将二次设备的具体位置和布线方式表示出来的图形；展开图——按供电给二次回路的每一个独立电源来划分单元绘制的图形。

### 9-132　绘制分开式原理图的注意事项有哪些？阅读要领是什么？

**答**：分开式原理接线图中，同一元件的各部件分别画在各自的回路中，形成许多支路，这些支路绘制时按照一定的顺序：先是交流电流回路、交流电压回路，再是直流控制回路、信号回路和其他回路。这些支路可以水平排列也可以垂直排列。水平排列时从上到下布置，垂直排列时从左到右布置。

阅读分开式原理接线图的要领是："先交流、后直流；交流看电源，直流找线圈；抓住触点不放松、一个一个全查清。"

### 9-133　项目代号有什么作用？项目代号是如何构成的？

**答**：项目代号是用于识别图、图表、表格中和设备上的项目种类，并提供项目的层次关系、实际位置等信息的一种特定的代码，将其标注在各个图形符号旁，以便在图符号和实物之间建立起明确的——对应关系。

一个完整的项目代号是由 4 个具有相关信息的代号段组成，每个代号段都用特定的前缀符号加以区分。代号段是指具有相关信息的项目代号的一部分。前缀符号是用于区别各个代号段的符号。这 4 个代号段组分别是：

高层代号段，其前缀符号为"="；

位置代号段，其前缀符号为"+"；

种类代号段，其前缀符号为"—"；

端子代号段，其前缀符号为"："。

如项目代号＝2T＋P126－5K：13 中，"="、"+"、"—"、"："是四个代号段前缀符号，2T 是高层代号，P126 是位置代号，5K 是种类代号，13 是端子代号。

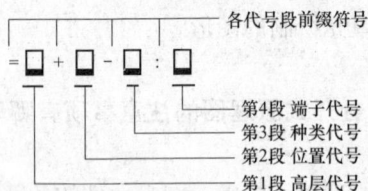

各代号段前缀符号

=□ + □ - □ : □

第4段 端子代号
第3段 种类代号
第2段 位置代号
第1段 高层代号

### 9-134　什么叫安装单位?

**答:** "安装单位" 是指属于某个一次回路的所有二次设备的总称 (每个安装单位都有自己的端子排)。安装单位用罗马数字

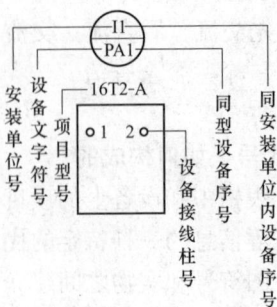

图 9-11　项目标注示例

安装单位号　设备文字符号　项目型号 16T2-A　○1　2○　设备接线柱号　同型设备序号　同安装单位内设备序号

"Ⅰ、Ⅱ、Ⅲ…"表示。如图 9-11 中控制屏上的二次设备涉及两条线路:第一条线路的所有二次设备可称为第Ⅰ安装单位;第二条线路的所有二次设备可称为第Ⅱ安装单位。新型变电站的断路器控制、继电保护、计量和通信设备常放在同一个屏上,由于设备和端子都较多,其相应的二次设备有时可按功能单位分为三个安装单位 (保护与控制设备被划在一起),在屏上对应设立三个端子排。

需要说明的是:在电气一次图中也有安装单位的概念。

### 9-135　何谓相对编号法?并举例说明。

**答:** 相对编号法是在本端的端子处标明远端所连接的端子的编号。如甲、乙两设备相连,用连续法表示时如图 9-12 (a) 所示,其相应端子用导线接起来。用相对编号法表示时,将连线中断,在甲设备端子旁标上与其相

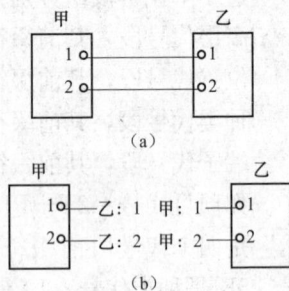

图 9-12　连接导线的表示方法

(a) 连续表示法;(b) 中断线表示法

连的乙设备端子的号，在乙设备端子旁标上与其相连的甲设备端子的号，如图9-12（b）所示。简单说来，就是"甲编乙的号，乙编甲的号"。这样，在接线和维修时就可以根据图纸很容易地找到每个设备的各个端子所连接的对象。没有标号的端子说明该端子是空着的。如果端子旁有两个标号，说明该端子有两个连接对象。

**9-136 接线端子有哪几种？各有什么作用？**

答：根据端子的用途，接线端子可分为以下几类：

（1）一般端子。其作用是连接电气装置不同部分的导线。它是用得最多的端子，其导电片如图9-13（a）所示。

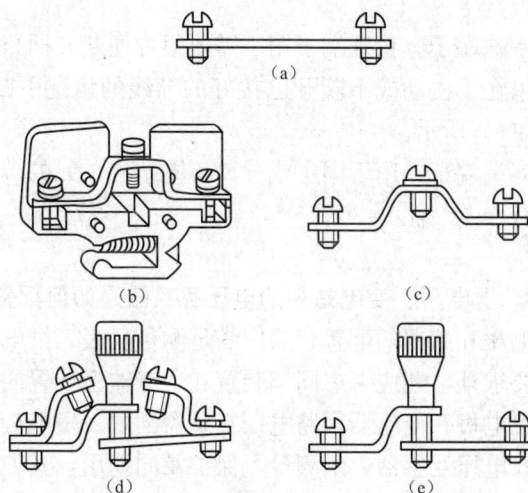

图9-13 不同类型的接线端子导电片

（a）一般端子；（b）连接端子外形；（c）连接端子导电片；
（d）特殊端子；（e）试验端子

（2）连接端子。它是通过绝缘座上部的中间缺口，用导电片把两个端子连在一起，使各种回路并头或分头，其外形如图9-13（b）所示，导电片如图9-13（c）所示。

（3）试验端子。试验端子是用于电流互感器二次绕组出线与仪表、继电器线圈之间的连接，可不必松动原来的接线，就能接入试验仪表，对回路进行测试，保证电流互感器的二次侧在工作过程中不会开路。它与普通接线端子的区别是：导电片被分为两段，其间增加了一螺丝杆。当该螺丝杆被旋紧时，两段导电片通过螺丝杆形成回路；当螺丝杆被旋下来时，端子两侧断开，此时可在外侧（相对于屏内而言）接其他试验设备，但须事先将本端子的外侧接头与端子的外侧接头短接，以防止电流互感器回路开路，在外接设备接入后再拆除短接片。如图 9-13（d）所示。

（4）连接型试验端子。它同时具有试验端子和连接端子的作用。

（5）特殊端子。特殊端子用于需要很方便断开回路的连接端子中，可以在不松动或不断开已接好的导线的情况下断开电路。如图 9-13（e）所示。

（6）终端端子。用于固定或分离不同结构单元的端子。终端端子不具有导电性能。

### 9-137 发电厂、变电站中的电压互感器是如何配置的？

**答：** 电压互感器的配置，除应满足测量仪表、继电保护和自动装置的要求外，还应考虑同期装置和绝缘监察装置的要求。

（1）发电机、变压器回路电压互感器配置。发电机出口装设三相五柱式电压互感器，供测量、保护及同期用，其辅助二次绕组接成开口三角形，发电机未并列前作绝缘监察用。发电机自动调节励磁装置一般配置专用电压互感器，以获得较大的功率。容量在 200MW 及以上的发电机中性点常接有单相电压互感器，用于 100%定子接地保护。

（2）母线电压互感器配置。除旁路母线外，一般工作及备用母线都装有一组电压互感器，供测量、保护及同期等用。

（3）线路电压互感器配置。35kV 及以上线路，当对端有电源时，应在断路器的线路侧装一台单相电压互感器。

### 9-138　发电厂、变电站中的电流互感器是如何配置的？

**答：**凡是装有断路器的回路均应装设电流互感器，此外在未装断路器的回路的下列地点也应装设电流互感器：发电机的出口、变压器的中性点、桥形接线的跨条上。

（1）发电机和变压器回路，由于测量和保护的需要，例如为了监视三相电流的平衡和差动保护的需要，电流互感器必须采取三相配置。发电机电压引出线、母线分段断路器回路、母联断路器回路可采用两相配置。

（2）在中性点直接接地的三相电网中，电流互感器按三相配置；在中性点非直接接地的三相电网中，电流互感器按两相配置，但当35kV线路采用距离保护时，应按三相配置。当配电装置采用3/2断路器接线时，对独立式电流互感器每串宜配置三组（线路—变压器串）或四组（线路—线路串）。

（3）继电保护用电流互感器，应尽可能减小或消除不保护区。同一网络中各线路的电流互感器均应配置在同名相上。

（4）为了减轻发电机内部故障时的损伤，用于自动调节励磁装置的电流互感器应布置在发电机定子绕组的出线端。为了便于分析和在发电机并入系统前发现内部故障，用于测量仪表的电流互感器装在发电机中性点侧。

（5）为了防止支柱式电流互感器套管闪络造成母线故障，电流互感器通常布置在断路器的出线侧或变压器侧。

### 9-139　交流绝缘监察装置的作用原理是什么？

**答：**6～35kV 小电流接地系统中发生一相接地故障，虽然对供电不受影响，但因非故障相对地电压升高到线电压，可能引起对地绝缘击穿而造成相间短路，故不允许长期接地运行。装设在中央信号屏上的交流绝缘监察装置的作用是专门用于监视其对地绝缘状况的装置。当该系统中发生一相接地故障时，装置中的三个相电压表中，接地相电压表指示降低或为零、另两相指示升高或为线电压。同时发出声光报警信号。通知运行值班人员判断、查找和处理。

### 9-140　直流绝缘监察装置的作用原理是什么?

答：变电站的直流系统中，发生一极接地时并不引起任何危害。但也不允许一极接地长期运行。因为若此时再发生同一极的另一点接地，就可能造成信号装置、继电保护和控制电路的误动作或拒绝动作；或者此时若再发生另一极接地，就将造成直流短路。装设在直流屏上的直流绝缘监察装置的作用是专门用于监视其对地绝缘状况的装置。它既能在直流系统发生一极接地时发出声光报警信号，又能测量出正极或负极的对地绝缘电阻（或电压），便于运行值班人员判断、查找和处理。

### 9-141　小接地电流系统发生单相接地时有什么现象?

答：小接地电流系统发生单相接地的现象是：警铃响；"××系统某段母线接地"光字牌亮；切换绝缘监视电压表，接地相电压表依接地程度指示降低或为零，其他两相电压表指示升高，极限值为线电压；掉牌未复归光字牌亮。

### 9-142　断路器的控制回路应满足哪些要求?

答：断路器的控制回路必须完整、可靠，因此应满足以下要求：

（1）断路器的合闸和跳闸回路是按短时通电来设计的，操作完成后，应迅速自动断开合闸或跳闸回路以免烧坏线圈。为此，在合、跳闸回路中，接入断路器的辅助触点，既可将回路切断，同时，又为下一步操作做好准备。

（2）断路器既能在远方由控制开关进行手动合闸或跳闸，又能在自动装置和继电保护作用下自动合闸或跳闸。

（3）控制回路应具有反映断路器位置状态的信号。例如：

手动合闸或手动跳闸时，可用红、绿灯发平光表示断路器为合闸或跳闸状态；红、绿灯发闪光即表示出现自动合闸或自动跳闸。

（4）具有防止断路器多次合、跳闸的"防跳"装置。因断路器合闸时，如遇永久性故障，继电保护使其跳闸，此时，如果控制开关未复归或自动装置触点被卡住，将引起断路器再次合闸继而又跳闸，即出现"跳跃"现象，容易损坏断路器，甚至引起系统故障范围的扩大。因此，断路器应装设"防跳"装置。

（5）对控制回路及其电源是否完好，应能进行监视。

（6）对于采用气压、液压和弹簧操作的断路器，应有对压力是否正常、弹簧是否拉紧到位的监视回路和动作闭锁回路。

### 9-143　断路器的控制回路由哪些组成？

答：断路器的控制回路有控制、信号、防跳和断线监视四部分组成，其中断路器的跳、合闸回路是控制回路的核心部分，利用控制开关的手柄和灯光可以监视断路器的状态、动作性质及控制回路是否完好。

### 9-144　灯光监视的断路器控制回路灯光信号的特点是什么？

答：具有灯光监视的断路器控制回路中，灯光信号具有以下特点：

信号灯亮平光，监视断路器所处的状态（红灯亮平光表示断路器处于合闸状态，绿灯亮平光表示断路器处于跳闸状态）；监视控制回路是否完好（红灯亮监视跳闸回路是完好的，绿灯亮监视合闸回路是完好的）；还可以反映断路器的动作性质为手动动作。

信号灯闪光，有两种情况，一是控制开关的预备位置，另一种是控制开关手柄的位置与断路器的状态的不对应。预备合闸时，绿灯闪光；预备跳闸时红灯闪光。自动装置引起的自动合闸，灯光信号由绿灯发平光变至红灯闪光；继电保护引起的事故跳闸，灯光信号由红灯发平光变至绿灯闪光。

运行中，如发现红、绿灯同时熄灭，应迅速检查修复。断路器处于合闸状态时，发现红、绿同时熄灭，可能是因红灯的灯丝断开造成红灯熄灭；也可能是跳闸回路断线或控制熔断器熔断，这将造成断路器拒跳。断路器处于跳闸状态时，发现红、绿灯同时熄灭，则可能是绿灯的灯丝断开，或控制熔断器熔断，或合闸回路断线所致，这时有可能造成断路器拒合。

### 9-145　什么叫断路器的跳跃？防跳跃的措施有哪些？防跳继电器如何起到防跳跃的？

答：跳跃是指断路器合闸于故障线路时，由于合闸信号的一直存在，断路器反复跳合的现象。这种现象不仅会损坏断路器，而且由于故障长时间不能被切除，还可能导致故障范围的扩大，因此，必须采取有效的措施防止断路器跳跃。防止断路器跳跃的措施有电气"防跳跃"和机械"防跳跃"，35kV 及以上断路器常用的是电气"防跳跃"。

在图 9-14 中，KCF 为专设的防跳继电器。防跳继电器 KCF 有两个线圈：一个是供启动用的电流线圈 KCF3-4，接在跳闸回路中；另一个是自保持用的电压线圈 KCF1-2，通过本身的动合触点 KCF-1 接入合闸回路。

控制开关 SA 的触点 5-8 接通合闸回路，使断路器合闸。当断路器主触头闭合，控制开关手柄尚未复位或其触点被卡住期间，若一次回路有故障，继电保护动作，保护出口继电器 KCO 动合触点闭合，断路器 QF 迅速跳闸。同时，防跳继电器的电流线圈 KCF3-4 中因通过足够大电流，防跳继电器动作，其动断触点 KCF-2 断开，断开断路器合闸回路，避免再次合闸；同时防跳继电器动合触点 KCF-1 闭合，防跳继电器的电压线圈 KCF1-2 经控制开关 SA 的触点 5-8 接至控制母线的正极，防跳继电器 KCF 实现自保持，即使防跳继电器电流线圈 KCF3-4 断电后，

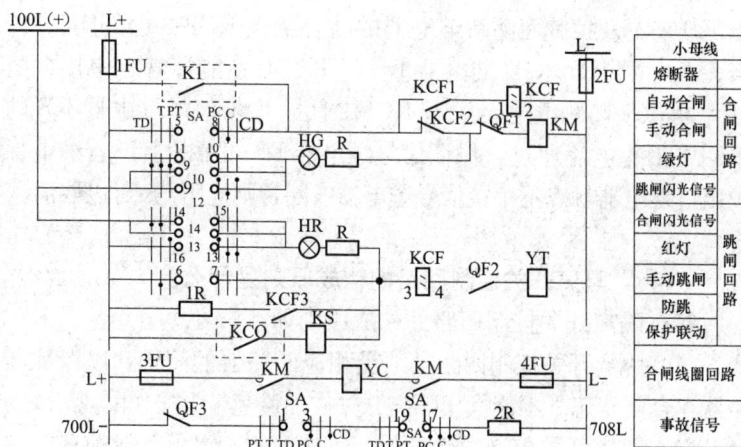

图 9-14 灯光监视的电磁操动机构断路器控制回路图

SA—控制开关；KS—信号继电器；KCF—防跳继电器；1R、2R、

R—限流电阻器；KM—合闸接触器；YC—合闸线圈；YT—跳闸线圈；

KCO—保护出口继电器；K1—自动合闸装置；100L（＋）—闪光小母线；

L＋、L－—控制小母线；708L—事故音响信号小母线；700L—信号小母线

KCF-2 仍能闭锁合闸回路，直到控制开关 SA 的手柄复位返回，触点 5-8 断开，才能解除防跳继电器 KCF 的自保持作用，断路器才允许再次合闸，从而达到防跳跃的目的。

防跳继电器动合触点 KCF-3 的作用是为了保护出口继电器 KCO 的触点，防止其因切断较大的跳闸电流而被烧坏。因为断路器 QF 自动跳闸时，KCO 的触点可能较跳闸回路的断路器辅助触点 QF-2 先断开。在事故跳闸时，防跳继电器 KCF 动作，其动合触点 KCF-3 闭合，由于防跳继电器动合触点 KCF-3 与保护出口继电器 KCO 的动合触点并联，保护出口继电器 KCO 的动合触点断开时，防跳继电器动合触点 KCF-3 还在合位，因而保护出口继电器 KCO 的动合触点得到了保护。

与触点 KCF-3 串联的电阻 1R 的作用是，当继电保护出口继电器 KCO 的触点串接电流型的信号继电器 KS 时，继电保护出口继电器 KCO 的触点闭合将使继电器 KS 线圈中流过跳闸电流，

当 KS 来不及掉牌而防跳继电器的动合触点 KCF-3 已经闭合时，若无此电阻 1R，信号继电器 KS 将失电而不能掉牌。串接电阻 1R，可以使防跳继电器触点 KCF-3 闭合后，信号继电器 KS 的线圈中仍有电流通过，保证信号继电器 KS 可靠掉牌。若继电保护出口继电器触点不串接信号继电器线圈，则电阻 1R 可以取消。

### 9-146　隔离开关控制回路的构成原则是什么？

答：隔离开关控制回路的构成原则如下：

（1）隔离开关控制回路必须受相应断路器的闭锁，以保证断路器在合闸状态下不能操作隔离开关，即避免带电操作隔离开关。

（2）隔离开关控制须受接地开关的闭锁，以保证接地开关在合闸状态下，不能操作隔离开关。

（3）操作脉冲应是短时的，完成操作后，应能自动解除。

（4）隔离开关应有所处状态的位置信号。

上述原则提出了隔离开关控制回路的闭锁要求，即需要与相应断路器、接地开关相互闭锁。

### 9-147　控制开关具有预备位置有何优点？

答：控制开关手柄共有六个位置："预备合闸"、"合闸"、"合闸后"、"预备跳闸"、"跳闸"、"跳闸后"。之所以设置"预备合闸"和"预备跳闸"，目的是促使运行人员判断所操作的设备是否正确，以减少误操作的可能。

### 9-148　同期装置的作用是什么？

答：在电力系统运行过程中，枢纽变电站经常需要把系统的联络线或联络变压器与电力系统进行并列。这种将小系统通过断路器合并成大系统的操作称为同期操作。所谓同期即断路器两侧电压大小相等、频率相等、相位相同。同期装置的作用是用来判断断路器两侧是否达到同期条件，从而决定断路器能否合闸的专用装置。变电站对于需要经常并列或解列的断路器装设手动准同期装置，一般采用集中同期方式。该方式在同一时刻，只允许有一台断路器进行同期合闸。

**9-149 发电厂、变电站中为什么要装设信号装置？信号装置可以分为哪几类？**

**答：**在发电厂、变电站中，为了掌握电气设备的工作状态，需用信号及时显示当时的情况，如断路器、隔离开关是在合闸位置还是在分闸位置；断路器分合闸操作是手动动作的还是自动动作的。发生事故及不正常运行情况时，应发出各种灯光信号及音响信号，提示运行人员迅速判明事故的性质、范围和地点，以便做出正确的处理。在各车间之间，还需用信号进行相互联系。所以，信号装置具有十分重要的作用。信号装置按用途分为以下几种：

（1）事故信号。当一次系统发生故障，即断路器事故跳闸时发出事故信号。事故信号有光信号和音响信号组成。断路器事故跳闸时立即启动蜂鸣器发出较强的音响，通知运行人员进行处理。同时，断路器的位置指示灯发出闪光。

（2）预告信号。当电气设备出现不正常用运行情况时，如设备过负荷、控制回路断线、设备温度过高等应发出预告信号，通知运行人员加强监视并进行及时的处理，以防发展成为事故。预告信号也是由光信号和音响信号组成。音响信号一般由电铃发出，提醒运行人员的注意；光信号是利用光字牌发出，告知不正常运行情况的性质、地点。

（3）位置信号。位置信号包括断路器的位置信号和隔离开关的位置信号，前者用灯光表示，而后者用一种专用指示器表示。

（4）指挥信号和联系信号。指挥信号和联系信号主要用于车间的相互联系。

事故信号和预告信号装设在主控置室的信号屏上，通常合称为中央信号。中央信号既有采用以冲击继电器为核心的电磁式集中信号系统，也有采用触发器等数字集成电路的模块式信号系统，而其发展方向是用计算机软件实现信号的报警，并采用大屏幕代替信号屏。

### 9-150 信号系统要满足哪些基本要求？

**答：**（1）断路器事故跳闸时，能及时发出音响信号，并使相应的位置指示灯闪光，信号继电器掉牌，点亮"掉牌未复归"光字牌。

（2）系统出现不正常情况时，能及时发出区别于事故信号的另一种音响，并点亮显示故障性质的光字牌。

（3）能检验事故信号、预告信号回路是否完好。

（4）音响信号能重复动作，并能手动及自动复归，而显示故障地点及性质的光信号仍保留。

（5）对指挥信号、联系信号应根据需要装设，装设的原则是应使运行人员迅速、准确地确定所得信号的性质和地点。

### 9-151 发电厂、变电站的直流系统构成部分有哪些？有什么作用？对其有什么要求？

**答：**直流系统便是由直流电源装置、直流配电装置、控制和监测装置等构成的直流供电网络，在正常及事故状态下为厂用负荷提供可靠的直流操作电源。目前，发电厂、变电站中大都采用蓄电池组直流系统作为直流操作电源。其主要作用是为如下负荷提供直流电源：

（1）控制室及就地操作的主配电装置、厂用配电装置的控制、信号回路，以及各级配电装置的断路器控制回路等。

（2）直流控制的各级厂用电动机的控制、信号回路。

（3）汽轮机、给水泵的直流润滑油泵及发电机直流氢冷密封油泵的电动机。

（4）事故照明网络。

（5）继电保护及自动装置。

（6）其他直流用电设备，如 UPS、通信备用电源、电气实验室直流负荷等。

随着现代电力系统向大机组、大电网、超高压、高度自动化方向的快速发展，其直流系统运行品质对保证发电厂、变电站及电力系统的安全运行有着十分重要的影响。因此对直流系统应满足如下要求：

（1）系统接线简单清晰、安全可靠、操作方便。

（2）直流系统供电不受电网运行方式变化的影响，保证供电的高度可靠性。

（3）运行稳定，具有足够的容量，以保证正常运行及故障状态下的供电。

（4）蓄电池及充电装置应安全可靠，免维护或少维护。

（5）自动化程度高。可实现直流系统微机在线监测，并实现与发电厂、变电站控制系统的通信接口。

（6）使用寿命长，投资小，布置面积小。

### 9-152　什么是直流电源监控系统？其功能是什么？

**答：** 直流电源监控系统是直流电源控制、监视及管理的总称，它的基本功能是完成被监控设备与监控中心的信息交流，是对被监控的直流设备实施"四遥"即遥信、遥测、遥控和遥调功能，完成被监控设备的配置、操作、状态和故障等工况的有序管理。

# 第十章

# 发电机启停、运行及运行监测维护

**10-1　联合循环机组的发电机在启动前应做好哪些项目的检查？**

**答：**（1）发电机—变压器组的一、二次设备安装完毕或检修终结后，在启动前应将工作票全部收回。详细检查各部分及周围的清洁情况，各有关设备、仪表是否完好，短路线和接地线是否拆除，检修人员是否已撤离现场。

（2）检查升压变压器和厂用变压器油位是否正常，各散热器蝶阀、冷油器进出油阀是否全开，主断路器油位、操动机构是否正常。

（3）将经过过滤与干燥的压缩空气通入发电机，保持机座内压力达到 0.3MPa，并在转子静止状态下，检查发电机氢冷系统、油路、气路与水路的密封性。

（4）进水前检查滤净设备是否完好，水质的导电率、硬度、pH 值等是否达到要求。

（5）检查轴承润滑油路及高压顶轴设备，在油压大于 15MPa 时，顶起高度是否大于 0.04mm。

（6）打开定子汇水管上的排气阀门，启动冷却水泵，开启定子绕组的进水阀，待从排气阀门溢水时关闭汇水管上的排气阀门，维持定子进水压力为 0.2～0.5MPa。

**10-2　联合循环机组的发电机在启动前应测量的项目有哪些？**

**答：**（1）在冷态下测量转子绕组的直流电阻和交流阻抗。

（2）测量定子、转子绕组的绝缘电阻。

定子绕组的绝缘电阻采用 1000～2500V 绝缘电阻表测量，

其绝缘电阻值未作规定，但若测得结果较前次有明显降低（如为前次的 $1/3 \sim 1/5$），则应查明原因并将故障消除；转子绕组的绝缘电阻应包括发电机转子及向其供电的励磁机回路，测量时应采用 $500 \sim 1000V$ 绝缘电阻表。励磁回路全部绝缘电阻若低于 $0.5M\Omega$ 时，应采取措施加以恢复。

**10-3　联合循环机组的发电机在启动前应试验的项目有哪些？**

答：（1）在通水情况下，进行发电机定子绕组对地交流耐压试验，试验电压为

$$0.75 \times (2U_N + 3000) = 32\ 250(V)$$

式中　$U_N$——发电机的额定电压，试验时间为 1min。

（2）对定子绕组水路进行 0.75MPa、8h 的水压试验，应无渗漏现象。在额定水压下通水循环 4h 以后，绝缘电阻仍应符合要求。

**10-4　联合循环机组中的发电机在启动时应注意的问题有哪些？**

答：对安装和检修后第一次启动的机组，应缓慢升速并监听发电机的声音，检查轴承给油情况及振动情况。在确认无摩擦、碰撞声后，逐渐增加转速，然后迅速通过一阶临界转速。通过临界转速时，轴承座的振动值要大些，但不应大于 0.1mm。这时还要检查集电环上的电刷是否有跳动、卡涩或接触不良现象，如有，应设法消除。如无异常情况，即可升速至额定转速 3000r/min。

**10-5　9F 级燃气轮发电机的启动是一个怎样的过程？**

答：9F 级燃机若靠自身透平做功，不能满足燃机快速启动的要求，故需外加能量拖动转子转动。该机组采用静态频率转换装置（SFC）与励磁系统配合带动同步发电机作为同步电动机转动。简单地说，励磁启动装置产生直流到发电机转子以提供一个南、北极磁场，SFC 将厂用电源经过晶闸管整流、逆变后为发电机定子提供一个频率变化的交变电源，通过控制 SFC 逆变后的电流和频率来控制发电机转子转速。SFC 作用于转速

0～2000r 的时候，2000r 后靠燃机透平自身做功，转子转速可迅速到达 3000r，整个过程约 30min。在 2000r 内，SFC 对发电机转速的控制分几个阶段：第一阶段：0～300r，SFC 晶闸管采用强制脉冲换相。300r 后转入负荷换向。第二阶段：加速到约700r 时，需对燃机进行吹扫，将上次燃烧室内未燃尽的气体吹出。此时，SFC 的输出电流和转速保持不变，维持约 400s。第三阶段：降速到 600r 左右，燃机点火。第四阶段：经过约 40s 点火成功后，SFC 和燃机共同出力，带动机组到达 2000r 时，SFC 和启动励磁装置退出，转由燃机拖动到达 3000r。

**10-6　什么是发电机的升压？**

**答：** 当发电机升速至额定转速下，就可以加励磁升高发电机定子绕组电压，简称升压。

**10-7　发电机升压时有哪些注意事项？**

**答：** 发电机的电压可以立即升高至规定值，但在接近额定值时，不可调整过快，以免超过额定值。除此以外，还应注意以下几点：

（1）三相定子电流表的指示均应等于或接近于零，如果发现定子电流有指示，说明定子绕组上有短路（如临时接地线未拆除等），这时应减励磁至零，拉开灭磁开关进行检查。

（2）三相电压应平衡，同时也以此检查一次回路和电压互感器回路有无开路。

（3）当发电机定子电压达到额定值，转子电流达到空载值时，将磁场变阻器的手轮位置标记下来，便于以后升压时参考。核对这个指示位置可以检查转子绕组是否有匝间短路，因为有匝间短路时，要达到定子额定电压，转子的励磁电流必须增大，这时该指示位置就会超过上次升压的标记位置。

**10-8　什么是并列？常见的并列的方式有哪些？**

**答：** 将同步发电机投入系统并列运行的操作，称为并列操作。

常见的并列的方式有两种，分别是准同期并列和自同期并列。

### 10-9　并列操作应满足的条件是什么？

**答**：并列时应满足三个条件：

（1）待并发电机的电压与系统电压相等。

（2）待并发电机的频率与系统频率相等。

（3）待并发电机的电压相位角与系统的电压相位角一致。

当然，在实际运行过程中，待并发电机的三大指标与运行系统完全相同是有些难度的，所以只要指标的误差在运行范围内，就认为是满足了并列的条件。

### 10-10　什么是准同期并列？有几类？

**答**：准同期并列是指将待并发电机的电压、频率、相角调整的与运行系统完全相同时，将待并发电机与系统之间的断路器合上，完成发电机的并列过程。准同期并列可分为手动准同期和自动准同期两大类。

手动准同期操作很大程度上依赖运行人员的经验，经验不足者往往不易掌握好合闸时机，从而发生非同期并列事故。因此，现在广泛进行自动准同期并列。

### 10-11　什么是自同期并列？它的优缺点是什么？

**答**：自同期并列是，当待并发电机的转速接近额定转速（相差±2%范围之内）时，在励磁开关断开的情况下，先合上发电机的主开关，然后再自动合上励磁开关，加上励磁，使发电机自动拉入同步。

采用自同期并列的优点是：

（1）操作简单。

（2）可防止非同期并列引起的危险。

（3）在紧急情况下，可以很快地将发电机并入系统，对加速事故的处理有很重要的意义。

自同期并列的缺点是，并列时待并发电机会受到较大电流的冲击，甚至使系统电压降低。对于 100MW 及以上的发电机，是否能采用自同期并列，应经过试验后慎重决定。

**10-12 发电机同期并列的步骤是什么？其中有哪些注意事项？**

**答：** 发电机同期并列时的操作步骤为：

（1）DCS 选择并列点并保持；

（2）若欲使同期装置做"同步表"、"单侧无压"合闸、"双侧无压"合闸操作，则 DCS 将相应的开入量接通并保持，若此次操作是同期操作，则跳过此步；

（3）DCS 控制"同期装置上电"；

（4）DCS 启动同期工作；

（5）同期装置工作并合闸；

（6）DCS 控制"同期装置退电"；

（7）DCS 退出"并列点选择"、"单侧无压"确认、"双侧无压"确认信号。

同期装置运行时，应注意以下事项：

（1）机组正常运行中装置送电备用，运行人员应定期进行检查。

（2）在按下装置面板上的复位键后，装置的程序将复位。正在同期过程中，按下该按钮将会导致本次命令丢失，因此，在正常情况下不应使用该键。

（3）正常运行时同期退出连接片应取下，该连接片仅作为同期装置故障时检修人员进行试验的后备手段。

（4）当发电机转速维持在 2985～3015r/min 并稳定后，方可投入同期装置。

（5）并列时，机组长（单元长）、专工监护，主值操作。

（6）禁止其他同期回路操作。

（7）同期表转动太快、跳动、停滞等现象时，禁止合闸。

（8）同期装置运行不能超过 15min。

（9）若调速系统很不稳定，不能采用自动准同步装置进行
并列。

**10-13　什么是发电机的正常运行方式？**

**答**：发电机按运行规程规定数据运行的方式称为正常运行方
式或额定运行方式。

**10-14　发电机内部的温度是如何测得的？**

**答**：发电机定子绕组的温度可用埋入在导线间的检温计测
量；而定子铁心的温度，则用埋入铁心间的具有检温计的扇形酚
醛连接片来测量，这些温度都经过测量装置反应在汽轮机操作盘
的温度表上，运行人员可通过温度表来监视发电机温度。此外，
也可以通过带电测温装置用比较法测得发电机运行中定子绕组的
平均温度。

转子绕组的温度一般是根据冷热状态下的电阻的变化测量，
或根据转子电压表、转子电流表的指示计算得出。

**10-15　发电机在运行过程中的温度波动，可能带来的后果
有哪些？**

**答**：电机的绝缘由于电场的影响和各种机械力的作用以及污
垢、潮湿、氧化、受热等原因，逐渐老化，进而损坏。对于绝缘
的老化，有着重大影响的是绝缘的受热温度。绝缘的受热温度越
高，绝缘的老化越快，寿命越短。有时甚至由于某种原因，使绝
缘温度过高进而导致机组烧毁。因此，在发电机运行中，必须特
别注意发电机的各部温度、温升，使其不超过允许数值，以保证
发电机的安全运行。

**10-16　同步发电机的基本运行特性有哪些？分别代表什么
含义？**

**答**：（1）空载特性：同步发电机的空载特性是指发电机在额

定转速的空载运行条件下，定子绕组端电压和励磁电流关系曲线。

（2）短路特性：短路特性是指发电机在额定转速下，定子电压为零时，定子短路电流与转子电流的关系曲线。

（3）负载特性：发电机负载特性是指水平坐标 $x$ 是表示负载大小，垂直坐标 $y$ 是表示电压值，发电机空载时输出电流为零，这时把对应输出电压标在 $y$ 坐标，输出电流增加输出电压会有变化，直到输出为额定电流，这样得到的一根曲线就是这台发电机的负载特性，

（4）外特性：外特性一般指在内电动势不变的情况下，负载电流变化时，发电机机端电压变化的曲线，主要是测试发电机的纵轴同步电抗，也就是发电机的内阻抗，是同步发电机带负载能力的重要指标。

（5）调整特性：发电机的调整特性是指在发电机定子电压、转速和功率因数为常数的情况下，定子电流和励磁电流之间的关系。

### 10-17　当发电机的运行电压过高时，对整个系统产生的危险有哪些？

**答：** 发电机连续运行的最高允许电压应遵循制造厂的规定，但最高电压不得大于额定值的 110%，因为当电压过高运行时可能产生以下危险：

（1）转子励磁电流增加，可能使转子绕组温度超过允许值。若维持转子电流不变，则需降低出力。

（2）定子铁心磁通密度增大，铁损增加，可能使定子铁心和定子绕组温度超过允许值。

（3）由于定子铁心磁通密度增大，铁心饱和后发电机端部漏磁也会增加，会引起发电机的实体部分（如漏磁逸出轭部，绕穿机座某些结构部件，如支持筋、机座，齿压板等）和支持端部的金属零件发生过热，造成事故。

（4）过电压运行对定子绕组绝缘（如存在绝缘薄弱点）有击穿危险。

**10-18　当发电机的运行电压过低时，对整个系统产生的危害有哪些？**

**答：**发电机的最低运行电压一般不应低于额定值的 90%。电压过低造成的危害是：

（1）引起系统并列运行稳定性问题和发电机本身励磁调节稳定性问题。当发电机电压低于 95% 以下运行时（一般到 90%），会使系统并列运行稳定度大大降低，因为此时由于励磁电流的减少使定子磁场和转子磁场拉力减少，很容易产生失步和振荡。此外，发电机正常运行时，铁心磁密工作在饱和区，当降低电压使发电机工作在不饱和区后，励磁电流的较小变化将会引起电压的较大波动，调节是不稳定的。

（2）定子绕组温度可能升高。在电压降低时若要保持出力不变，必须增加定子电流。当电压降低到额定值的 95% 时，定子电流长期允许值不得超过额定值的 105%。因为当电压低于额定值时，铁心磁密降低，铁损降低。所以稍微增加定子电流，绕组温度不会超过允许值，但当电压低于 95% 以下时，定子电流就不允许再增加，否则定子绕组温度会超过允许值。

（3）引起厂用电动机和用户电动机运行情况恶化。因为电动机力矩与电压平方成正比，电压下降使电动机力矩大为下降，引起电动机电流增大而发热。对厂用电还要影响机组出力，可能导致发电机运行状况变坏，引起更大事故。

**10-19　当发电机的运行频率过低时，对系统造成的影响有哪些？**

**答：**发电机运行频率过低，对运行中的发电机会产生以下影响：

（1）当发电机的转速降低时，就使发电机端部通风量减少，冷却条件变坏，使绕组和铁心的温度增高，造成机组的出力降低。

（2）发电机的感应电势与频率和磁通成正比，因此如果频率降低，要在同样负荷情况下保持母线电压不变，必须相应地增加磁通，即增大转子的电流，这样就使转子过热，要避免过热就要降低负荷。定子铁心内磁通虽然增加，但因频率的降低使其铁损减小，抵消了因磁通增加而增加的铁损，所以定子铁心的温度变化不大。

（3）汽轮机在较低转速下运行时，会造成叶片的过负荷，产生机组振动，影响叶片寿命，同时容易引起其他事故。

（4）当频率降低时，发电厂的厂用电动机转速也相应下降，这样会影响发电厂的正常生产。如循环水量不足，凝结水抽出较慢，造成汽轮机真空下降，锅炉给水压力不足，影响锅炉上水，从而又影响锅炉的汽压降低，使水位不够稳定等。所有这些都会影响到发电机的出力，又转而促使系统频率再度降低，如此循环下去，会造成电力系统频率崩溃。

### 10-20 运行中的发电机常见的巡视检查项目有哪些？

**答：**（1）对发电机及励磁机电刷的检查。电刷应完整，不卡塞，不剧烈振动，不过短、无火花，刷架清洁无灰尘，电刷及连线完好，无过热现象。

（2）发电机无异音、无振动、无窜轴等现象，并应注意有无焦味。

（3）从窥视孔观察应无异状，端部绕组应无火花，套管温度应正常。

（4）灭火装置应有正常水压。

（5）励磁开关室内设备正常、清洁，接点严密无过热。

（6）检查发电机空气冷却室的门应关闭严密，冷却阀门应开度正常，如发现冷却风温度不正常时，可通知汽机副司机调节。

（7）检查发电机各部温度不应超过规定值。

发电机在运行中除进行上述检查外，对励磁回路的绝缘电阻应进行监视，规定每班要测量一次，测量结果不应低于 $0.5M\Omega$。

**10-21　发电机运行中应监测的参数有哪些？**

**答：**（1）机内温度监测：定子槽内层间温度；定子绕组出水温度；定子铁心温度；机内各风区内的冷、热气体温度；氢气冷却器出风（冷氢）温度；定子绕组进水温度；轴瓦温度；集电环温度；集电环出风温度和转子绕组温度等。

（2）振动监测：在线监测轴振动和轴承座振动情况，振动值不应超过其规定值。

（3）冷却介质及润滑剂监测：定子冷却水水质（包括电导率、硬度、pH 值等）；定子冷却水的压力、流量及进水温度；氢气湿度和纯度等；机内氢压及氢温；密封油压力，进、出油温度等；轴承润滑油油压力，进、出油温度等；氢气冷却器的进、出水温度、水压及水流量等。

（4）漏水、漏油监测：机座中心底部、汽励两端冷却器下部、出线盒底部和中性点罩壳底部等部位配置液位信号计。

（5）炭刷监测。定期检查炭刷的运行情况，当出现火花时，检查炭刷压力是否分布均匀，刷辫与刷块之间是否有松动现象等。定期检查接地炭刷与转轴的接触状况。

（6）励磁回路的绝缘电阻：定期对励磁回路的绝缘电阻和励端轴瓦及密封座的绝缘电阻进行测量，其值应符合规定要求（用 500V 和 1000V 绝缘电阻表测量分别不低于 $1M\Omega$）。

（7）发电机绝缘局部过热监测：根据需要配置发电机绝缘局部过热监测装置，可在线监测发电机内部绝缘局部过热隐患，以便早期判断发电机内部绝缘过热，并能够区分发电机定子线棒、铁心和转子绕组等不同部位的绝缘故障。

**10-22　什么是发电机的静态稳定性？什么是发电机的暂态稳定性？**

**答：**发电机在正常运行状态下受到受到小的扰动（没有改变发电机的功角特性的扰动），扰动消失后，能恢复到原来稳定状态的能力叫静态稳定性。

暂态稳定是指发生突然的急剧的大扰动（如短路故障、输电线路突然切除等），使发电机的功角特性发生变化时，经过一个机电暂态过程，发电机能否继续维持稳定运行的能力，即能否恢复到原来的工作状态或过渡到新的工作点稳定工作，继续保持与系统同步运行。

### 10-23  发电机静态稳定运行的条件是什么？

答：静态稳定运行的条件是

$$\frac{dP}{d\delta} > 0$$

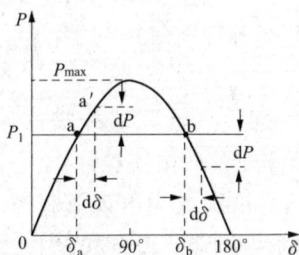

图 10-1  汽轮发电机的功角特性

由图 10-1 所示的功角特性曲线可看出，$\delta < 90°$时，$\frac{dP}{d\delta} > 0$，发电机能稳定运行；$\delta > 90°$时，$\frac{dP}{d\delta} < 0$，发电机不能稳定运行，为非稳定区。在 $\delta = 90°$时，就达到稳定极限，此时对应的电磁功率称为理论静态稳定极限功率。

### 10-24  发电机暂态稳定运行的条件是什么？

答：暂态稳定的判据是：电网遭受每一次大扰动（如短路、重合于故障、切除线路或机组等）后，引起电力系统机组之间的相对角度增大，在经过第一个角度最大值后作同步的衰减振荡，系统中枢点电压逐渐恢复。

### 10-25  什么是电气制动？什么是快关汽门？快关汽门有什么作用？

答：电气制动是指在故障切除后，人为地在送端发电机上短时间加一电负荷，吸收发电机的过剩功率，以便校正发电机输入和输出功率之间的平衡，以提高系统的运行稳定性。

快关汽门是指在线路故障并使发电机突然甩负荷时，快速关闭汽轮机的进汽阀门，以减少原动机的输入功率，并在发电机第一摇摆周期摆到最大功角时，再慢慢地将汽门打开。快关汽门的作用是减少机组输入和输出之间的不平衡功率，减少机组摇摆，提高发电机的暂态稳定性。

**10-26　什么是发电机的 P—Q 曲线？发电机 P—Q 曲线的物理意义是什么？**

**答：**发电机的 P—Q 曲线，就是表示其在各种功率因数下，允许的有功功率输出 P 和容许的无功功率输出 Q 的关系曲线，又称为发电机的安全运行极限。

发电机的 P—Q 曲线，是在发电机端电压和冷却介质温度一定，不同氢压条件下绘制的。发电机在额定电压、额定氢压和额定冷却介质温度下的运行范围图是 P—Q 曲线的基础。

发电机的 P—Q 曲线，可根据其相量图绘制，根据安全运行的四个允许条件，将 B、C、D、H、F、G 点连成曲线，就构成发电机的安全运行极限，如图 10-2 所示。

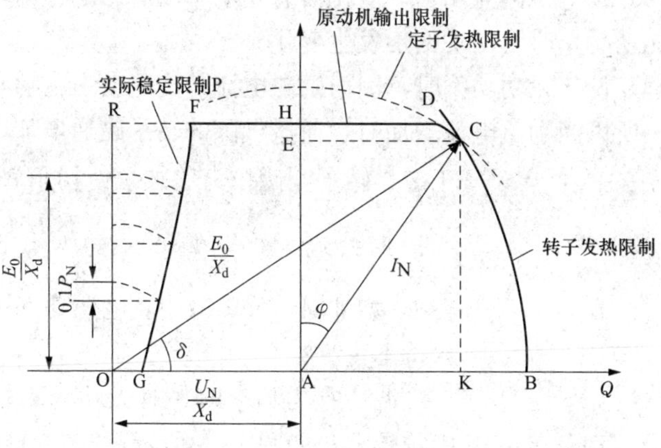

图 10-2　汽轮发电机的 P—Q 曲线

汽轮发电机的 $P—Q$ 曲线，表明了发电机运行受定子长期允许发热（决定了定子额定电流）、转子绕组长期允许发热（决定了额定励磁电流）、原动机功率、额定极限等几方面的限制。

**10-27 发电机在正常运行中，怎样调节其有功功率和无功功率？**

答：（1）正常运行中，调节发电机的有功功率，即用改变原动机的输入功率，以改变发电机的输出功率，它借手动或电动调节汽轮机的调速汽门来完成。

（2）无功功率的调节靠调节励磁电流的大小，即调节磁场回路的可变电阻调节励磁调节器的整定电位器，增加或减少发电机的励磁电流，便可达到增加或减少无功功率的目的。

**10-28 发电机在正常运行中，无功功率和有功功率的变化对彼此是否有影响？原因是什么？**

答：（1）发电机的有功功率变化时，无功功率也相应有变化，但发电机自动调节励磁装置投入时，无功功率略有减少，减少有功功率时，无功功率略有增加。

（2）发电机的无功功率变化对有功功率没有影响，即增加或减少无功功率时有功功率不发生变化。

（3）调节无功功率时，因为励磁电流的变化会引起功角 $\delta$ 的变化，所以当励磁电流增加时，通过气隙的转子磁通增加，相当于定、转子间磁拉力增加，使功角 $\delta$ 减小。

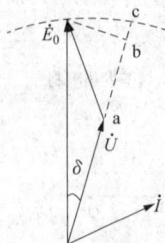

或根据公式 $P_G = mUI\cos\varphi = m\dfrac{E_0 U}{X_d}\sin\delta$，在 $E_0$ 增加时，$\sin\delta$ 减小，电磁功率可基本保持不变。

调节有功功率时，对无功功率输出的影响较大，如图 10-3 所示。有功分量电流增加，保持 $E_0$ 不变时，无功分量就减小，

图 10-3 同步发电机
简化相量图

当功角 $\delta$ 越大时，无功分量电流也就越小。当励磁调节器投入自动时，若有功功率增加，调节器会自动增加励磁，保持有功功率、电压不变。

### 10-29　实际运行中，发电机的安全运行极限会受到哪些因素的影响？

**答**：（1）当发电机的允许出力不受原动机出力限制时，$P—Q$ 曲线的上面部分将不再是一水平的直线段，而是由定子允许电流决定的圆弧。

（2）发电机的安全运行极限还与发电机的端电压有关。当发电机端电压比额定值大时，在图 10-2 上曲线中的 GF 部分将向左移。若发电机端电压降低，GF 部分将向右移，如图 10-2 所示。

（3）在考虑外电抗 $X_s$ 时，发电机进相运行静稳定极限的轨迹是一个圆，圆心在 $Q$ 轴上 $O'$ 点，距 $P—Q$ 坐标原点距离为 $\left[\dfrac{U^2}{2}\left(\dfrac{1}{X_s}-\dfrac{1}{X_d}\right)\right]$，半径为 $\left[\dfrac{U^2}{2}\left(\dfrac{1}{X_s}+\dfrac{1}{X_d}\right)\right]$，$X_s < X_d$，如图 10-4 所示。进相运行时，静稳定极限和外电抗 $X_s$ 有关，外电抗 $X_s$ 越大，轨迹圆的半径越小，即静态稳定极限功率越小。外电抗越小，静态稳定

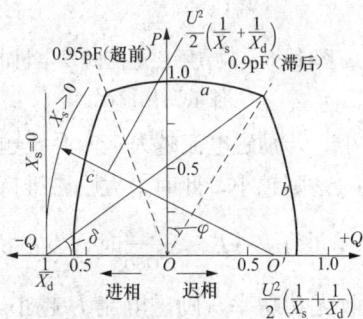

图 10-4　发电机进相运行时的静态稳定极限

极限功率越大，若是外电抗 $X_s=0$，则相当于发电机直接接至无穷大系统运行，轨迹是一垂直于 $Q$ 的直线，即上述的理论静稳边界。

总之，实际运行中，同步发电机的功率调整，不但要考虑以上三个条件的制约，还要考虑发电机端电压的变化、系统阻抗的高低，还要受定子端部铁心和定子端部构件温升的附加限制。

**10-30 调节励磁电流时，发电机的工作状态将如何变化？**

**答：** 在保持输出有功功率不变，定子电流随励磁电流变化而变化的情况，由公式 $\dot{E}_0 = \dot{U} + \mathrm{j}\dot{I}X_d$ 可作出相量图，如图 10-5 所示。

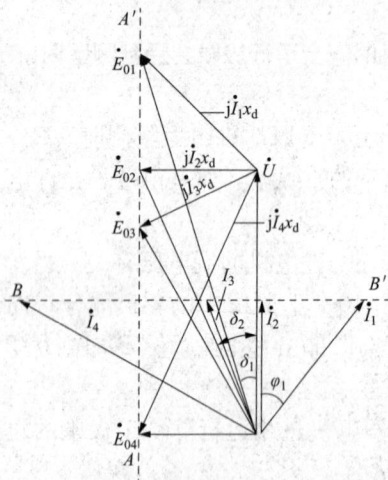

当 $I_f \rightarrow E_0 = \dfrac{U}{\cos\delta}$ 时（用标幺值表示），$Q = 0$。当有功负荷 $P$ 增加大时，功角 $\delta$ 增大，维持 $Q = 0$ 所需的励磁电流也越大。

当 $I_f \rightarrow E_0 > \dfrac{U}{\cos\delta}$ 时，发电机处于过励磁运行状态，向系统输出无功功率，此时，功角 $\delta$ 值显得相当小。若励磁电流越大，向系统输送的无功 $Q$ 和定子电流 $I$ 也越大，$\cos\varphi$ 则越小，此时最大励磁维持电流不应超过转子的额定电流。

图 10-5 调节励磁电流时发电机的各量变化情况

当 $I_f \rightarrow E_0 < \dfrac{U}{\cos\delta}$ 时，发电机处于欠励磁运行状态，从系统吸收无功功率，励磁电流 $I_f$ 越小，从系统吸收的无功功率 $Q$ 越多，定子电流 $I$ 和功角 $\delta$ 也越大，$\cos\varphi$ 则越小。

## 10-31 什么是发电机的进相运行？

**答：** 常规情况下，由于感性负荷较多，一般发电机在发出有功功率同时，还要发出感性无功功率来满足要求。此时发电机增加励磁电压和电流，发电机功率因数滞后；但是在高电压及超高压输电线路中，由于线路的电容效应大于负荷的感性效应，所以要求发电机发出容性无功功率来满足要求。此时发电机将降低励磁电压和电流，发电机功率因数超前运行，也叫进相运行。

### 10-32 发电机进相运行的注意事项有哪些？

答：发电机进相运行会引起系统稳定性的降低和发电机端部构件发热现象。进相运行时需注意：

（1）如果发电机运行工况正常、冷却系统等辅助系统参数无异常，自动励磁调节装置正常，保护投入及运行正常的情况下，根据需要发电机可以进相运行。进相运行时应满足发电机容量曲线和 V 形曲线的要求。

（2）进相运行时应对发电机各部位加强监视、检查，重点检查发电机端电压、厂用电压不低于正常要求的范围，冷却系统各温度、压力、流量正常，励磁调节装置应在"自动"位置运行，发电机定子绕组温度、端部铁心温度指示正常。如发生异常应立即停止进相运行。

（3）如果进相运行是由于励磁系统故障等设备原因引起的，只要未出现振荡或失步，可适当降低发电机的有功负荷，尽快提高励磁电流使发电机脱离进相状态，然后立即查明原因并消除。如果不能恢复时，应尽早解列停机。

### 10-33 适应发电机进相运行的措施有哪些？

答：（1）定子铁心端部结构，如压指、压圈、通风槽钢等，均采用非磁性材料。

（2）端部采用整体冲压成形的铜屏蔽结构。

（3）边端铁心设计成阶梯状，拉大转子漏磁通在气隙中的路径。

（4）在边端铁心齿中间开窄槽，阻断轴向漏磁通产生涡流的路径。

（5）加强边端铁心的通风冷却。

（6）定子铁心冲片绝缘采用含有无机填料的 F 级绝缘漆，提高可靠性。

（7）设置端部构件温度的测温元件。

**10-34 发电机在制造和运行的过程中应采取哪些措施以完成发电机调峰的作用？**

答：近年来，我国电网峰谷差日益增大，有的机组承受繁重的调峰任务，发电机频繁起停调峰，使定、转子绕组在热循环应力下产生绕组变形，可能引起定子绕组松动，转子引起匝间短路故障。频繁起停的发电机更容易发生机内进油，因此应在发电机制造和运行中采取相应的措施。具体如下所述：

（1）定子绕组端部在轴向的可伸缩结构，可避免由于负荷变化而产生的热应力对绕组的危害。

（2）定子绕组用F级环氧粉云母，具有良好的绝缘性能和机械性能。

（3）定子绕组冷却水进水设置温度自动调节装置，保持冷却水温度恒定。

（4）转子绕组的槽部和端部设置滑移层，保证铜线可自由热胀冷缩。

（5）转子铜线为含银铜线，抗蠕变能力强。

（6）发电机设置轴向、横向定位键，机座的热胀冷缩不会导致中心线位移。

（7）出线套管设置伸缩弹簧，导电杆可有一定的热胀冷缩空间。

此外，在运行中应尽量保持氢气压力的稳定，避免发电机在低氢压下运行。调峰运行的发电机，在停机和大修中要进行动态、静态匝间试验。

**10-35 什么是发电机的解列？**

答：当电力系统受到干扰，其稳定性遭到破坏，发电机之间失去同步，电力系统就过渡到非同步振荡的状态。非同步振荡无法恢复同步，则将两个不同步部分之间的联系切断，分解成两个互不联系的部分，从而结束非同步振荡，称为解列。

**10-36　发电机解列前应如何操作？有哪些注意事项？**

**答：**（1）在接到电网调度员解列命令后，操作人员应按值长命令填写操作票，经审核批准后执行。发电机出线上带有厂用电，应将厂用电切换后，拉开供厂用电的开关，随后将本机组的有功及无功负荷转移到其他发电机上。对于正常停机，应在机组有功负荷降到某一数值后，停用自动调节励磁装置，然后将有功功率和无功功率降到零时，才能进行解列。在减有功负荷的同时，注意相应减少无功负荷，保持功率因数约为 0.90。

（2）发电机解列时的注意事项：

1）若用手动感应调压器解列发电机，由于无自动电压调节功能，应注意降低无功负荷至最低极限，并在主断路器跳闸后及时调整发电机电压在额定值以下，以防止发电机超压。

2）待发电机解列后，将发电机励磁调节器（AVR 自动、AVR 手动/50Hz）输出降至最小。

**10-37　发电机解列后应进行哪些操作？**

**答：**发电机解列后需长期停运，应对发电机做如下工作：

（1）拉开发电机自动电压调节器交流侧开关、发电机 50Hz 感应调压器交流开关。

（2）停用发电机封闭母线风扇，保持封闭母线微正压装置运行。

（3）停运主变压器冷却装置。

**10-38　发电机并、解列前，主变压器中性点接地开关的状态应是如何的？**

**答：**发电机变压器组主变压器高压侧断路器并、解列操作前必须将主变压器中性点接地开关投入，因为主变压器高压侧断路器一般是分相操作的，而分相操作的断路器在合、分操作时，易产生三相不同期或某相合不上拉不开的情况，可能产生工频失步过电压，威胁主变压器绝缘。如果在操作前合上接地开关，可有效地限制过电压，保护绝缘。

### 10-39　什么是发电机的同步振荡和异步振荡？

答：同步振荡：当发电机输入或输出功率变化时，功角 $\delta$ 将随之变化。但由于机组转动部分的惯性，$\delta$ 不能立即达到新的稳定值，需要经过若干次在新的 $\delta$ 值附近振荡后，才能稳定在新的 $\delta$ 下运行。这一过程即同步振荡，亦即发电机仍保持在同步运行状态下的振荡。

异步振荡：发电机因某种原因受到较大的扰动，其功角 $\delta$ 在 $0°\sim360°$ 之间周期性的变化，发电机与电网失去同步运行的状态。在异步振荡时，发电机一会儿工作在发电机状态，一会儿工作在电动机状态。

### 10-40　造成发电机同步振荡的原因有哪些？

答：能够自行进入新的平衡点的同步振荡，不会对发电机及系统运行造成严重影响，只要加强监视即可。引起发电机非同步振荡的原因主要有：

（1）静态稳定遭到破坏。

（2）发电机与系统联系的阻抗突然增加，如线路突然跳闸，造成阻抗增加，稳定极限降低。

（3）电力系统的潮流分布发生严重不平衡，使发电机受到突然大的扰动，如大型机组突甩负荷，系统联络线突然跳闸等。

（4）大型机组失磁。大型机组失磁将吸收大量无功，造成系统无功不足，电压下降，功率极限降低，容易造成振荡现象。

（5）原动机调速系统失灵。

### 10-41　发电机失步后，应采取哪些措施使其尽快恢复至同步运行状态？

答：若振荡已经造成失步时，应尽快创造恢复同步的条件，通常采取下列措施：

（1）若不是因某台发电机失磁引起的振荡，应立即增加发电机励磁电流，不得干预调节器的强行励磁，这样可以增加定、转子磁极间的磁拉力，削弱转子的惯性作用，促使发电机在新的平衡点附近被拉入同步。

（2）若是由于单机高功率因数引起，则应减轻它的有功功率，同时增加励磁电流。这样可以降低转子惯性，提高功率极限而增加机组的稳定运行能力。

（3）如果短时间处理无效，可以依据规程将发电机与系统解列。

**10-42　发电机在运行中，振动突然增大的原因有哪些？**

**答：**发电机在运行过程中，振动突然增大的原因可分为三类，分别是电磁原因、机械原因和其他原因。

（1）电磁原因：转子两点接地，匝间短路，负荷不对称，气隙不均匀等。

（2）机械原因：找正找得不正确，联轴器连接不好，转子旋转不平衡。

（3）其他原因：系统中突然发生严重的短路故障，如单相或两相短路等；运行中，轴承中的油温突然变化或断油。由于汽轮机方面的原因引起的汽轮机超速也会引起转子振动，有时会使其突然加大。

# 第十一章

# 变压器的投运、停止及运行检测维护

**11-1 变压器并列运行条件有哪些？**

答：（1）各台变压器的电压比（变比）应相同，其最大差值不得超过±0.5％。

（2）各台变压器的阻抗电压应相等，即变压器的短路阻抗相等，其最大差值不得超过±10％。

（3）各台变压器的接线组别应相同。

（4）变压器容量相差不能超过1/3。

**11-2 变压器短路阻抗 $Z_k\%$ 的大小对变压器运行能有什么影响？**

答：变压器短路阻抗 $Z_k\%$ 的大小对变压器的运行主要有以下影响：

（1）对短路电流的影响：短路阻抗 $Z_k\%$ 大的变压器，短路电流小。

（2）对电压变化率的影响：当电流的标幺值相等，负载抗角 $\varphi$ 也相等时，$Z_k\%$ 越大，电压变化率越大。

（3）对并联运行的影响：并联运行的各台变压器中，若抗 $Z_k\%$ 小的满载，则 $Z_k\%$ 大的欠载；若 $Z_k\%$ 大的满载，$Z_k\%$ 小的超载。

**11-3 为什么要做变压器的空载试验？做变压器空载试验的目的是什么？**

答：在变压器的制造过程中及检修期间更换线圈后，常要做空载试验和短路试验。变压器的空载试验又称无载试验，实际上就是在变压器的任一侧线圈加额定电压，其他侧线圈开路的情况下，测量变压器的空载电流和空载损耗。变压器的空载电流的大小，取决于变压器的容量、磁路、硅钢片质量和铁心接缝的大小等因素。一般，中、小型变压器的空载电流占额定电流的 $4\%\sim16\%$；2400VA 以上的变压器的空载电流占额定电流的 $0.9\%\sim2.4\%$。空载损耗主要包括铁心中的涡流损耗和磁滞损耗，还有附加损耗。做变压器空载试验的目的如下：

（1）测量空载电流、空载损耗，计算出变压器的励磁阻抗等参数，并求出变比。

（2）能发现变压器磁路中局部和整体的缺陷，如硅钢片间绝缘不良、穿芯螺杆或连接片的绝缘损坏等。当有这些缺陷时，由于铁心或铁件中涡流损耗增加，空载损耗会显著增加。

（3）能发现变压器线圈的一些问题，如线圈匝间短路，线圈并联支路短路等。因为短路匝存在，其中流过环流引起损耗，也会使空载损耗增加。

### 11-4　进行短路试验应注意的事项有哪些？

**答**：进行短路试验应注意：

（1）试验时，被试绕组应在额定分接上。

（2）三绕组变压器，应每次试验一对绕组，试三次，非被试绕组应开路。

（3）连接短路用的导线必须有足够的截面（一般电流密度可取 $2.5A/mm^2$），并尽可能短。连接处接触必须良好。

（4）合理选择电源容量、设备容量及表计。一般互感器应不低于 0.2 级，表计应不低于 0.5 级。

（5）试验前应反复检查试验接线是否正确、牢固，安全距离是否足够，被试设备的外壳及二次回路是否已牢固接地。

### 11-5　变压器的冷却方式有几种？各种冷却方式的特点是什么？

**答**：电力变压器常用的冷却方式一般分为三种：油浸自冷

式、油浸风冷式、强迫油循环。油浸自冷式就是以油的自然对流作用将热量带到油箱壁和散热管，然后依靠空气的对流传导将热量散发，它没有特制的冷却设备。而油浸风冷式是在油浸自冷式的基础上，在油箱壁或散热管上加装风扇，利用吹风机帮助冷却。加装风冷后可使变压器的容量增加 30%～35%。强迫油循环冷却方式，又分强油风冷和强油水冷两种。它是把变压器中的油，利用油泵打入油冷却器后再复复回油箱。油冷却器做成容易散热的特殊形状，利用风扇吹风或循环水作冷却介质，把热量带走。这种方式若把油的循环速度比自然对流时提高 3 倍，则变压器可增加容量 30%。

### 11-6　变压器做短路试验的目的是什么？

**答**：变压器的短路试验，就是在变压器的任一侧线圈通以额定电流，其他侧线圈短路的情况下，测量变压器加电源一侧的电压、电流和短路损耗（主要是线圈中的铜耗，包括铁件中的涡流损耗）。为了测量方便，短路试验一般由高压侧供电。做变压器短路试验的目的是：

（1）测量短路时的电压、电流、损耗，求出变压器的铜耗及短路阻抗等参数。

（2）检查线圈结构的正确性。对于短路损耗超出标准或比同规格的线圈大时，从中可发现多股并绕线圈的换位是否正确或是否有换位短路。

### 11-7　有些变压器的中性点为何要装避雷器？

**答**：当变压器的中性点接地运行时，是不需要装避雷器的。但是，由于运行方式的需要（为了防止单相接地事故时短路电流过大），220kV 及以下系统中有部分变压器的中性点是断开运行的。在这种情况下，对于中性点绝缘不是按照线电压设计（即分级绝缘）的变压器中性点应装避雷器。原因是，当三相承受雷电波时，由于入射波和反射波的叠加，在中性点上出现的最大电压可达到避雷器放电电压的1.8倍左右，这个电压会使中性点绝缘损坏，所以必须装一个避雷器保护。

**11-8 更换变压器呼吸器内的吸潮剂时应注意什么？**

**答：**更换呼吸器内的吸潮剂应注意：

（1）应将重瓦斯保护改接信号。

（2）取下呼吸器时应将连管堵住，防止回吸空气。

（3）换上干燥的吸潮剂后，应使油封内的油没过呼气嘴将呼吸器密封。

**11-9 超高压长线线路末端空载变压器的操作应注意什么？**

**答：**由于电容效应，超高压空载长线线路末端电压升高。在这种情况下投入空载变压器，由于铁心的严重饱和，将感应出高幅值的高次谐波电压，严重威胁变压器绝缘。故在操作前要降低线路首端电压，并投入末端变电站的电抗器，使得操作电压短时间不超过变压器相应分接头电压的10％。

**11-10 变压器的铁心为什么要接地？**

**答：**运行中变压器的铁心及其他附件都处于绕组周围的电场内，如不接地，铁心及其他附件必然感应一定的电压，在外加电压的作用下，当感应电压超过对地放电电压时，就会产生放电现象。为了避免变压器的内部放电，所以要将铁心接地。

**11-11 对变压器及厂用变压器装设气体继电器有什么规定？**

**答：**带有储油柜的800kVA及以上变压器、火电厂400kVA和水电厂180kVA及以上厂用变压器应装设气体继电器。

**11-12 变压器正常运行时绕组的哪部分最热？**

**答：**绕组和铁心的温度都是上部高下部低。一般结构的油浸式变压器绕组，经验证明，温度最热高度方向的70％～75％处，横向自绕组内径算起的 1/3 处，每台变压器绕组的最热点应由试验决定。

### 11-13 变压器油位的变化与哪些因素有关？

答：变压器的油位在正常情况下随着油温的变化而变化，因为油温的变化直接影响变压器油的体积，使油标内的油面上升或下降。影响油温变化的因素有负荷的变化、环境温度的变化、内部故障及冷却装置的运行状况等。

### 11-14 在变压器油中添加抗氧化剂的作用是什么？

答：减缓油的劣化速度，延长油的使用寿命。

### 11-15 变压器油为什么要进行过滤？

答：过滤的目的是除去油中的水分和杂质，提高油的耐电强度，保护油中的纸绝缘，也可以在一定程度上提高油的物理、化学性能。

### 11-16 SYXZ-110/200 型组合式有载分接开关为什么要进行动作顺序试验？其标准是什么？

答：试验的目的是检查有载分接开关的选择开关和切换开关动作顺序是否符合厂家要求，在安装及检修中有无问题。

试验标准为：选择开关断开 $60°\pm30°$；选择开关接通 $160°\pm30°$；切换开关动作大面 $300°\pm40°$，小面 $280°\pm40°$（以上为垂直轴旋转角度）。

### 11-17 简述装有隔膜的储油柜的注油步骤。

答：储油柜注油应在变压器本体注油后进行。首先要检查隔膜是否有损伤，并对储油柜进行清刷、检查。然后安装储油柜上部的放气塞，当油从放气塞中溢出时停止注油，关闭放气塞，再从阀门放油至正常油面。也可以直接注油至正常油位，然后由三通接头向胶囊中充气，使之膨胀，当放气塞出油后，关闭入气塞。

**11-18　变压器有哪几种经常使用的干燥方法及加热方法？**

答：经常使用的干燥方法有：在普通烘房中干燥、在特制的真空罐内干燥、在变压器自身油箱中干燥。加热的方法有：外壳涡流加热、电阻加热、电阻远红外线加热、蒸汽加热、零序电流加热、热油循环加热、短路法加热及煤油气相加热等。

**11-19　试述非真空状态下干燥变压器的过程。如何判断干燥结果？**

答：将器身置于烘房内，对变压器进行加热，器身温度持续保持在 95～105℃，每 2h 测量各侧的绝缘电阻一次，绝缘电阻由低到高并趋于稳定，连续 6h 绝缘电阻无显著变化，即可认为干燥结束。

**11-20　变压器绕组浸漆的优缺点是什么？如何鉴定浸漆的质量？**

答：绕组浸漆的优点是增加机械强度，防潮湿，缺点是增加成本，工艺复杂，绕组电气强度有所降低，且不利于散热。

浸漆的质量要求是：漆应完全浸透（尤其是多层筒式绕组）、干透、不粘手；绕组表面应无漆瘤、皱皮及大片流漆；漆层有光泽。

**11-21　运行中的配电变压器应做哪些测试？**

答：变压器在运行中应经常对温度、负荷、电压、绝缘状况进行测试。其方法如下：

（1）温度测试。变压器正常运行时，上层油面温度一般不得超过 85℃（温升 55℃）。

（2）负荷测定。为了提高变压器的利用率，减少电能损失，在每一季节最大用电时期，对变压器进行实际负荷测定。一般负荷电流应为变压器额定电流的 75%～90%。

（3）电压测定。电压变动范围应在额定电压的 5%以内。

（4）绝缘电阻测定。变压器绝缘电阻一般不作规定，而是将所测电阻与以前所测值进行比较，折算至同一温度下应不低于前次所测值的 70%。要根据电压等级不同，选取不同电压等级的绝缘电阻表，并停电进行测定。

（5）每 1～2 年做一次预防性试验。

**11-22 运行中的变压器，能否根据其发生的声音来判断运行情况？**

答：变压器可以根据运行的声音来判断运行情况。用木棒的一端放在变压器的油箱上，另一端放在耳边仔细听声音，如果是连续的"嗡嗡"声比平常加重，就要检查电压和油温；若无异状，则多是铁心松动。当听到"吱吱"声时，要检查套管表面是否有闪络的现象。当听到"噼啪"声时，则是内部绝缘击穿现象。

**11-23 变压器气体继电器的巡视项目有哪些？**

答：变压器气体继电器的巡视项目有：

（1）气体继电器连接管上的阀门应在打开位置。

（2）变压器的呼吸器应在正常工作状态。

（3）瓦斯保护连接片投入正确。

（4）检查储油柜的油位在合适位置，继电器应充满油。

（5）气体继电器防水罩应牢固。

**11-24 变压器引线、接头巡视内容主要有哪些？**

答：检查变压器套管、接头、引线或结合处是否松动、松股或断股，铜铝过渡线卡是否产生发热变热现象。

**11-25 变压器套管巡视内容有哪些？**

答：（1）外表是否清洁，无明显污垢、无破损现象。

（2）法兰应无生锈、裂纹、无电场不均匀放电声音。

**11-26 变压器冷却器检查内容有哪些？**

**答：**（1）油流继电器动作指示正常，玻璃腔内应密封且无积水现象；

（2）风扇无反转、卡涩；

（3）冷却器无异常振动；

（4）冷却器分控制箱及电缆进线，应密封、无受潮及杂物。

**11-27 变压器油位、油色检查内容有哪些？**

**答：**（1）注油套管内的油位应保持正常；

（2）本体油位和有载调压开关油位应在标准油位范围内；

（3）气候变化时，应特别注意套管油位的检查；

（4）油色的检查，应无明显变色。

**11-28 为什么变压器可以带油进行补焊？**

**答：**在带油的变压器焊接补漏时，由于油的对流作用，电焊产生的热量可迅速散开，焊点附近温度不高，且补漏电焊时间较短，油内不含大量氧气，所以，油不易燃烧。带油补焊只要控制得当，是不会引起火灾的。

**11-29 变压器干燥后装入油箱前应做哪些检查？**

**答：**（1）摇测夹件，穿钉绝缘电阻。

（2）各部螺栓是否紧固。

（3）接地线是否牢固。

（4）各部绝缘距离是否符合要求。

（5）大盖连芯的变压器应测量高度，防止芯子上吊或盖垫不严，造成漏油。

（6）器身及油箱是否干净无异物。经专人检查无问题后，方可装入油箱。

**11-30 水分对变压器油有什么影响?**

**答:**水分会使油中混入的固体杂质更容易形成导电路径而影响变压器油绝缘及耐压水平,水分还容易与别的元素化合成低分子酸性液体腐蚀绝缘材料,使油加速氧化。

**11-31 做变压器油耐压试验应注意哪些事项?**

**答:**(1) 油耐压机使用之前,外壳应可靠接地。

(2) 校对电极距离,用好油冲洗电极表面。

(3) 取油样时应擦净取样阀门,再缓缓开启,先将试油杯冲刷 2～3 次,再取油样。

(4) 放置或取出油杯时,须在断开电源的条件下进行。

(5) 油在杯中静止 5～10min,以消除气泡。

(6) 试油机升压速度不宜太快,约 3000V/s 为宜。试验 3～5 次,每次加压间隔 2～3min,在断开电压之前应先将电压降到零。

**11-32 造成变压器空载损耗增加一般有哪些原因?**

**答:**造成变压器空载损耗一般有以下几个原因:

(1) 硅钢片之间绝缘不良。

(2) 铁心中有一部分硅钢片短路。

(3) 穿芯螺杆、轭铁螺杆或连接片的绝缘损坏,造成铁心局部短路。

(4) 绕组匝间短路。

(5) 绕组并联支路短路。

(6) 各并联支路匝数不等。

(7) 设计不当致使轭铁中某一部分磁通密度过大。

**11-33 变压器露天吊芯应采取哪些措施?**

**答:**露天吊芯应在晴朗的天气进行,空气相对湿度小于

75％时进行。当空气相对湿度小于 75％，芯子在空气中暴露应小于 12h。空气相对湿度若小于 65％时，可以暴露 16h 以内。应有防止灰尘和雨水浇在器身上的有效措施。若周围气温高于芯子温度，为防止芯子受潮，在吊出芯子前应停搁一些时间，必要时也可将芯子加热至高于周围温度 10℃。

**11-34　安装油纸电容式套管应注意哪些问题？**

**答：** 首先核对套管型号是否正确，电气试验、油化验是否合格。检查套管油面是否合适，是否有漏油或瓷套损坏等。核对引线长度是否合适。将套管擦拭干净，检查引线头焊接情况。起吊套管要遵守起重操作规程，防止损坏瓷套。套管起吊时的倾斜度应根据变压器套管升高座的角度而定。拉引线的细绳要结实并挂在合适的位置，随着套管的装入，逐渐拉出引线头。注意引线不得有扭曲和打结。引线拉不出时应查明原因，不可用力猛拉或用吊具硬拉。套管落实后，引线和接线端子要有足够的接触面积和接触压力。接线端要可靠密封，防止进水。

**11-35　为什么新安装或大修后的变压器在投入运行前要做冲击合闸试验？**

**答：**（1）检查变压器及其回路的绝缘是否存在弱点或缺陷。拉开空载变压器时，有可能产生操作过电压。为了检验变压器绝缘强度能否承受全电压或操作过电压的作用，故在变压器投入运行前，需做空载全电压冲击试验。若变压器及其回路有绝缘弱点，就会被操作过电压击穿而加以暴露。

（2）检查变压器差动保护是否误动。带电投入空载变压器时，会产生励磁涌流，其值可达 6～8 倍额定电流。因此，空载冲击合闸时，在励磁涌流作用下，可对差动保护的接线、特性、定值进行实际检查，并做出该保护可否投入的评价和结论。

（3）考核变压器的机械强度。由于励磁涌流产生很大的电动力，为了考核变压器的机械强度，需做空载冲击试验。按照规程规定，全电压空载冲击试验次数，新产品投入，应连续冲击 5 次；大修后投入，应连续冲击 3 次。每次冲击间隔时间不少于 5min，操作前应派人到现场对变压器进行监视，检查变压器有无异音异状，如有异常应立即停止操作。

### 11-36　对变压器送电时的要求有哪些？

答：(1) 变压器应有完备的继电保护，用小电源向变压器送电时应核算继电保护灵敏度（特别是主保护）；

(2) 考虑变压器励磁涌流对继电保护的影响；

(3) 变压器发生故障跳闸后，能保证系统稳定；

(4) 变压器送电时，应检查充电侧母线电压及变压器分接头位置，保证送电后各侧电压不超过规定值。

### 11-37　变压器新装或大修后为什么要测定变压器大盖和储油柜连接管的坡度？标准是什么？

答：变压器的气体继电器侧有两个坡度，一个是沿气体继电器方向变压器大盖坡度，应为 $1\% \sim 1.5\%$。变压器大盖坡度要求在安装变压器时从底部垫好。另一个则是变压器油箱到储油柜连接管的坡度，应为 $2\% \sim 4\%$（这个坡度是由厂家制造好的）。这两个坡度一是为了防止在变压器内储存空气，二是为了在故障时便于使气体迅速可靠地冲入气体继电器，保证气体继电器正确动作。

### 11-38　如何重新安装 MR 有载分接开关的切换开关？

答：在安装前把切换开关置于其拆卸位置，然后按下列步骤安装：

(1) 卸下封好的开关顶盖。

(2) 重新检查切换开关，确定没有任何异物之后吊到分接开关顶部开口的上方，然后慢慢地放入油箱，轻轻地转动切换开关绝缘轴，直到连轴节接合为止。

（3）切换开关支承板和分接开关顶部的标志应对齐，然后用支撑板固定螺栓（M8）将切换开关固定（都应有锁定垫片锁定），最大扭矩为 22N·m，重新安装位置指示盘。

（4）油箱内加入新油直到没过承板为止，然后用盖子封好顶部。打开位于气体继电器与小储油柜之间的阀门。打开盖上的排放阀门排出分接开关顶部的空气。小储油柜加新油到适当油位。

### 11-39　对检修中互感器的引线有哪些要求？

**答：**对检修中互感器的引线大致有以下要求：

（1）外包绝缘和白布带应紧固、清洁。

（2）一、二次多股软引线与导电杆的连接，必须采用有镀锡层的铜鼻子或镀锡铜片连接。

（3）串级式电压互感器的一次引线，应采用多股软绞铜线，外穿一层蜡布管即可。

（4）穿缆套管的引线，应用胶木圈或硬纸圈将引线固定在套管内部中间，并用布带绑扎固定。

（5）引线长短应适中，应有一定的裕量，但不宜过长。

（6）如需重新配制引线，应按以下规定：

1）电压互感器的引线，一般采用多股软绞铜线，其截面不得小于原引线截面。二次引线原是独根铜线时，可配制独根铜线。一次独根引线其直径不得小于 1.8mm。

2）引线采用搭接方法。搭接长度不得小于线径的 5 倍，个别情况允许等于 3 倍。

3）应用磨光的细铜线绑扎后焊接，焊接时应使焊锡均匀地渗透，焊点应整洁无毛刺。

4）焊接完毕应把烤焦的绝缘削成锥状，重新按要求包好绝缘。

5）如重新配制引线鼻子，其截面应比引线截面大 20%，鼻子孔应比导杆直径大 1.5~2mm。

**11-40 多电源联系的变电站全站停电时，变电站应采取哪些基本方法以便尽快恢复送电？**

答：多电源联系的变电站全站停电时，变电站运行值班人员应按规程规定立即将多电源间可能联系的断路器断开，若双母线母联断路器没有断开应首先拉开母联断路器，防止突然来电造成非同期合闸。但每条母线上应保留一个主要线路断路器在投运状态，或检查有电压测量装置的电源线路，以便及早判明来电时间。

**11-41 变压器出现什么情况时，应立即停电处理？**

答：（1）变压器内部音响很大，很不均匀，有爆炸声；

（2）储油柜喷油或防爆装置喷油；

（3）变压器着火；

（4）在正常负荷、正常冷却条件下，变压器温度不正常，并不断上升，超过限额温度以上（应确定温度计正常）；

（5）变压器严重漏油致使油位计看不到油位；

（6）套管有严重破损和放电现象。

**11-42 变压器在空载合闸时会出现什么现象？对变压器的工作有什么影响？**

答：变压器在空载合闸时会出现励磁涌流，其大小可达稳态励磁电流的 $80 \sim 100$ 倍，或额定电流的 $6 \sim 8$ 倍。涌流对变压器本身不会造成大的危害，但在某些情况下能造成电波动，如不采取相应措施，可能使变压器过电流或差动继电保护误动作。

**11-43 变压器大修后应进行的电气试验有哪些？**

答：变压器大修后应进行的电气试验有以下几项：

（1）测量绕组的绝缘电阻和吸收比；

（2）测量绕组连同套管的泄漏电流；

（3）测量绕组连同套管的介质损耗因数；

（4）绕组连同套管一起的交流耐压试验；

（5）测量非纯瓷套管的介质损耗因数；

（6）变压器及套管中的绝缘油试验及化学分析；

（7）夹件与穿芯螺杆的绝缘电阻；

（8）各绕组的直流电阻、变比、组别（或极性）。

### 11-44　变压器正式投入运行前为什么要做空载冲击试验？冲击电压标准以什么为依据？

**答：** 做空载冲击试验的原因如下：

（1）带电投入空载变压器时，会产生励磁涌流，其值最高可达 6～8 倍额定电流。励磁涌流产生很大的电动力，进行空载冲击试验可以考核变压器的机械强度，也可以考核励磁涌流对继电保护的影响。

（2）拉开空载变压器时，有可能产生操作过电压，做空载冲击试验还可以考核变压器的绝缘能否承受全电压或操作过电压。

做冲击电压试验的标准依据为：冲击试验电压不是直接由雷电过电压决定的，而是由保护水平决定的，即由避雷器的保护水平决定。

### 11-45　变压器吊芯对绕组应做哪些项目的检查？

**答：** 变压器吊芯对如下项目做检查：

（1）绕组表面应清洁无油垢、碳素及金属杂质。

（2）绕组表面无碰伤，露铜。

（3）绕组无松散，引线抽头须绑扎牢固。

（4）绕组端绝缘应无损伤、破裂。

（5）对绝缘等级做出鉴定。

### 11-46　变压器出现哪些情况应考虑进行恢复性检修？

**答：**（1）变压器本体内部存在局部放电或局部过热严重。

(2) 变压器油质变坏、老化。

(3) 本体存在绝缘降低、受潮故障。

(4) 套管、套管电流互感器、调压装置出现故障。

(5) 本体运行声音异常。

(6) 本体存在严重渗油，用其他方法又无法处理的渗油故障。

**11-47　变压器大修时运行人员需要做哪些安全措施？**

**答：**(1) 主变压器大修必须在设备停电检修状态下进行。

(2) 断开主变压器三侧 TV 小开关。

(3) 断开主变压器三侧隔离开关的动力电源小开关或动力电源保险（可能来电的隔离开关）。

(4) 停用主变压器的全套保护。

(5) 停用主变压器失灵保护。

(6) 停用主变压器启动稳定装置（保护启动和开关三跳启动）。

(7) 按照《电业安全规程》的规定布置好现场的安全措施，并与工作负责人进行交代。

(8) 停用主变压器冷却器。

(9) 停用主变压器冷却器交流动力电源。

(10) 停用主变压器冷却器直流控制电源。

(11) 停用主变压器调压装置交、直流电源。

(12) 停用有载调压在线滤油机交直流电源。

(13) 断开本体非电量直流电源回路。

**11-48　主变压器新装或大修后投入运行为什么有时气体继电器会频繁动作？遇到此类问题怎样判断和处理？**

**答：**新装或大修的变压器在加油、滤油时，会将空气带入变压器内部，若没有能够及时排出，则当变压器运行后油温会逐渐上升，形成油的对流，将内部储存的空气逐渐排除，使气体继电器动作。气体继电器动作的次数，与变压器内部储存的气体多少有关。

遇到上述情况时，应根据变压器的音响、温度、油面以及加油、滤油工作情况做综合分析。如变压器运行正常，可判断为进入空气所致，否则应取气做点燃试验，判断是否变压器内部有故障。

### 11-49　变压器新安装或大修后，投入运行前应验收哪些项目？

**答：**验收的项目有：

（1）变压器本体无缺陷，外表整洁，无严重漏油和油漆脱落现象。

（2）变压器绝缘试验应合格，无遗漏试验项目。

（3）各部油位应正常，各阀门的开闭位置应正确，油的性能试验，色谱分析和绝缘强度试验应合格。

（4）变压器外壳应有良好的接地装置，接地电阻应合格。

（5）各侧分接开关位置应符合电网运行要求，有载调压装置，电动手动操作均正常，指针指示和实际位置相符。

（6）基础牢固稳定，轱辘应有可靠的制动装置。

（7）保护测量信号及控制回路的接线正确，各种保护均应实际传动试验，动作正确，定值应符合电网运行要求，保护连接片在投入运行位置。

（8）冷却风扇通电试运行良好，风扇自启动装置定值应正确，并进行实际传动。

（9）呼吸器应有合格的干燥剂，检查应无堵塞现象。

（10）主变压器引线对地和线间距离合格，各部导线触头应紧固良好，并贴有示温蜡片。

（11）变压器的防雷保护应符合规程要求。

（12）防爆管内无存油，玻璃应完整，其呼吸小孔螺栓位置应正确。

（13）变压器的坡度应合格。

（14）检查变压器的相位和接线组别应能满足电网运行要求，

变压器的二、三次侧有可能和其他电源并列运行时，应进行核相工作，相位漆应标示正确、明显。

（15）温度表及测温回路完整良好。

（16）套管油封的放油小阀门和瓦斯放气阀门应无堵塞现象。

（17）变压器上应无遗留物，邻近的临时设施应拆除，永久设施布置完毕应清扫现场。

**11-50　新安装或大修后的变压器投入运行前应做哪些试验?**

**答：**应该做的试验主要有：

（1）变压器及套管绝缘油试验；

（2）变压器线圈及套管介质损失角测量；

（3）泄漏电流试验；

（4）工频耐压试验；

（5）测量变压器直流电阻；

（6）测量分接开关变压比；

（7）检查变压器接线组别及极性；

（8）试验有载调压开关的动作；

（9）测量变压器绝缘电阻和吸收比；

（10）冲击合闸试验，新安装变压器必须做全电压冲击合闸试验，拉合闸 5 次，换线圈大修后必须合闸 3 次。

**11-51　变压器的投运和停运必须遵守的规定有哪些?**

**答：**（1）新投运的变压器必须在额定电压下冲击试验 5 次，大修后的冲击试验 3 次。

（2）变压器投运时先投入冷却器，冷却器运行一段（约15min）时间，待油温不再上升后再停。停运时先停变压器。

（3）在 110kV 及以上中性点直接接地系统中，投运和停运变压器时，在操作前必须将中性点接地，操作完再按规定和要求决定是否断开。变压器中性点接入的消弧线圈应先退出后投入。不得将两台变压器的中性点同时接到一台消弧线圈的中性母线上。

（4）停电操作时，先停负荷侧开关，后停电源侧开关（多侧电源时由低向高停）；先拉变压器侧隔离开关，后拉母线侧隔离开关。供电操作时相反。

（5）投入备用变压器后，应根据设备的实际位置和表计指示确定已带上负荷，才能使运行变压器停电。对角形和 3/2 断路器接线上的变压器，虽然变压器已停电，但变压器的重瓦斯和差动保护动作仍能引起其合环侧断路器跳闸。应根据实际情况和现场规程将瓦斯保护改投信号位置或退瓦斯出。

（6）站用变压器不允许长期并列，可用低压隔离开关切低压侧环流，用高压隔离开关切空载站用变压器。

### 11-52　对变压器冷却装置运行要求是什么？

**答：**（1）油浸风冷变压器，当上层油温不超过 65℃ 时允许不开冷却装置带额定负荷运行。

（2）强迫油循环风冷变压器在冷却装置正常运行时，可带额定负荷长期运行。

（3）强迫油循环风冷变压器在任何情况下都不允许无冷却器运行。

（4）变压器强迫油循环风冷系统必须具有能自动切换的双电源，还要对其切换功能进行定期试验。当变压器上层油温或负荷达到规定值时，辅助冷却器应能自动投入；当工作或辅助冷却器故障时，备用冷却器也能自动投入。

（5）现场应根据强迫油循环风冷变压器的负荷和环境温度并按制造厂的规定，确定在各种负荷下投入冷却器的组数。

（6）强迫油循环风冷变压器在运行中，当冷却器全停允许在额定负荷下运行20min。若上层油温不超过75℃时，允许上升到75℃，但最长运行时间在任何情况下都不得超过 1h。

### 11-53　强油循环风冷变压器冷却装置的运行有哪些规定？

**答：**（1）冷却器应采取各自独立的双电源供电，并能自动切换。当工作电源故障时，自动投入备用电源，并发出音响灯光信号。

（2）变压器上层油温达到 55℃ 或电流达到额定值的 70% 时，辅助冷却器自动投入。

（3）工作或辅助冷却器故障切除后，应自动投入备用冷却器。

（4）强油循环冷却变压器运行时，必须投入冷却器，空载和轻载时不应投入过多的冷却器（空载状态下允许短时不投）。各种负载下投入冷却器的相应台数，应按制造厂的规定，按温度和负载投切冷却器的自动装置应保持正常。

（5）强油循环风冷和强油循环水冷变压器，当冷却系统故障切除全部冷却器时，允许带额定负载运行 20min，如 20min 后顶层油温尚未达到 75℃，则允许上升到 75℃，但在这种状态下运行的最长时间不得超过 1h。

（6）一般情况下，变压器空载运行时，冷却装置两组工作，一组辅助、一组备用；变压器低温、轻负荷时，四组工作：一组辅助、一组备用、其余停用；变压器高温、满负荷时，一组辅助、一组备用，其余全部投入工作。

### 11-54 运行电压高或低对变压器有何影响？

**答：** 若加于变压器的电压低于额定值，对变压器寿命不会有任何影响，但其容量不能充分利用；若加于变压器的电压远高于额定值时铁心的饱和程度增加，使电压和磁通波形发生严重畸变，使变压器空载电流大增，电压波形畸变会导致高次谐波，影响电能的质量。

# 第十二章

# 电动机启停及运行监测维护

**12-1 对异步电动机的启动性能指标是什么，有哪些要求？**

答：异步电动机的启动性能指标有：启动转矩倍数、启动电流倍数、启动时间和启动倍数。要求启动转矩倍数较大，启动电流倍数较小，启动设备尽量简单，启动时间尽可能短。

**12-2 电动机启动前应进行哪些准备工作？检查哪些项目？**

答：电动机启动前，值班人员应做如下准备：

（1）工作票已全部终结，拆除全部安全措施。

（2）做好电动机断路器的拉、合闸试验以及继电保护和联动试验。

（3）测量电动机绝缘电阻应合格。

（4）做好各方面的检查：电动机外壳接地线应完整，定子、转子、启动装置、引出线等设备应正常，绕线式电动机滑环、电刷等均完好，各保护装置完好且投入，滑动轴承润滑油的油位、油色正常，配有油泵的电动机油泵电源送上，冷却器投入。

（5）机械部分具备运行条件。否则，靠背轮应甩开。

**12-3 什么叫电动机的自启动？**

答：异步电动机因为某些原因，如所在系统短路、切换到备用电源等，造成外加电压短时消失或降低，致使转速降低，而当电压恢复后转速又恢复正常，叫做异步电动机的自启动。

**12-4 感应电动机启动时为什么电流大？**

答：当感应电动机处于停转状态时，从电磁的角度看就像一台变压器，接电源的定子绕组相当于变压器一次侧。转子绕组相当于变压器的二次侧。定子绕组和转子绕组间只有磁的联系，磁通经过定子、气隙、转子铁心构成闭合。当合闸瞬间，转子因惯性还没有转动起来，旋转磁场以最大的切割速度切割转子绕组，使得转子绕组中感应出可能达到最大的电动势，因而转子导体中流过很大的电流。这个电流产生抵消定子磁场的磁通；就像变压器二次侧磁通要抵消一次侧磁通一样。定子方面为了维持与电源电压相适应的原有磁通，便自动增加电流。因此时的转子电流很大，故定子电流也增加得很大，甚至高达额定电流的 4～7 倍，这就是启动电流大的原因。

### 12-5　电动机启动后为什么电流会小下来?

**答**：随着电动机转速增高，定子磁场切割转子导体的速度减小，转子导体中感应电动势减小，转子导体中的电流也减小，于是，定子电流中用来抵消转子电流所产生的磁通的影响的那部分电流也减小，所以，定子电流从大到小，直至正常。

### 12-6　启动电动机时应注意什么?

**答**：应注意以下事项：

（1）如果接通电源开关，电动机转子不动，应立即拉闸，查明原因并消除故障后，才允许重新启动。

（2）接通电源开关后，电动机发出异常响声，应立即拉闸，检查电动机的传动装置及熔断器等。

（3）接通电源开关后，应监视电动机的启动时间和电流表的变化。如启动时间过长或电流表迟迟不返回，应立即拉闸进行检查。

（4）启动发现电动机冒火或启动后振动过大，应立即拉闸进行检查。

（5）在正常情况下，厂用电动机允许在冷状态下启动两次，每次间隔时间不得少于 5min；在热状态下启动一次。只有在处理事故时，以及启动时间不超过 2～3s 的电动机，可以多启动一次。

（6）如果启动后发现运转方向反了，应立即拉闸停电，调换三相电源任意两相的顺序。

### 12-7 三相异步电动机有哪几种启动方法？

答：（1）直接启动：电动机接入电源后在额定电压下直接启动；

（2）降压启动：将电动机通过某一专用设备使加到电动机上的电源电压降低，以减少启动电流，待电动机接近额定转速时，电动机通过控制设备换接到额定电压下运行；

（3）在转子回路中串入附加电阻启动：这种方法适用于绕线式电动机，它可减小启动电流。

### 12-8 鼠笼式异步电动机降压启动方法有几种？

答：有三种：

（1）在定子电路中串入电抗器启动。

（2）用自耦变压器降压启动。

（3）星形—三角形换接启动。

### 12-9 电动机启动困难或达不到正常转速是什么原因？

答：（1）负荷过大；

（2）启动电压或方法不适当；

（3）电动机的六极引线的始端、末端接错；

（4）电源电压过低；

（5）转子铝（铜）条脱焊或断裂。

### 12-10 三相电源缺相对异步电动机启动和运行有何危害？

答：三相异步电动机电源缺相时，电动机将无法启动，且有强烈的"嗡嗡"声，长时间易烧毁电动机；若在运行中的电动机缺一相电源，虽然电动机能继续转动，但转速下降，如果负载不降低，电动机定子电流将增大，引起过热，甚至烧毁电动机。

**12-11 电动机接通电源后电动机不转，并发出"嗡嗡"声，而且熔丝爆断或断路器跳闸是何原因？**

答：(1) 线路有接地或相间短路；

(2) 熔丝容量过小；

(3) 定子或转子绕组有断路或短路；

(4) 定子绕组一相反接或将星形接线错接为三角形接线；

(5) 转子的铝（铜）条脱焊或断裂，滑环电刷接触不良；

(6) 轴承严重损坏，轴被卡住。

**12-12 异步电动机的调速方法有几种？**

答：异步电动机的调速方法有以下几种：

(1) 改变电动机的极对数。利用定子的两套或单套绕组，改变其连接方法，达到改变极对数的目的。这种调速是分级的，不是平滑的。

(2) 改变电源的频率。为此要有一套专用的变频电源。

(3) 改变外施电压，以改变转差率。这种方法使用价值不大。

(4) 在转子回路中串入附加电阻。这种方法只适用于绕线式异步电动机，可得到平滑调速。

**12-13 绕线式异步电动机的调速原理是什么？**

答：调速的物理过程是增加电阻，转子电流便减小，尽管此时转子回路的功率因数有所增大，但转子电流的减小大于功率因数的提高。从公式 $M = C_M \Phi_M I \cos\varphi$ 可以看出，由于转子电流的减小，电磁力矩 $M$ 随之减小了，于是电动机因阻力矩大于驱动力矩而减速。若减小电阻，转子电流增加，电磁力矩也随之增加，由于负载不变，电动机阻力矩不变，在驱动力矩大于阻力矩的情况下，电动机开始加速。

　　因此，改变转子回路的电阻，能实现对电动机转速的控制，但是这种方法也有其缺点，那就是损耗太大，一部分功率消耗在调节电阻上，而且调速的范围也较小。

### 12-14　电动机发生哪些情况应紧急停用？

　　答：电动机发生下列情况之一者，应紧急停用电动机：

　　（1）需要立即停用的人身事故或危及人身安全时。

　　（2）电动机及所属设备冒烟或着火。

　　（3）电动机所带机械部分严重损坏至危险程度时。

　　（4）电动机强烈振动和窜动、或有清晰的金属摩擦声。

　　（5）转速急剧下降、电流增大或至零，并有异常声响时。

　　（6）轴承或电动机温升超过允许值且继续上升，轴承断油冒烟。

　　（7）启动后电动机不转只有"嗡嗡"声或达不到正常转速，启动后电流迟迟不返回。

　　（8）发生危及电动机安全运行的水淹、火灾等。

　　（9）电动机的电源电缆、接线盒内有明显的短路或损坏危险时。

### 12-15　电动机紧急停运的主要操作步骤是什么？

　　答：（1）立即按故障设备就地事故按钮或在控制室停故障设备。

　　（2）检查备用电动机自启动，否则立即手动启动备用电动机，检查出力正常，退出故障设备连锁。

　　（3）检查故障设备不应倒转，否则即关闭故障设备出口阀。

　　（4）完成正常切换操作，将故障电动机停电隔离，摇测绝缘，通知检修处理。

　　（5）向上一级汇报并做好故障及处理情况记录。

### 12-16　运行中的电动机一般有哪些规定？

　　答：（1）电动机外壳上应有制造厂铭牌。铭牌若遗失，应根据制造厂数据或试验结果补上新的铭牌。

（2）交流电动机定子线圈引出线应标明相别，直流电动机应标明极性。

（3）在电动机及其带动的机械上应划有箭头，指示旋转方向。

（4）滑动轴承的电动机轴承应有油面指示计，最高、最低油位指示线。

（5）电动机及启动调节装置的外壳均应接地。

（6）电动机周围应干燥清洁，防止水、汽、油、粉、灰等有害物质浸入，电动机的转动部分应有遮栏及防护罩。

（7）现场电动机的事故按钮应有明显标志，表明属哪一台电动机，并加防护罩。

（8）备用电动机应做好定期轮换工作以备随时投运，电动机应按规定定期测量绝缘。

（9）有爆炸和火灾危险的场所，应采用防爆式电动机，电动机出线处也应有防爆措施。

（10）有加热器的备用电动机，加热器应长期投入以防受潮，电动机投运后立即退出。

（11）电动机保护装置未投入时，不允许启动。

## 12-17　试述电动机运行维护工作的内容。

**答：**（1）保持电动机附近清洁，定期清扫电动机，避免杂物卷入电动机内。

（2）保证电动机外壳接地良好，确保人身安全。

（3）电动机轴承用的润滑油或润滑脂，应符合运行温度和转速的要求，并定期更换或补充。

（4）加强对电动机电刷的维护，使之压力均匀，不过热，不卡涩，不晃动，接触良好。

（5）保护装置齐全、完整。电动机应按有关规程的规定，设置保护装置和自动装置，并按现场规程的规定投入和退出。

（6）用少油式或真空断路器启动的高压电动机，为防止在制动状态下开断而产生过电压引起损坏，必要时可在断路器负荷侧装设并联阻容保护或压敏电阻等。

（7）保护电动机用的各型熔断器的熔丝（体），无论是已装好的或是备用的，均应经过检查，按给定值在熔断器标签上面注明电动机名称、额定电流值以及更换熔丝（体）年、月、日。各台电动机的熔断器不得互换使用，不得随意更改熔体定值。

（8）停电前应确知所带设备已停止运行。停、送电应与有关岗位联系好，取、装熔断器应使用专用工具、戴绝缘手套。

（9）对于备用电动机，应与运行电动机一样，定期检查，测量绝缘和维护，保证能随时启动。

### 12-18　运行中对电动机监视的项目有哪些？

**答**：对电动机运行情况进行监视，监视项目如下：

（1）电动机的电流不超过额定值。如超过，则应迅速采取措施。

（2）电动机轴承润滑良好，温度正常。

（3）电动机声音正常，振动不超过允许值。

（4）对直流电动机和绕线式电动机应注意电刷是否冒火。

（5）电动机外壳接地线应完好，地脚螺栓不松动。

（6）电缆无过热现象。

（7）对于引入空气冷却的电动机管道应清洁畅通、严密。大型密闭式冷却的电动机的冷却水系统正常。

### 12-19　对直流电动机应注意检查哪些项目？

**答**：（1）电刷是否有冒火、晃动或卡涩现象。

（2）电刷软铜辫是否有碰外壳现象。

（3）电刷是否已磨至规定值。

（4）电刷是否有因滑环、整流子磨损不均，整流子中间云母片凸出，电刷固定太松，机组振动等原因产生不正常振动现象。

如发现上述现象，应立即消除。

（5）备用中的电动机应定期检查，保证能随时启动。

（6）装有防潮加热器的电动机，在停止后应检查加热器是否投运。运转时应检查加热器是否停用。加热器投入时，巡检员应严密监视电动机温度，不使电动机线圈过热。加热器投、停由巡检员检查、监视。

### 12-20 运行的电动机有什么规定和注意事项？

**答**：电动机可在额定电压变动$-5\%\sim+10\%$的范围内运行，其额定出力不变。电动机在额定出力运行时，相间电压的不平衡不得超过 5%。

电动机在运行过程中除严格执行各种规定外，还应注意如下问题：

（1）电动机的电流在正常情况下不得超过允许值，三相电流之差不得大于 10%。

（2）音响和气味：电动机在正常运行时音响应正常均匀，无杂音；电动机附近无焦臭味或烟味，如发现有异音、焦臭味或冒烟应采取措施进行处理。

（3）轴承的工作情况：主要是润滑情况，润滑油是否正常、温度是否过高、是否有杂物。

（4）其他情况：如冷却水系统是否正常，绕线式电机滑环上的电刷运行是否正常等。

### 12-21 异步电动机在什么情况下会出现过电压？

**答**：异步电动机出现过电压一般有以下两种情况：

（1）电感性负载的拉闸过电压，发生在电动机断路器拉闸的瞬间。产生这种过电压的原因是电感线圈中的电流在自然过零点之前被强迫截断，使其产生的磁通突变，因而产生过电压。如在电动机启动过程还没有结束的情况下拉闸，产生的过电压幅值更大。

（2）电动机启动时产生的过电压。对于高压电动机，如果其转子开路，则在启动合闸瞬间，由于磁通突变，也可能产生过电压。为了避免这种过电压，必须注意在合闸时转子应处于闭合状态。

### 12-22 电动机轴承温度有什么规定？

答：周围温度为 $+35℃$ 时，滑动轴不得超过 $80℃$，流动轴不得超过 $100℃$（油脂质量差时不超过 $5℃$）。

### 12-23 电动机在什么情况下应测定绝缘？

答：电动机在下列情况下应该测定绝缘：

（1）安装、检修后，送电前。

（2）停运 15 天以上者，环境条件较差（如潮湿、多尘等）者停运 10 天及以上，备用状态电动机进入蒸汽或漏水者。

（3）发生故障之后。

（4）浇水进气受潮之后。

### 12-24 电动机绝缘电阻值是怎样规定的？

答：（1）6kV 电动机应使用 $1000\sim2500V$ 绝缘电阻表测绝缘电阻，其值不应低于 $6MΩ$。

（2）380V 电动机使用 500V 绝缘电阻表测量绝缘电阻，其值不应低于 $0.5MΩ$。

（3）容量为 500kW 以上的电动机吸收比 $R_{60''}/R_{15''}$ 不得小于 1.3，且与前次相同条件比较，不低于前次测得值的 $1/2$，低于此值应汇报有关领导。

（4）电动机停用超过 7 天以上时，启动前应测绝缘，备用电动机每月测绝缘一次。

（5）电动机发生淋水进汽等异常情况时启动前必须测定绝缘。

# 第十三章

# 厂用电系统运行监视及维护

### 13-1 厂用电接线基本要求是什么？

**答：** 厂用电接线除应满足正常运行的安全、可靠、灵活、经济和检修、维护方便等一般要求外，尚应满足：

（1）各机组厂用电系统应是独立的，以保证一台机组故障停运或其辅助机械的电气故障，不应影响到另一台机组的正常运行，并能在短时间内恢复本机组的运行。尽量缩小厂用电系统的故障影响范围，并应尽量避免引起全厂停电事故。

（2）充分考虑电厂正常、事故、检修、启动等运行方式下的供电要求，尽可能地切换操作简便，并能与工作电源顺利短时并列。

（3）全厂性公用负荷接在专门设立的公用段上，避免厂用电系统的复杂化，无过渡问题。并需结合远景规模统筹安排，尽量便于过渡且少改变接线和更换设备。

（4）厂用电的工作电源及备用电源接线应能保证各单元机组和全厂的安全运行。工作变压器和备用变压器的容量符合要求。

（5）便于分期扩建或连续施工，不致中断厂用电的供应。

（6）大型机组应设置足够容量的交流事故保安电源。当全厂停电时，可以快速启动和自动向保安负荷供电。另外，还要设计符合电能质量指标的交流不间断电源，保证不间断供电的热工负荷和计算机的用电。

（7）积极慎重地采用经过试验鉴定的新技术和新设备，使厂用电源系统达到技术先进、经济合理、保证机组安全满发地运行。

### 13-2　厂用电电压等级如何选择？

**答：**厂用电系统电压等级是根据发电机额定电压、厂用电动机的电压和厂用电网络的可靠运行等诸方面因素相互配合，经过经济、技术综合比较后确定的。

发电厂里拖动各种厂用机械的电动机，其容量相差很大，从几瓦到几兆瓦，而电动机的电压与容量有关，因此，只想用一种电压等级的电动机是不能满足要求的，必须根据所拖动设备的功率以及电动机的制造情况来进行电压选择。

通常在满足技术要求的前提下，应优先选用低电压的电动机，以获得较高的经济效益，因为高压电动机制造容量大、绝缘等级高、磁路较长、尺寸较大、价格高、空载和负载损耗均较高、效率较低，所以应优先考虑较低电压级。但是，联系到供电系统综合考虑，则当电压较高时，可选择截面较小的电缆或导线，不仅节省有色金属，还降低供电网络的投资。

为了简化厂用接线，且使运行维护方便，电压等级不宜过多。常见厂用电电压等级有高压 6kV 和低压 0.4kV 两级。凡是拖动厂用机械的电动机容量大于 200kW 者和低压厂用变压器都由 6kV 系统供电；凡小于 200kW 的电动机、照明及其他负荷则都由低压 0.4kV 系统供电。

### 13-3　一般发电厂厂用电压等级如何选择？

**答：**根据实践经验表明：

火电厂：

（1）发电机单机容量小于 60MW，且发电机出口电压为 10.5kV 时，应采用 3kV；

（2）当发电机单机容量在 100～300MW 时，应采用 6kV；

（3）当发电机单机容量在 600MW 时，有两种方案：一是采用 6kV 作为厂用高压，二是采用 10、3kV 两种电压作为厂用高压。

（4）当发电机单机容量在 1000MW 时，用 10、3kV 两种电压作为厂用高压。

水电厂：通常只设 0.38/0.22kV 一种厂用等级，动力与照明共用的三相四线制系统供电。但是坝区和水利枢纽，常另设坝区变压器。

小容量的发电厂或变电站：只设 0.38/0.22kV 一种等级。但对于 500kV 变电站，必须装设 2 台或 2 台以上的站用工作变压器，同时，还要装设 1 台可靠的备用变压器，并采用备用电源自投装置。

### 13-4 高压厂用工作电源及其接线方式主要有哪些？

答：高压厂用工作电源应从发电机回路引接，其引接方式与电气主接线形式有关。

（1）当有低压母线时，应从各母线段引接，供给接在该母线段的机组的厂用负荷。

（2）单元接线（包括扩大单元接线）时，应从主变压器低压侧引接，供给本机组的厂用负荷。工作电源接线方式见图 13-1。

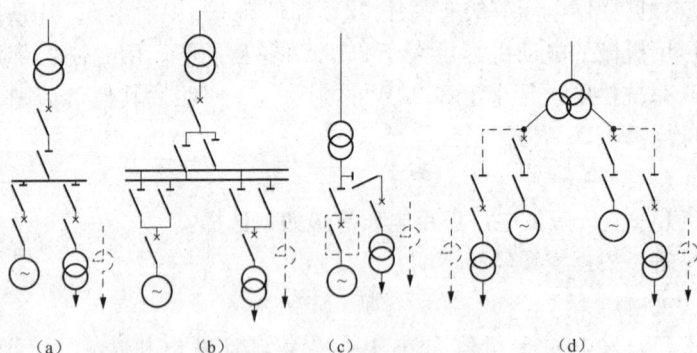

图 13-1 工作电源的接线方式

（a）、（b）从发电机电压母线引接；（c）、（d）从主变压器低压侧引接

### 13-5 高压厂用电系统中性点接地方式主要有哪些？它们是如何工作的？

答：接地方式的选择与接地容性电流的大小有关，其接地有如下三种形式：

（1）中性点不接地方式：适用于单相接地容性电流小于 10A 的厂用电系统。其特点是：当厂用系统发生单相接地时，可以带病运行 2h。广泛采用。

（2）中性点经高电阻接地方式：适用于单相接地容性电流小于 10A 的厂用电系统。常采用二次侧接电阻的配电变压器接地方式，当发生单相接地故障时，短路点流过固定的电阻性电流，有利于馈线的零序保护动作。

（3）中性点经消弧线圈接地方式：适用于单相接地容性电流大于 10A 的大机组厂用电系统。补偿方式采用过补偿。

**13-6 低压厂用电系统的中性点接地方式主要有哪些？**
答：（1）中性点经高电阻接地方式。
（2）中性点直接接地方式。

**13-7 厂用备用电源的设置方式主要有哪些？**
答：厂用备用电源的设置方式主要有明备用和暗备用两种。

**13-8 厂用负荷是如何分类的？**
答：按其在生产过程中的重要性，600MW 燃气轮机发电机组厂用负荷可分为以下几类：

Ⅰ类负荷：短时（手动切换恢复供电所需时间）的停电可能影响人身或设备安全，使生产停顿或发电机组出力大量下降的负荷。例如：给水泵、锅炉引风机、一次同机和送风机、凝结水泵等。

Ⅱ类负荷：允许短时停电，但停电时间延长，有可能损坏设备或影响正常生产的负荷。例如，有中间粉仓的制粉系统设备。

Ⅲ类负荷：长时间停电不会直接影响生产的负荷，例如修配车间的电源。

不停电负荷：在机组运行期间，以及正常或事故停机过程中，甚至在停机后的一段时间内，需要进行连续供电的负荷，简称 0 I 类负荷。例如，电子计算机、热工保护、自动控制和调节装置等。

事故保安负荷：在发生全厂停电时，为了保证机组安全地停止运行，事后又能很快地重新启动，或者为了防止危及人身安全等原因，需要在全厂停电时继续供电的负荷。按负荷所要求的电源为直流或交流，又可分为直流保安负荷（如汽轮机直流润滑油泵、发电机氢侧和空侧密封直流油等）和交流保安负荷（如交流润滑油泵、盘车电动机、顶轴油泵等）。

### 13-9 厂用负荷分配的原则是什么？

答：（1）同一机炉的电动机或其他厂用负荷，不论是一台还是两台，都应接在同一母线上（按炉分段），并且该段母线应由与该台锅炉相对应的机组供电，与锅炉同组的汽轮机的厂用电动机，一般也接在该段母线上。

（2）对于大容量锅炉，高压母线每台炉分为两段母线，由一台分裂高压变压器供电。低压母线每台炉也分为两段，每段由一台低压变压器供电。负荷按平衡原则分布在各段。

（3）附属设备离主厂房较远，其容量较大时（如输煤、化学、灰渣等），采用单独的变压器供电。

（4）全厂的一类公用负荷设立单独的公用母线（单母分段母线），根据负荷平衡原则分布在两段上。

### 13-10 保安电源负荷分配原则是什么？

答：为了保证大容量机组在厂用电事故停电时安全停机，以及在厂用电恢复后快速启动并网的要求、设置保安电源系统。其所带负荷有以下几类：

（1）在机组正常运行或停机中，防止设备损坏的机炉负荷，如润滑油泵、火焰检测的冷却风机等。

（2）发电机在停机过程中或停机后，仍需要运转的设备，如交流润滑油泵、顶轴油泵、密封油泵等。

（3）蓄电池的充电设备，如硅整流。

（4）与本机有关的设备，如事故照明。

（5）重要的热工负荷，如热工自动控制电源、交流不停电电源等。

**13-11　厂用电接线的设计原则有哪些？**

**答**：主要有：

（1）应保证对厂用负荷的可靠和连续供电，使主机安全运转；

（2）接线应能灵活地适应正常、事故、检修等各种运行方式的要求；

（3）厂用电源的对应供电性，本机、炉的厂用负荷由本机组供电；

（4）还应适当注意其经济性和发展的可能性，并积极慎重地采用新技术、新设备；

（5）在设计厂用系统接线时，应考虑厂用电的电压等级、中性点接地方式及厂用电源的引接等问题。

**13-12　厂用电切换的基本要求是什么？**

**答**：6kV厂用工作电源与备用电源之间切换的基本要求是安全、可靠，具体要求为厂用系统的任何设备（电动机、断路器等）不能由于厂用电的切换，而承受不允许的过载和冲击，同时在厂用电切换过程中，必须尽可能地保证机组的连续输出功率、机组控制的稳定和机炉的安全运行。

**13-13　厂用电切换方式有哪些？**

**答**：厂用电源切换的方式可按开关动作顺序分，也可按启动原因分，还可按切换速度进行分类。

按断路器的动作顺序区分有并联切换、串联切换、同时切换。

按启动原因分有正常手动切换、事故自动切换和不正常情况自动切换。

按切换速度区分有快速切换和慢速切换。

国内大容量机组厂用电切换中，厂用电源的正常切换一般采用并联切换，事故切换一般采用断电切换，而且不经过同期检定。这是一种快速断电切换，但要求断路器必须具备快速合闸的性能，固有合闸时间不要超过 5 个周波。

### 13-14 厂用电切换方式分别是指什么？

**答：**正常手动切换：由运行人员手动操作启动，快切装置按事先设定的手动切换方式（并联、同时）进行分合闸操作。

事故自动切换：由保护接点启动。发变组、厂变压器和其他保护出口跳工作电源开关的同时，启动快切装置进行切换。快切装置按事先设定的自动切换方式（串联、同时）进行分合闸操作。

不正常情况自动切换：有两种不正常情况，一是母线失压，母线电压低于整定电压达整定延时后，装置自行启动，并按自动方式进行切换。二是工作电源开关误跳，由工作开关辅助接点启动装置，在切换条件满足时合上备用电源。

快速切换：指在厂用母线上的电动机反馈电压，与待投入电源电压的相角差还没有达到电动机允许承受的合闸冲击电流之前合上备用电源。

慢速切换：主要是指残压切换，即工作电源切除后，当母线残压下降到额定电压的 20%～40%后合上备用电源。

并联切换：在切换期间，工作电源和备用电源是短时并列运行的。

串联切换：其切换过程是，一个电源切除后，才允许投入另一个电源。

同时切换：在切换时，切除一个电源和投入另一个电源的脉冲信号同时发出。

### 13-15 交流不停电电源（UPS）装置的原理是什么？

**答**：把电网交流电压经整流器和滤波器后送入逆变器，逆变器将输入的直流电压变换成所需合格的交流电压，再经交流滤波器去高次谐波后，向负载供电。为了达到稳压恒频输出的目的，机内采用了反馈控制系统。另外，在机外利用直流系统作为储能单元。一旦市电中断，可立即自动切换成直流系统供电。此外，UPS 装置有旁路开关与备用电源相连（备用电源取至机组保安MCC 段），这样不仅有利于 UPS 不停电维修，而且当负载启动电流太大时，还可以自动切换至备用电源供电，启动过程结束后，再自动恢复 UPS 供电。

### 13-16 柴油发电机组运行中需要检查的项目有哪些？

**答**：柴油发电机组在运行中，除了包括备用状态下的检查要点外，还要检查：

柴油发电机组运转声音和振动正常，机内有无金属摩擦等异常音响。发电机出口空气温度、发电机绕组温度、各个轴承温度、各处冷却水温度均在允许范围内。电机出口电压、电流、频率、有功、无功、励磁电压、电流均不超规定值。另外，长期运行的机组要检查燃油油箱油位，当油位下降到油位中线以下时要及时补油。

### 13-17 柴油发电机组运行方式如何选择？

**答**：柴油发电机组通过运行方式选择开关，选择柴油发电机组所处状态。运行方式选择开关有四个位置，即"自动"、"试验"、"手动"、"停运"。

柴油发电机组正常处于备用状态时，运行方式选择开关置于"自动"位，使机组处于准启动状态，此时机组能自动启动和远方手动启动，并自动闭合发电机出口断路器。

当需要就地手动启动或停止机组运行时，运行方式选择开关置于"手动"位，在就地启动机组，并在检查同期或无压条件下手动操作闭合发电机出口断路器。

当厂用电源正常时，又需要启动机组进行某些试验时，运行方式选择开关置于"试验"位，就地手动启动机组到额定电压和频率，但不闭合发电机出口断路器。

当机组进行检修或某些维护工作时，不允许机组启动时，运行方式选择开关置于"停运"位，这样就可以同时闭锁手动启动和自动启动回路。

### 13-18 ATS（自动切换开关）的基本要求主要有哪些？

答：（1）备用电源投入的 QF 必须为快速合闸，其全部时间一般小于 100ms。

（2）工作电源和备用电源为两个独立电源，正常时两电源同步。

（3）电动机性能能适用电源需要切换的场合，如鼠笼式电动机和绕线式电动机。

（4）电源切换不能造成运行中断、设备损坏。

（5）T（变压器）故障或保护动作跳开 T 分支开关时，若工作电源和备用电源之间的相角差（或电压差）小于整定值，应不经延时合备用电源投入的 QF。

（6）工作电源分支投入的 QF 偷跳时，只要相角差（或电压差）小于整定值，应不经延时合备用电源投入的 QF。

（7）工作分支投入的 QF 无论什么原因跳闸，只要相角差（或电压差）大于整定值，快速切换应闭锁，转入同期捕捉和残压闭锁，合备用电源投入的 QF。

（8）厂用母线故障引起厂用分支过流保护动作跳开工作电源 QF 时，应闭锁快切装置。

（9）当某种原因工作母线电压消失，而备用母线电压正常时，应延时自动断开工作电源分支 QF，然后由工作分支投入的 QF 的辅助接点启动快切装置合备用电源投入的 QF。

（10）TV（电压互感器）二次回路故障时，不应启动 ATS。

（11）ATS 只允许发出一次合闸脉冲，保证只合闸一次。

（12）当备用电源投入的 QF 合闸时间大于 100ms，或工作母线电压和备用母线电源电压之间相位差（或电压差）大于整定值时，ATS 应进入捕同期或残压闭锁。

**13-19　当参加自启动的电动机总功率超过允许值时，保证重要厂用机械电动机自启动应采取哪些措施？**

答：（1）限制参加自启动的电动机数量。

（2）机械负载转矩为定值重要设备的电动机，因它只能在接近额定电压下启动，也不应参加自启动。

（3）对重要的厂用机械设备，应选用启动电流倍数较小而启动转矩较大的电动机拖动。

（4）减小备用电源投入的切换时间。

（5）在不得已情况下，增大厂用变压器容量，或结合限制短路电流问题一起考虑时适当减小厂用变压器的阻抗值。

**13-20　低压厂用母线失压如何处理？**

答：（1）运行中的 380V 母线失压（工作变压器跳闸），备用变压器应自动投运；如备用变压器未自动投入，应立即手动投入一次；备用变压器已联动一次不成功，并伴有"备用分支过流"光字牌时，不得再抢送。若备用变压器开关拒绝合闸，而工作变压器是因过流保护动作，可用跳闸的工作变压器抢送一次；如跳闸的变压器是差动或瓦斯保护动作时，不得再抢送。

（2）当备用变压器检修，工作变压器因速断、瓦斯保护动作跳闸，可投入备用分支开关，暂由运行工作变压器代两段运行，并严格按照变压器事故过负荷规定执行。

（3）备用电源投不上，而跳闸的工作变压器又不能抢送，应尽快消除备用电源缺陷，用备用电源送电。

（4）若厂用 6kV 母线失压不能马上恢复，应尽快使受影响的 380V 母线受电。

（5）经以上处理，380V 厂用母线电压仍不能恢复，应立即到现场检查故障点，并消除故障点，断开失压母线所有断路器和隔离开关，向母线试送电。

（6）若为负荷开关拒动越级跳闸，应强行断开拒动开关并停电，即对失压母线试送电。

（7）若未发现明显的故障点，应对母线及各分路逐一测绝缘合格后方能送电。

（8）若 380V 母线故障暂时不能恢复，应断开分段隔离开关对非故障半段送电。

### 13-21　高压厂用母线电压互感器铁磁谐振有哪些现象和危害？

**答：**高压厂用母线电压互感器铁磁谐振将引起电压互感器铁心饱和，产生电压互感器饱和过电压。

电压互感器发生基波谐振的现象是：两相对地电压升高，一相降低，或是两相对地电压降低，一相升高。

电压互感器发生分频谐振的现象是：三相电压同时或依次轮流升高，电压表指针在同范围内低频（每秒一次左右）摆动。

电压互感器发生谐振时其线电压指示不变。

电压互感器发生谐振时还可能引起其高压侧熔断器熔断，造成继电保护和自动装置的误动作。

电压互感器发生铁磁谐振的直接危害是：

（1）由于谐振时，电压感器一次绕组通过相当大的电流，在一次熔断器尚未熔断时可能使电压互感器烧坏；

（2）造成电压互感器一次熔断器熔断。

### 13-22　6kV 厂用段母线失电有何现象？如何处理？

**答：**（1）故障段母线工作电源开关跳闸，绿灯闪光，集控室"6kV 进线开关故障跳闸"光字牌亮。

（2）6kV 厂用段母线电压瞬时到零。

（3）6kV备用电源开关可能自投，"备用开关储能未满"光字牌亮。

（4）高厂变压器低压侧复合过流可能动作。

（5）6kV厂用母线低电压保护动作掉牌，400V厂用段备用电源开关可能自投。

（6）若快切成功，则"6kV快切完毕"、"6kV厂用段闭锁报警"光字牌亮。

（7）发变组主开关、41MK可能跳闸。

处理方法：

（1）若6kV备用电源开关快切自投成功，复归各闪光开关把手及音响信号，切除快切小开关。

（2）若6kV备用电源开关快切未动作，立即强合备用电源开关一次。

（3）若快切动作不成功或强送不成功，低厂变压器低压侧开关跳闸，400V备用电源开关自投。若低厂变压器低压侧开关未跳闸，立即手动将其拉开，相应400V厂用段备用电源应自投。

（4）若高厂变压器低压侧复合过流动作快切不成功时，立即检查400V厂用段母线自投成功，复归各闪光开关把手和信号掉牌。

（5）若发变组跳闸，按发电机跳闸处理。

（6）恢复硅整流装置及UPS装置运行。

（7）隔离故障母线，通知检修处理。

## 13-23　发电厂厂用6kV系统母线电压互感器一次熔丝熔断时，有何现象？如何处理？

答：现象：

（1）集控室发如下光字牌："6kV接地"、"电压回路断线"。

（2）厂用6kV系统母线相电压表指示作相应变化。母线电压表视接线情况，其指示也有可能下降。

处理方法：

（1）检查厂用6kV系统的绝缘情况，找出熔断熔丝的具体相别。

（2）解除该段母线上所有辅机的低电压保护，退出该段母线的 BZT。

（3）按规程规定，对故障电压互感器进行停用并检修。

### 13-24 一般在使用厂用电母线的低电压保护时，能起什么样的作用？

答：当电动机的供电母线电压短时降低或短时中断又恢复时，为了防止电动机自启动时使电源电压严重降低，通常在次要电动机上装设低电压保护。当供电母线电压低到一定值时，延时将次要电动机切除，使供电母线有足够的电压，以保证重要的电动机自启动。

### 13-25 厂用电源事故有哪几种处理原则？

答：（1）当厂用工作电源因故跳闸，备用电源自动投入时，值班人员应检查厂用母线的电压是否已恢复正常，并将断路器操作把手复位，检查继电保护的动作情况，判明并找出故障原因。

（2）当工作电源跳闸、备用电源未自动投入时，值班人员可立即对备用电源强送一次。

（3）备用电源自动投入装置因故停用时，备用电源仍处于热备用状态，当厂用工作电源因故跳闸，值班人员可立即对备用电源强送一次。

（4）厂用电无备用电源时，当厂用工作电源因故跳闸，反映工厂内部故障的继电保护（差动，电流速断，无压断）未动作，可试发工作电源一次。

（5）当备用电源投入又跳闸或于备用电源强投工作电源后又跳闸，不能再次强送电，这证明故障可能在母线上或因用电设备故障而越级跳闸。

（6）询问有无拉不开或故障设备跳闸的设备。

（7）将母线上所有负荷断路器全部停用，对母线进行外观检查。必要时检测绝缘电阻。

（8）母线短时间内不能恢复供电时，应通知机、炉灯专业人员将负荷转移。

（9）检查故障情况，并将其隔离，采取相应的安全措施。

（10）加强对正常母线的监视，防止过负荷。

**13-26　当厂用工作电源因故跳闸，备用电源自动投入与未自动投入时，值班人员应各自对其进行怎样的处理？**

答：（1）当厂用工作电源因故跳闸，备用电源自动投入时，值班人员应检查厂用母线的电压是否恢复正常，并将断路器操作把手复归于对应位置，检查继电保护的动作情况，判明并找出故障原因。

（2）当工作电源跳闸，备用电源未自动投入时，值班人员可立即对备用电源强送一次。

**13-27　6kV 母线发生接地故障有什么现象？如何检查处理？**

答：现象：接地信号，接地报警；某相电压为零，另外两相电压升高；三相电压不平衡。处理：若三相电压不平衡，查看TV 一、二次熔断器是否熔断；若某相电压为零，另外两项电压升高，即发生单相接地，查看机炉是否启动设备，停止接地时启动的设备或者切换为备用；对发配电系统进行外部检查，查看是否有设备冒烟，有异味，有无接地现象或者异常现象。

**13-28　6kV 母线 TV 故障时有何现象？如何处理？**

答：现象：

（1）6kV 母线电压表指示失常，有关馈线电能表停转或慢走，"电压回路断线"光字亮。

（2）6kV 厂用段母线 TV 故障，"厂用电快切装置交、直流回路断线"，"快切装置闭锁报警"光字亮。

（3）6kV 公用段母线 TV 故障，则启动变压器"保护装置

及电源故障"，"01、02 号低备变压器 BZT 装置故障"光字
牌亮。

（4）6kV 母线低电压保护可能动作。

处理：

（1）检查 6kV 母线 TV 二次熔断器是否熔断，若熔断应及
时更换。

（2）若 TV 一次熔断器熔断，应断开 6kV 厂用段快切开关，
取下 TV 二次熔断器，将 TV 拉出间隔，测量其绝缘合格后，更
换一次熔断器。

（3）若更换后 TV 一次熔断器再次熔断，通知检修处理。

（4）若公用段 TV 故障，应做好机组跳闸厂用电不切换的事
故预想，同时联系检修尽快处理。

### 13-29　快速切换装置有哪些基本要求？

**答：**快速切换装置有下列基本要求：

（1）装置适用于高压厂用电源。

（2）可预选两种切换方式（串联切换、同时切换）之一作
为事故情况下的切换方式。对于串联切换方式，装置应能保证
在工作电源断开后才投入备用电源。对于同时切换方式，装置
不能保证上述的要求，此时应由断路器的跳合闸时间的准确性
来保证。

（3）发生故障或由于误操作使厂用工作母线失去电源时，装
置应能保证快速切换，且电动机不应受到过度的冲击。

（4）慢速切换。工作电源电压无论任何原因消失时，装置均
应能动作，并作为快速切换的后备。

（5）当备用电源无电压或电压互感器熔断器熔断时，装置不
应动作。

（6）装置只允许动作一次。

（7）不论正常手动切换或事故切换，都必须检查备用电源与
工作电源之间的初始相角差，当超过整定值时不允许合闸备用进

线断路器。

（8）装置应有必要的试验回路。

（9）装置应有解除及试验用的转换开关。

（10）接线必须简单、可靠。

### 13-30　高压厂用电源 BZT 装置有哪些功能？

**答：**（1）装置的启动部分应能反应工作母线失去电压的状态。

（2）工作电源断开后备用电源才能投入。

（3）备用电源自动投入装置只能动作一次。

（4）备用电源自动投入装置的动作时间以使负荷的停电时间尽可能短为原则。

（5）电压互感器二次侧的熔断器熔断时，备用电源自动投入装置不应动作。

（6）当备用电源无电压时，备用电源自动投入装置不应动作。

### 13-31　高压厂用系统发生单相接地时有无危害？

**答：**高压厂用系统一般属于中性点不接地系统，当发生单相接地时，通过接地点的接地电流是系统正常时相对地电容电流的 3 倍，而且在设计时这个电流是不准超过规定的。因此，发生单相接地时的接地电流对系统的正常运行基本上不受影响。当发生单相接地时，系统线电压的大小和相位差不变，从而对运行的电气设备的工作无任何影响。另外系统中设备的绝缘水平是根据线电压设计的，配电装置往往提高一个电压等级（3、6kV 厂用电设备，一般都是 10kV 设备）选用。虽然非故障相对地电压升高 $\sqrt{3}$ 倍达到线电压，但对设备的绝缘并不构成直接危险。鉴于上述原因，中性点不接地系统发生单相接地时对系统的正常运行和设备的安全危害不是很大，也必须迅速查出故障点，以免绝缘薄弱处第二相接地引起短路，扩大事故。

**13-32　不接地的高压厂用系统发生单相接地运行时间是否不许超过 2h?**

答：(1) 电压互感器不符合制造标准不允许长期接地运行。

(2) 如果同时发生两相接地将造成相间短路。如果单相接地长期运行，可能引起非故障相绝缘薄弱的地方损坏，造成相间短路，使事故扩大，这是不允许的。

(3) 查找故障点，启动备用机组安排负荷，运行人员及调度也需要一定的时间。

鉴于以上原因，必须对单相接地运行时间有个限制。可以考虑装有无型号或不符合新规定的电压互感器的系统，其接地运行时间必须限制在电压互感器允许承受 1.9 倍电压的时间内，这个时间一般为 2h。对于符合制造标准的电压互感器系统，接地运行时间一般可放宽一点或限制在 8h 之内。至于大多数发电厂仍遵守接地时间不超过 2h 的规定，是执行部颁电气事故处理规程历年延续的结果。

**13-33　高压厂用母线为何装电压保护？保护分几段？其动作结果怎样？**

答：一般高压厂用母线都装设了低压保护，实际上这是高压电动机的低电压保护。在电源电压短时降低或中断后的恢复过程中，为了保证重要电动机的自启动，通常应将一部分不重要的电动机利用低电压保护装置将其切除。另外，对于某些负荷根据生产过程和技术安全等要求而不允许自启动的电动机，也应利用低电压保护将其切除。低电压保护一般装设两段。第 Ⅰ 段的动作时限为 0.5s，动作电压一般为 $0.7 \sim 0.75 U_N$。第 Ⅱ 段的动作时限为 9s，动作电压一般整定为 $0.45 U_N$。低电压保护第 Ⅰ 段动作后一般应跳开不重要的电动机，如磨煤机等。低电压保护第 Ⅱ 段动作后一般跳开送风机、给水泵等。为了保证锅炉本体的安全和汽机系统的继续冷却，一般不应跳开吸风机和循环水泵电动机，以保证在电压恢复时的自启动。但电压中断的时间超过规定时，则应由值班人员手动拉开。

**13-34　为什么处于备用中的电动机应定期测量绕组的绝缘电阻？**

答：绝缘好坏可以用绝缘电阻的大小来表明。备用电动机处于停用状态，温度较运转的电动机低。因为固体都有一定的吸附能力，因此容易吸收空气中的水分而受潮。为了在紧急情况下能投入正常运转，监视备用电动机的绝缘情况很有必要，因此要求定期测量绕组的绝缘电阻。

**13-35　为什么感应电动机启动时电流大？**

答：当感应电动机处于停用状态时接通电源，旋转磁场以最大的切割速度切割转子绕组使转子绕组感应最高的电动势。因而在导体中感应很大的电流，这个电流产生磁通而抵消定子磁场的磁通。定子磁场为了维持与此时相适应的原有磁通而加大电流，因此转子电流很大，而定子电流也很大，当启动后电流会逐渐下降。因为此时感应电动势减小，电流也随之减小，定子电流也减小，直至正常。

**13-36　低压开关的操作及注意事项主要有哪些？**

答：（1）直流操作低压开关的直流电压变化范围在 209～233V 之间，最低不得低于 200V，最高不得超过 240V。

（2）拒绝跳闸及触头烧损的开关禁止投入运行。

（3）脱扣器的操作，投入按先合脱扣器后合刀闸的顺序进行，停电时可先断开脱扣器后拉开刀闸。操作脱扣器时应戴绝缘手套，侧身操作。

**13-37　什么情况下可手动断开空气开关（脱扣器）？**

答：（1）人身触电。

（2）开关控制回路故障。

（3）开关机构失灵。

### 13-38 厂用电系统正常运行方式有哪些?

**答:**(1)发电机变压器组正常运行时,高厂变压器、各低压变压器均带本段运行。

(2)低压备用变压器,一次侧开关投入,二次侧各分支刀闸投入开关联动备用。高压备用变压器一、二次侧开关均断开,联动备用。

(3)机组检修时,本机 6kV 系统由高压备用变压器带,380V 系统与机组运行时相同。

(4)机组并网后,当有功加至 50MW 以上且运行基本稳定时,可请示值长。6kV 厂用由高备变压器并列切换为高厂变压器运行。

### 13-39 厂用系统操作有哪几项规定?

**答:**(1)厂用系统的操作和运行方式的改变应有值长的命令,并通知有关人员。

(2)除事故处理,一切倒闸操作应按规定填写操作票,并严格执行操作监护制度和复诵制度。

(3)厂用系统的倒闸操作,一般应避免在交接班 30min 内或高峰负荷时进行,操作中不应进行交接班,只有当操作全部结束或告一段落且得到值长批准后方可进行交接班。

(4)新安装或进行过有可能变更相位的线路、变压器、电缆等,在受电与并列前应检查相序相位正确。

(5)倒闸操作应考虑环并回路和变压器有无过载的可能性,运行是否可靠,事故处理是否方便。

(6)断路器拉合操作中,应检查动作的正确性。

### 13-40 保安电源系统运行方式有哪些?

**答:**(1)保安段正常由公用段供电运行,来自保安变压器的备用电源正常作为第一备用,柴油发电机组作为第二备用电源。

（2）当保安段工作电源失去时，投入保安变压器来的保安备用电源，恢复保安段运行注意两路电源不可并列切换。

（3）保安变压器检修或保安变压器来的保安电源无法投入时，在保安段工作电源失去时，启动柴油发电机组，恢复保安段运行。

# 第四部分
# 故障分析与处理

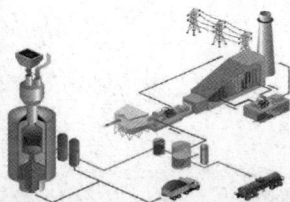

# 第十四章

# 发电机故障分析

**14-1　发电机常见的故障类型和不正常运行状态有哪些？**

**答：** 发电机常见的故障类型主要有定子绕组相间短路、定子一相绕组内匝间短路、定子绕组单相接地、转子绕组一点接地或两点接地、转子励磁回路励磁电流消失等。

发电机常见的不正常运行状态主要有由于外部短路引起的定子绕组过电流、由于负荷超过发电机额定容量而引起的三相对称过负荷、由于外部不对称短路或不对称负荷而引起的发电机负序过电流、由于突然甩负荷而引起的定子绕组过电压、由于励磁回路故障或强励时间过长而引起的转子绕组过负荷、由于进气门突然关闭而引起的发电机逆功率。

**14-2　发电机配置的保护有哪些？有哪些保护方式？**

**答：** 在对大容量发电机组保护进行配置时，应对以下保护给予足够的重视：双重化差动保护、定子接地保护、负序过流保护、过励磁（过电压）保护、失磁失步保护等。同时，应该考虑配置低频、误上电、启停机保护。在保护的动作特性方面应考虑和机组的能力相匹配，尽可能在过热保护上采用反时限特性，快速保护动作时间应尽可能地短。保护方式如下：

（1）发电机纵差动保护：切除定子相间短路，传统的差动保护不反应匝间短路故障，瞬时跳开机组。

（2）发电机匝间保护：切除发电机定子匝间短路，瞬时跳开机组。

（3）发电机定子接地保护：切除发电机定子绕组的单相接地

故障。

（4）发电机负序过流保护：区外发生不对性短路或非全相运行时，保护机组转子不过热损坏，一般采用反时限特性。

（5）发电机对称过流保护：当区外发生对称过流短路时，保护发电机定子不过热，一般采用反时限特性。

（6）发电机过压保护：反应过电压。

（7）发电机过励磁保护：反应发电机过励磁。

（8）发电机失磁保护：反应发电机全失磁或部分失磁。

（9）发电机失步保护：反应发电机和系统之间的失步。

（10）发电机过流、低压过流、复合电压过流、阻抗保护等：作为线路和发电机的后备保护，这些保护可灵活配置。

（11）发电机过负荷保护：反应发电机过负荷。

（12）发电机低频保护：反应发电机低频运行。

（13）转子一点接地保护：反应转子一点接地。

（14）转子两点接地保护：反应发电机转子发生两点接地或匝间短路。

（15）励磁绕组过负荷保护：反应发电机励磁机的过负荷，采用反时限特性或定时限特性。

（16）误上电保护：检测发电机在启停机期间可能的误合闸。

（17）启停机保护：在启停机过程中检测绕组的绝缘变化。

### 14-3 对于发电机—变压器组保护配置的要求是什么？

**答：** 根据国家电力公司文件：保护配置要求必须按照国电调〔2002〕138 号"关于印发《防止电力生产重大事故的二十五项重点要求继电保护实施细则》的通知"执行。

（1）主后备保护均按双重化配置，每一套保护符合以下要求：

1）每一套保护中应包含一套发电机差动，主变压器差动，厂用高压 A、B 工作变压器差动，励磁变压器差动等主保护。

2）每一套保护中不同对象的保护采用不同 CPU。同一对象的保护，电量和非电量保护 CPU 分开。

（2）保护分柜原则。

（3）CPU 配置原则。

1）保护输入模拟量、输入开关量、保护输出回路、信号回路应满足保护配置图要求。

2）保护处理 CPU 和通信管理 CPU 应各自独立。每套装置具有自己单独的电源和自动开关。

（4）接地要求：

1）保护柜必须有接地端子，并用截面不小于 $4mm^2$ 的多股铜线和接地网直接连通。保护柜之间的连接应采用专用接地铜排。应连接每一柜的接地铜排，以便形成一个大的接地回路，并且应通过回路中的一个点将回路连接到控制室接地网。接地铜排的截面不得小于 $100mm^2$。

2）接地母线的螺栓连接、并接连接以及分接连接都应不少于 4 个螺栓。接地母线延伸至整个柜，并连接至屏架、前主钢板、侧主钢板以及后主钢板。接地母线每端有压接型端子，便于外部接地电缆的连接。

3）电压互感器及差动用电流互感器的中性点应仅在其进入继电保护屏的端子排处接地，并采用跨接线或连接线进行接地，以便使接地可以分别拆除，不干扰接地。

4）保护装置对电厂接地网无特殊要求。

### 14-4 发电机—变压器组保护装置的功能有哪些？

**答**：发电机—变压器组保护装置的主要功能包括设备性能、保护功能、装置开入量的控制、保护信号传送、控制软件功能、设备安全等不同方面，具体如下所述：

（1）装置具有独立性、完整性、成套性。在成套装置内含有被保护设备所必需的保护功能。

（2）装置的保护模块配置合理。当装置出现单一硬件故障退出运行时，被保护设备允许继续运行。

（3）非电气量保护可经装置触点转换出口或经装置延时后出口，装置反映其信号。

（4）装置中不同种类保护具有方便的投退功能，保护投退需经过硬连接片。

（5）装置具有必要的参数监视功能。

（6）装置具有必要的自动检测功能。当装置自检出元器件损坏时，能发出装置异常信号，而装置不误动。

（7）装置具有自复位功能，当软件工作不正常时能通过自复位电路自动恢复正常工作。

（8）装置各保护软件在任何情况下都不得相互影响。

（9）装置每一个独立逆变稳压电源的输入具有独立的保险功能，并设有失电报警。

（10）装置记录必要的信息（如故障波形数据），并通过接口送出；信息不丢失，并可重复输出。

（11）保护屏、柜端子不允许与装置弱电系统（指 CPU 的电源系统）有直接电气上的联系。针对不同回路，分别采用光电耦合、继电器转接、带屏蔽层的变压器磁耦合等隔离措施。

（12）装置有独立的内部时钟，其误差每 24h 不超过 $\pm 1s$，保护管理机提供与 GPS 对时的接口，保护管理机对保护装置进行时间同步。

（13）双重化主保护及后备保护装置应分别由两个不同的直流母线的馈线或两个电源装置供电并考虑可靠的抗干扰措施；每柜设两路工作电源进线，两路电源进线在保护屏内，开关采用具有切断直流负荷短路能力的、不带热保护的空气小开关，并在电源输出端设远方"电源消失"的报警信号。

（14）非电气量保护应设置独立的电源回路（包括直流空气小开关及其直流电源监视回路），出口跳闸回路应完全独立，非电量保护不允许启动失灵保护。

（15）发电机—变压器组、起备用变压器两套主保护及不同的全停出口，应分别置于不同的柜上，并且不要将同类型的保护集中在同一个 CPU 系统或柜上。

（16）两套保护系统应相互独立。每套保护系统应有单独的输入 TA、TV 和跳闸继电器。

（17）保护出口回路，均经连接片投入、退出，不允许不经连接片而直接去驱动跳闸继电器。

（18）每套保护装置的出口接点都通过连接片，起动中间继电器。每面柜的出口中间继电器相互独立，每面柜可独立运行，每套保护都可单独投入和退出。

（19）系统接口：既可通过硬接线与 DCS 系统接口，又可通过 RS-485 或以太网口与其通信，提供多种通信规约，以便适应后定标的 DCS 系统。

（20）运行数据监视：管理系统可在线以菜单形式显示各保护的输入量及计算量。

（21）系统调试：可通过管理系统对各保护模块进行详细调试（操作时通过密码）。

（22）巡回检查功能：在保护系统处于运行状态时，保护模块不断地进行自检，管理系统及时查寻并显示保护模块的自检信息，如发现自检出错立即发出报警，以便及时处理。

（23）按保护配置要求，不同的出口分别设独立的出口继电器。接断路器跳闸的出口继电器需采用电压动作电流保持的出口继电器，以保证断路器可靠跳闸，以及防止继电器断开合闸电流。继电器的触点容量为 DC110V、8A/DC220V、5A，满足强电控制要求，触点数量除满足保护跳闸出口外，并留有 5 副备用触点。信号继电器的触点数量按至少 3 副设置，另外还需提供机组事故跳闸信号、机组异常信号，以及提供远动的单元机组跳闸总信号。重动信号继电器带灯光掉牌指示，手动复归。

### 14-5 发电机—变压器保护配置的非电量保护有哪些？

答：发电机—变压器组的非电量保护有发电机定子断水保护，FWK 稳控装置、励磁系统故障、网控失灵、发电机定子冷却水异常及变压器的瓦斯保护，温度保护，压力释放保护，变压器压力突变，油位异常，油温度过高启动风冷，绕组温度启动风冷等。

**14-6　请画出典型发电机保护的配置图。**

答：典型发电机保护的配置图如图 14-1 所示。

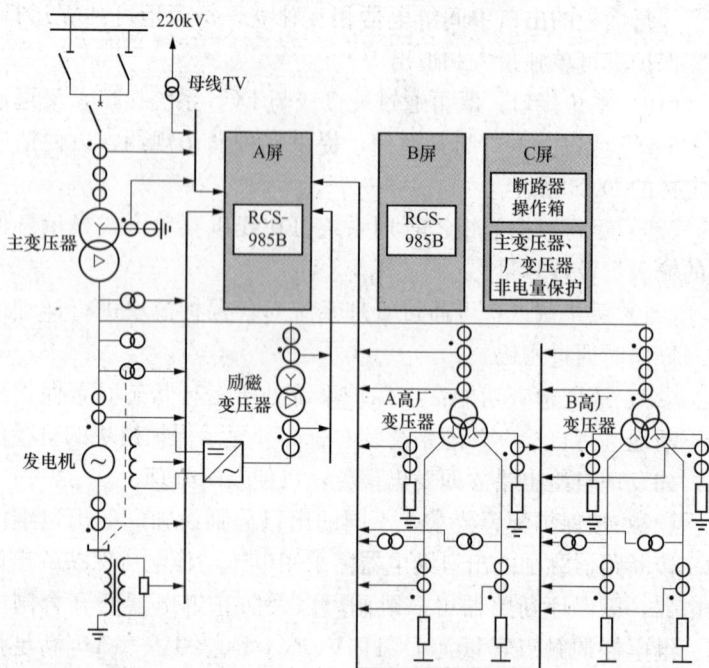

图 14-1　典型发电机保护配置图

**14-7　在国外厂家设计过程中，常推荐采用发电机中性点经高阻接地的方式，这种方式带来的问题是什么？解决的方案是什么？**

答：国外厂家提出发电机中性点采用电阻直接接地方式后，将无法实现合同中规定的发电机定子 100% 接地保护要求，原因是采用交流接地电流保护存在保护死区。中方最终接受发电机中性点采用配电变压器接地方案，发电机 100％定子接地保护由 G60 装置的 27TN 和 59N 功能实现。

### 14-8　燃气轮发电机的保护出口如何设计？

**答：**保护出口方式除与电气故障和异常运行情况有关外，还与热力系统及其控制系统是否具有 FCB 功能及机炉是否允许甩负荷带厂用电运行（孤岛运行）方式有关。一般对 300MW 及以上燃煤机组保护出口主要有以下几种：

（1）全停：跳主变压器高压侧和高厂变压器低压侧断路器；灭磁；关主汽门。

（2）程序跳闸：先关主汽门，待逆功率继电器动作后再跳主变压器高压侧和高厂变压器低压侧断路器并灭磁。

根据电气故障类型设置以下保护出口：

（1）全停（Turbine t rain t rip）：当发电机内部发生故障时，发电机和燃机同时停机。

（2）发电机停机（GCB and FCB t rip）：在发电机外部发生故障或可以短时修复/消失的故障时，跳 GCB and FCB，不停燃机。跳开 GM2CB 后，使燃料阀瞬间关闭，再打开调整到维持 G/T 转速 3000r/min，可实现燃机无负载运转。

### 14-9　对内冷发电机定子绕组过负荷值有什么要求？

**答：**过负荷的允许数值不仅与过负荷的持续时间有关，还和发电机的冷却方式有关。内冷发电机定子绕组短时过负荷的允许时间，可由下式决定

$$t = \frac{150}{(I/I_N)^2 - 1}$$

式中　$t$——允许过负荷时间，s；

　　　$I$——短时允许过负荷电流，A；

　　　$I_N$——发电机额定电流，A。

对于空冷和氢表面冷却的发电机短时间过负荷的允许值可参照表 14-1 执行。

**表 14-1 发电机过负荷允许值**（空冷、氢冷）

| 定子绕组短时过负荷电流（倍数） | 1.1 | 1.12 | 1.15 | 1.25 | 1.5 |
|---|---|---|---|---|---|
| 持续时间（min） | 60 | 30 | 15 | 5 | 2 |

### 14-10 发电机是否可以短时过负荷？发生这种情况时，运行人员有哪些注意事项？

**答：** 正常运行中发电机不允许过负荷运行。发电机过负荷要引起定子、转子绕组和铁心温度升高，严重时可能达到或超过允许温度，加速绝缘老化，所以在一般情况下，应避免出现过负荷。但是发电机绝缘材料老化需要一段时间过程，绝缘材料变脆、介质损耗增大，耐受击穿电压水平降低等都要一个高温作用的时间，高温时间愈短，绝缘材料的损害程度愈轻。而且发电机满载运行温度距允许温度，还有一定的裕量，即使过负荷，在短时间内也不至于超出允许温度过多。因此，事故情况下，发电机允许有短时间的过负荷。发电机过负荷的允许值与允许时间，各发电机技术参数内有备。

当定子电流超过允许值时，运行人员应该注意过负荷的时间，首先减少无功负荷，使定子电流到额定值，但是不能使功率过高和电压过低，必要时降低有功负荷，使发电机在额定值下运行。运行人员还应加强对发电机各部分温度的监视，使其控制在规程规定的范围内。否则，降低有功负荷。另外，加强对发电机端部、滑环和整流子炭刷的检查。总之，在发电机过负荷情况下，运行人员要密切监视、调节和检查，以防事态严重。

### 14-11 当运行人员检测到发电机定子电流超过允许值时，应采取的措施有哪些？

**答：** 当发电机的定子电流超过允许值时，运行人员应首先检查发电机的功率因数 cosφ 和电压，功率因数不应过高，电压不应过低，同时注意过负荷的时间，按照现场规程的规定，在允许的时间内，用减少励磁电流的方法，减低定子电流到最大允许值，但仍不得使功率因数过高和电压过低。如果减低励磁电流，不能使定子电流降低到允许值时，则必须降低发电机的有功功率或切断一部分负荷。

**14-12　同步发电机不对称运行时，所允许的不对称电流和允许时间分别是多少？**

答：同步发电机不对称运行时所允许的不对称电流和持续时间参见表 14-2。

表 14-2　　　同步发电机不对称运行时所允许的
不对称电流和持续时间

| 序号 | 运行情况 | 允许不对称电流与持续时间 | 电机种类和冷却方式 | | 凸有式发电机 |
|---|---|---|---|---|---|
| | | | 隐极式发电机 | | |
| | | | 空气或氢气表面冷却 | 导线直接内冷 | |
| 1 | 不对称短路 | 负序能力不应大于右列值（s） | 30 | 15 | 40 |
| 2 | 三相负荷不对称、非全相运行，进行短时间的不对称短路试验，以及系统中设备发生故障的情况 | 负序电流标幺值 | 持续允许时间（min） | | |
| | | 0.45～0.6 | 立即停机 | 立即停机 | 3 |
| | | 0.45 | 1 | 立即停机 | 5 |
| | | 0.35 | 2 | 1 | 10 |
| | | 0.28 | 3 | 2 | |
| | | 0.20 | 5 | 3 | |
| | | 0.12 | 10 | 5 | |
| 3 | 在额定负荷下连续运行 | 三相电流之差对额定电流之比，不超过右列值 | 0.1 | 0.1 | 0.2 |
| | | 或负序电流标幺值不超过右列值 | 0.06 | 0.06 | 0.12 |

### 14-13　发电机定子绕组中的负序电流对发电机有什么危害？

**答：**发电机转子的旋转方向和旋转速度与三相正序对称电流所形成的正向旋转磁场的转向和转速一致，即转子的转动与正序旋转磁场之间无相对运动，此即"同步"的概念。当电力系统发生不对称短路或负荷三相不对称（接有电力机车、电弧炉等单相负荷）时，在发电机定子绕组中就流有负序电流。该负序电流在发电机气隙中产生反向（与正序电流产生的正向旋转磁场相反）旋转磁场，它相对于转子来说为2倍的同步转速，因此在转子中就会感应出100Hz的电流，即所谓的倍频电流。该倍频电流主要部分流经转子本体、槽楔和阻尼条，而在转子端部附近沿周界方向形成闭合回路，这就使得转子端部、护环内表面、槽楔和小齿接触面等部位局部灼伤，严重时会使护环受热松脱，给发电机造成灾难性的破坏，即通常所说的"负序电流烧机"，这是负序电流对发电机的危害之一。

另外，负序（反向）气隙旋转磁场与转子电流之间，正序（正向）气隙旋转磁场与定子负序电流之间所产生的频率100Hz交变电磁力矩，将同时作用于转子大轴和定子机座上，引起频率为100Hz的振动，此为负序电流危害之二。发电机承受负序电流的能力，一般取决于转子的负序电流发热条件，而不是发生的振动，即负序电流的平方与时间的乘积决定了发电机承受负序电流的能力。

### 14-14　发电机失磁后，异步运行的特征有哪些？

（1）转子电流表指示为零或接近于零。发电机失去励磁后，转子电流将按指数规律迅速衰减。若励磁回路开路，则转子电流表指示为零；若励磁回路短路或经小电阻闭合，转子回路有交流电流流过，转子电流表有指示，但指示数值很小。

（2）定子电流表指示增大且呈有规律摆动。

（3）有功功率表指示减少呈有规律摆动。

（4）无功功率表指示负值，功率因数表指示进相。

（5）端电压下降。

（6）定子端部发热。

### 14-15　发生铁磁谐振的一般原因有哪些？

答：（1）中性点不接地系统中发生铁磁谐振的原因有：中性点不接地系统中，铁磁谐振一般由中性点对地电容和铁磁式电压互感器组成的谐振回路产生的谐振引起的。在外部条件激发下，使电压互感器三相绕组承受电压不同，以致铁心三相饱和程度不同，三相电感不相等。而三相对地阻抗的不平衡程度越高，位移电压越高，就会出现单相、两相、三相的对地电压升高，当电压互感器的非线性电感的变化范围足够大时，就可能发生并联谐振。

（2）中性点直接接地系统中发生铁磁谐振的原因有：中性点直接接地系统中，在外部条件的直接激发下，如拉、合断路器时，电压互感器铁心饱和、电感变小，到了一定程度该电感与断路器的断口电容的参数配合，就会发生铁磁谐振。

### 14-16　燃气轮发电机在启动过程中为什么会发生铁磁谐振？

答：（1）首先，关于谐振源的问题。SFC变频启动装置是一套晶闸管整流逆变系统，其逆变侧中性点不接地，该系统提供的三相电源存在大量的谐波。在发电机升速过程中其作为电源的频率从 $0 \sim 3313\text{Hz}$ 逐步升高。在工频条件下，电磁式电压互感器的感抗远远大于系统的容抗，但在低频条件下，感抗 $jX_L$ 下降，系统容抗 $1/jX_C$ 上升，为两参数的匹配提供了可能。谐振回路如图14-2所示。

（2）其次，关于时间的配合问题。若发电机以一定的速率上升，系统的频率一直变化的话，即使在某个时刻达到了谐振条件，但因其时间很短，一瞬间就通过了，也不会引起铁磁谐振。但在发电机升速到 $700\text{r/min}$ 左右时，系统需要进行吹扫，需维持在

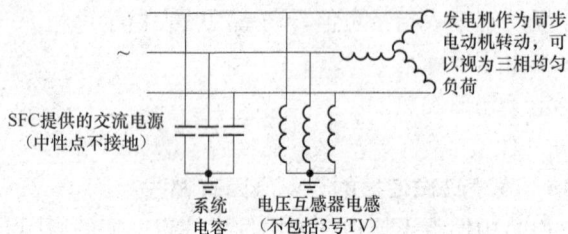

图 14-2 谐振回路示意图

此速率下约 400s，为触发谐振提供了充足的时间，事实上该电厂的事故也正发生在这个时候，此时基波频率约为 11.67Hz。

**14-17 消除燃气轮发电机启动过程中铁磁谐振的措施有哪些?**

答：加装消谐器。装设了消谐器后，从使用效果看似乎解决了谐振问题，但是，每次启机后，还需人工合上并联隔离开关，增加了运行人员工作量。另外，该消谐装置不是专为此种情况（电压等级）设计的，具体效果还得经过多次启机进行观察。其他的消谐方法也可以经过论证后进行尝试。

**14-18 9F 级燃气轮发电机组中的轴电压检测仪的作用是什么?**

答：9F 级单轴联合循环机组发电机设有轴电压监测仪，其目的是在因轴电流所引起的轴承故障前提供保护（发出报警）。

**14-19 轴电压检测系统的主要构成部分有哪些? 各自作用是什么?**

答：轴电压检测系统的主要部件是轴电压监测仪、与轴电压监测仪相关的控制仪器。

（1）轴电压监测仪由 Mark VI 在汽轮机控制柜的轴电压监测电路和 4 个安装在位于发电机联轴器端的特殊绝缘支架上的电刷组成。2 个电刷并联并通过一个分路电阻（低阻抗分流器，阻值为 $0.0058\Omega$）接地，通过该分路电阻的电压与轴电流成正比

（称电流电刷）。另外 2 个电刷也并联，用于测量发电机转轴的对地电压（称接地电刷）。上述 2 个输入端子分别接到安装在汽轮机控制柜的 CTBA 端子板上（见图 14-3），一个测量轴电压值，一个测量轴电流（流经分路电阻的电压）值。

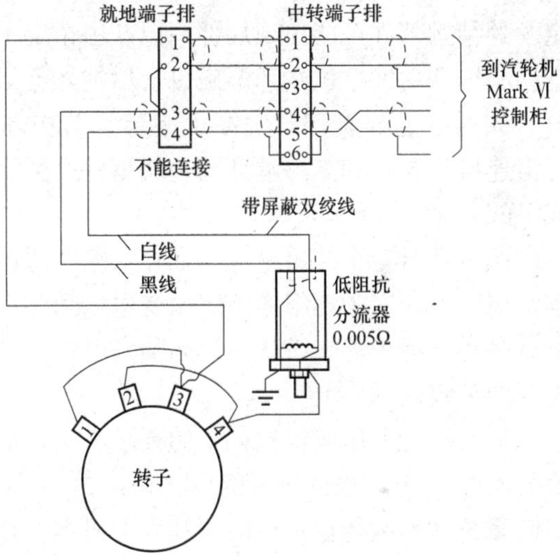

图 14-3　GE 公司 9F 机组发电机轴电压监测仪原理接线图

（2）测试电路可以监测报警功能和电刷的接线完整性。

（3）报警可以通过轮机 Mark Ⅵ 控制盘的/确认 0 以及/复位 0 按钮进行复位。

### 14-20　发电机端电压变化超出限值的后果是什么？

**答：**发电机连续运行的最高允许电压应遵循制造厂的规定，但最高电压不得大于额定值的 110%，因为当电压过高运行时可能产生以下危险：

（1）可能使转子绕组温度超过允许值。在输出有功不变的前提下，转子励磁电流就要增加，使转子绕组升高甚至超过允许温度，加速其绝缘老化。若维持转子电流不变升高电压，则需降低出力。

（2）可能使定子铁心温度超过允许值。铁心的发热是由两方面原因引起的，一是由于铁心本身损耗的发热；二是定子绕组的发热传递到铁心。当电压升高时，定子铁心的磁通密度增大，铁损增加，使温度大大升高。

（3）定子的结构部件可能出现局部高温。由于定子铁心磁通密度增大，铁心饱和后发电机端部漏磁也会增加，会引起发电机的实体部分（如漏磁逸出轭部，绕穿机座某些结构部件如支持筋、机座，齿连接片等）和支持端部的金属零件产生涡流而发生过热，造成事故。

（4）过电压运行对定子绕组绝缘（如存在绝缘薄弱点）有击穿危险。正常情况下，定子绕组的绝缘耐受电压为1.3倍额定电压。但对运行多年、绝缘存在潜伏性缺陷的发电机，高电压运行时会有被击穿的危险。

发电机的最低运行电压应根据稳定的要求来确定，一般不应低于额定值的90%。电压过低造成的危害是：

（1）引起系统并列运行稳定性问题和发电机本身励磁调节稳定性问题。当发电机电压低于95%以下运行时（一般到90%），会使系统并列运行稳定度大大降低。因为此时由于励磁电流的减少使定子磁场和转子磁场拉力减少，很容易产生失步和振荡。此外，发电机正常运行时，铁心磁密工作在饱和区，当降低电压使发电机工作在不饱和区后，励磁电流的不大变化将会引起电压的较大波动，调节是不稳定的。甚至会破坏并列运行的稳定性，引起振荡或失步。

（2）定子绕组温度可能升高。在电压降低时若要保持出力不变，必须增加定子电流。当电压降低到额定值的95%时，定子电流长期允许值不得超过额定值的105%。因为当电压低于额定值时，铁心磁密降低，铁损降低。所以稍微增加定子电流，绕组温度不会超过允许值；但当电压低于95%以下时，定子电流就不允许再增加，否则定子绕组温度会超过允许值。

（3）引起厂用电动机和用户电动机运行情况恶化。因为电动机力矩与电压平方成正比，电压下降使电动机力矩大为下降，引起电动机电流增大而发热，同时转速下降，出力降低。这样又引起发电机出力降低，导致发电机运行状况变坏，如此恶性循环，引起更大事故。

**14-21　发电机突然失去负荷的原因和后果是什么？**

**答：**由于误操作使断路器断路或直流系统接地造成继电器误动作等原因，可能造成发电机突然失去负荷即甩负荷的情况，对发电机本身来讲，后果有两个：①引起端电压升高；②若调速器失灵或汽门卡塞，有"飞车"即转子转速升高产生巨大离心力使机件损坏的危险。端电压升高由两方面原因造成，一是因为转速升高使电压升高，这是因为电动势与转速成正比的缘故；二是因为甩负荷时定子的电枢反应磁通和漏磁通消失，此时端电压等于全部励磁电流产生的磁场所感应的电动势，因为一般电厂都具有自动励磁调节装置，因此，这方面引起的电压升不会很多，如没有这种装置的，则电压升的幅度比较大，因此甩负荷时应紧急减少励磁。

# 第十五章

# 变压器故障处理

**15-1 变压器的故障和不正常状态主要有哪些？**

答：（1）绕组及其引出线的相间短路和在中性点直接接地处的单相接地短路；

（2）绕组的匝间短路；

（3）外部相间短路引起的过电流；

（4）中性点直接接地电力网中，外部接地短路引起的过电流及中性点过电压；

（5）过负荷；

（6）过励磁；

（7）油面降低；

（8）变压器温度及油箱压力升高和冷却系统故障。

**15-2 变压器在运行时，出现油面过高或有油从储油柜中溢出时，应如何处理？**

答：应首先检查变压器的负荷和温度是否正常，如果负荷和温度均正常，则可以判断是因呼吸器或油标管堵塞造成的假油面。此时应经当值调度员同意后，将重瓦斯保护改接信号，然后疏通呼吸器或油标管。如因环境温度过高引起储油柜溢油时，应放油处理。

**15-3 变压器运行中遇到三相电压不平衡现象如何处理？**

答：如果三相电压不平衡时，应先检查三相负荷情况。对△/Ｙ接线的三相变压器，如三相电压不平衡，电压超过 5V 以上则可能是变压器有匝间短路，须停电处理。对Y/Y接线的变压器，在轻负荷时允许三相对地电压相差10%；在重负荷的情况下要力求三相电压平衡。

### 15-4 正常运行时变压器中性点有没有电压？

答：理论上变压器本身三相对称，负荷三相对称，变压器的中性点应无电压，但实际上三相对称很难做到。

在中性点接地系统中变压器中性点固定为地电位，而在中性点不接地系统中变压器中性点对地电压的大小与三相对地电容的不对称程度有关。当输电线路采取换位措施，改善对地电容的不对称度后，变压器中性点对地电压一般不超过相电压的1.5%。

### 15-5 怎样判断变压器的温度是否正常？

答：变压器在运行时铁心和绕组中的损耗转化为热量，引起各部位发热，使温度升高。热量向周围以辐射、传递。巡视检查变压器时，发现变压器负荷不变但温度不断变化，分析判断变压器内部出现异常现象。

### 15-6 油面是否正常怎样判断？出现假油面是什么原因？

答：变压器的油面正常变化（排除渗漏油）决定于变压器的油温变化，因为油温的变化直接影响变压器油的体积，使油面上升或下降。影响变压器油温的因素有负荷的变化、环境温度和冷却器装置的运行状况等。如果油温的变化是正常的，而油标管内油位不变化或变化异常，则说明油面是假的。

运行中出现假油面的原因可能有：油标管堵塞、呼吸器堵塞、防爆管通气孔堵塞等。处理时，应先将气体继电器跳闸出口解除。

### 15-7 影响变压器油位及油温的因素有哪些？哪些原因使变压器缺油？缺油对变压器运行有什么影响？

答：变压器的油位在正常情况下随着油温的变化而变化，因为油温的变化直接影响到汽油的体积，使油位上升或下降。影响油温变化的因素有负荷的变化、环境温度的变化、内部故障及冷却装置的运行状况等。造成变压器缺油的原因有：变压器长期渗油或大量漏油；在修试变压器时，放油后没有及时补油；储油柜的容量小，不能满足运行要求；气温过低、储油柜的储油量不足等都会使变压器缺油。变压器油位过低会使轻瓦斯动作，而严重缺油时，铁心暴露在空气中容易受潮，并可能造成导线过热，绝缘击穿，发生事故。

**15-8 变压器哪些部位易造成渗油？**

**答：**（1）套管升高座电流互感器小绝缘子引出线的桩头处，所有套管引线桩头、法兰处。

（2）气体继电器及连接管道处。

（3）潜油泵接线盒、观察窗、连接法兰、连接螺栓紧固件、胶垫。

（4）冷却器散热管。

（5）全部连接通路碟阀。

（6）集中净油器或冷却器净油器油通路连接处。

（7）全部放气塞处。

（8）全部密封部位胶垫处。

（9）部分焊缝不良处。

**15-9 为运行中的变压器补油应注意哪些事项？**

**答：**（1）应补入经试验合格的油，如需补入的油量较多则应做混油试验。

（2）补油应适量，使油位与储油柜的温度线相适应。

（3）补油前应将气体保护改接信号位置，补油后经 2h，如无异常再将气体保护由信号改接跳闸位置。

（4）禁止从变压器的底部阀门补油，防止变压器底部的沉淀物冲入线圈内，影响变压器的绝缘和散热。

（5）补油后要检查气体电器并及时放出气体继电器内的气体。

**15-10 简述变压器过负荷的处理方法。**

答：（1）检查变压器的负荷电流是否超过整定值；

（2）确认为过负荷后，立即联系调度，减少负荷到额定值以下，并按允许过负荷规定时间执行；

（3）按过流、过压特巡项目巡视设备。

**15-11 运行中的变压器取油样时应注意哪些事项？**

答：（1）取油样的瓶子应进行干燥处理。

（2）取油样一定要在天气干燥时进行。

（3）取油样时严禁烟火。

（4）应从变压器底部阀门放油，开始时缓慢松动阀门，防止油大量涌出。应先放出一部分污油，用棉纱将阀门擦净后再放少许油冲洗阀门，并用少许油冲洗瓶子数次，才能取油样，瓶塞也应用少许油清洗后才能密封。

**15-12 更换变压器呼吸器内的吸潮剂时应注意什么？**

答：（1）应将气体保护改接信号。

（2）取下呼吸器时应将连管堵住，防止回吸空气。

（3）换上干燥的吸潮剂后，应使油封内的油没有呼气嘴并将呼吸器密封。

**15-13 变压器在运行中哪些部位可能发生高温过热？其原因是什么？**

答：（1）铁心局部过热。铁心是由绝缘的硅钢片叠成的，由于外力损伤或绝缘老化使钢片间的绝缘损坏，涡流造成局部过热。另外，铁心穿芯螺杆绝缘损坏会造成短路，短路电流也会使铁心局部过热。

（2）线圈过热。相邻几个线圈匝间的绝缘损坏，将造成一个闭合的短路环路，同时，使一相的绕组匝数减少。在短路环路内的交变磁通会感应出的短路电流并产生高温。匝间短路在变压器故障中所占比重较大。较严重的匝间短路导致发热严重，使油温急剧上升，油质变坏，因此容易被发现。而轻微的匝间短路则较困难发现，需通过测量直流电阻或变比试验来判断。

（3）分接开关过热。分接开关接触不良，接触电阻过大，易造成局部过热。调节分头或变压器过负荷运行时，应特别注意分接头开关局部过热问题。分接开关接触不良最容易在大修或切换分接头后发生过热，穿越性故障后可能烧伤接触面。一般分接开关过热可以通过油化验来判断。分接开关过热时一般油闪点迅速下降。变压器如能停电，还可由三相分接头直流电阻来判断。

除上述集中局部过热情况外还有接头发热和因压环螺栓绝缘损坏或压环触碰铁心造成环漏磁使铁件涡流增大等都会使温度升高。运行中判断具体过热部位是很困难的，必要时，需吊芯检查。

## 15-14 变压器套管闪络的原因有哪些？变压器套管裂纹有什么危害？

答：（1）套管表面过脏。如粉尘、污秽等。在阴雨天就会发生套管表面绝缘强度降低，容易发生闪络事故。若套管表面不光洁，在运行中电场不均匀会发生放电现象。

（2）高压套管制造不良。末屏接地焊接不良形成绝缘损坏或末屏接地出线的绝缘子心轴与接地螺套不同心、接触不良或末屏不接地，也有可能导致电位提高逐步损坏。

（3）系统出现内部或外部过电压，套管内存在隐患而导致击穿。套管出现裂纹会使绝缘强度降低，造成绝缘的进一步损坏，直至全部击穿。裂缝中的水结冰时也可能将套管胀裂。可见套管裂纹对变压器的安全运行是有危害的。

**15-15　主变压器备用相代主变压器任一相运行时，运行人员应做哪些工作？**

答：(1) 检查备用相一次接线是否正确。

(2) 配合保护人员检查二次回路的切换、信号回路等是否正常，有无异常信号。

(3) 检查备用相动力电源是否投入。

(4) 检查备用相滤油机电源是否投入。

(5) 检查备用相分头位置是否与所带变压器的分头位置一致。若不一致时，应按规程降到一致的位置。

**15-16　变压器运行电压过高或过低对变压器有何影响？**

答：变压器最理想的运行电压是在额定电压下运行，但由于系统电压在运行中随负荷变化波动相当大，故往往造成加入变压器的电压不等于额定电压的现象。若加于变压器的电压低于额定电压，对变压器不会有任何不良后果，只是对用户有影响；若加于变压器的电压高于额定值，导致变压器铁心严重饱和，使励磁电流增大，铁心严重发热，将影响变压器的使用寿命；使电压波形畸变，影响了用户的供电质量。其主要危害如下：

(1) 引起用户电流波形的畸变，增加电机和线路上的附加损耗。

(2) 可能在系统中造成谐波共振现象，导致过电压使绝缘损坏。

(3) 线路中电流的高次谐波会影响电信线路，干扰电信的正常工作。

(4) 某些高次谐波会引起某些继电保护装置不正确动作。

**15-17　切除空载变压器时为什么会引起过电压？**

答：切除空载变压器是系统中常见的一种操作。变压器在空载运行时，表现为一励磁电感 LM，因此切除空载变压器，也就是切除电感负载，就会引起操作过电压。

### 15-18　突然短路对变压器有何危害？

**答：** 当变压器的一次侧加额定电压，二次侧端头发生突然短路时，短路电流值很大，其最大值可达额定电流幅值的 20～30 倍（小容量变压器倍数小，大容量变压器倍数大）。短路电流的大小与一次侧的额定电流成正比，而与漏阻抗的标幺值成反比，最大值与短路电流的相位角有关。其危害有：

（1）使线圈受到强大的电磁力的作用。

（2）使线圈严重过热，可能烧毁。

### 15-19　轻瓦斯动作原因是什么？

**答：** 轻瓦斯动作原因是：

（1）因滤油、加油或冷却系统不严密以致空气进入变压器；

（2）因温度下降或漏油致使油面低于气体继电器轻瓦斯浮筒以下；

（3）变压器故障产生少量气体；

（4）发生穿越性短路；

（5）气体继电器或二次回路故障。

### 15-20　套管裂纹有什么危害性？

**答：** 套管出现裂纹会使绝缘强度降低，能造成绝缘的进一步损坏，直至全部击穿。裂缝中的水结冰时套管涨裂。

### 15-21　什么叫变压器的不平衡电流？有什么要求？

**答：** 变压器的不平衡电流系指三相变压器绕组之间的电流差而言的。三相三线式变压器中，各相负荷的不平衡度不许超过 20%，在三相四线式变压器中，不平衡电流引起的中性线电流不许超过低压绕组额定电流的 25%。如不符合上述规定，应进行负荷调整。

**15-22　有载调压变压器分接开关的故障是由哪些原因造成的?**

答：是由以下几点原因造成的：

（1）辅助触头中的过渡电阻在切换过程中被击穿烧断。

（2）分接开关密封不严，进水造成相间短路。

（3）由于触头滚轮卡住，使分接开关停在过渡位置，造成匝间短路而烧坏。

（4）分接开关油箱缺油。

（5）调压过程中遇到穿越故障电流。

**15-23　变压器的有载调压装置动作失灵是什么原因造成的?**

答：有载调压装置动作失灵的主要原因有：

（1）操作电源电压消失或过低。

（2）电动机绕组断线烧毁，启动电动机失压。

（3）连锁触点接触不良。

（4）转动机构脱扣及销子脱落。

**15-24　运行中的变压器，能否根据其发生的声音来判断运行情况?**

答：变压器可以根据运行的声音来判断运行情况。用木棒的一端放在变压器的油箱上，另一端放在耳边仔细听声音，如果是连续的"嗡嗡"声比平常加重，就要检查电压和油温，若无异状，则多是铁心松动。当听到"吱吱"声时，要检查套管表面是否有闪络的现象。当听到"噼啪"声时，则是内部绝缘击穿现象。

**15-25　巡视设备时应遵守哪些规定?**

答：巡视设备时应遵守的规定有：

（1）不得进行其他工作，不得移开或越过遮栏。

（2）雷雨天需要巡视户外设备时，应穿绝缘靴，不得接近避雷针和避雷器。

（3）高压设备发生接地时，室内不得接近故障点 4m 以内，室外不得靠近故障点 8m 以内，进入上述范围人员必须穿绝缘靴，接触设备外壳或构架时应戴绝缘手套。

（4）巡视高压室后必须随手将门锁好。

（5）特殊天气增加特巡次数。

**15-26 变压器气体继电器的巡视项目有哪些？**

答：变压器气体继电器的巡视项目有：

（1）气体继电器连接管上的阀门应在打开位置。

（2）变压器的呼吸器应在正常工作状态。

（3）瓦斯保护连接片投入正确。

（4）检查储油柜的油位在合适位置，继电器应充满油。

（5）气体继电器防水罩应牢固。

**15-27 变压器缺油对运行有什么危害？**

答：变压器油面过低会使轻瓦斯动作；严重缺油时，铁心和绕组暴露在空气中容易受潮，并可能造成绝缘击穿。

**15-28 强迫油循环变压器停了，油泵为什么不准继续运行？**

答：原因是这种变压器外壳是平的，其冷却面积很小，甚至不能将变压器空载损耗所产生的热量散出去。因此，强迫油循环变压器完全停了，冷却系统的运行是危险的。

**15-29 取运行中变压器的瓦斯气体应注意哪些安全事项？**

答：应注意的安全事项有：

（1）取瓦斯气体必须由两人进行，其中一人操作，一人监护。

（2）攀登变压器取气时应保持安全距离，防止高摔。

（3）防止误碰探针。

### 15-30　哪些因素会造成绝缘电击穿？

**答**：（1）电压的高低。

（2）电压作用时间长短。

（3）电压作用的次数。

（4）绝缘体存在内部缺陷。

（5）绝缘体内部场强过高。

（6）与绝缘的温度有关。

### 15-31　变压器绕组绝缘损坏是由哪些原因造成的？

**答**：变压器绕组绝缘损坏的原因有：

（1）线路短路故障。

（2）长期过负荷运行，绝缘严重老化。

（3）绕组绝缘受潮。

（4）绕组接头或分接开关接头接触不良。

### 15-32　变压器长时间在极限温度下运行有哪些危害？

**答**：一般变压器的主要绝缘是 A 级绝缘，规定最高使用温度为 105℃，变压器在运行中绕组的温度要比上层油温高 10～15℃。如果运行中的变压器上层油温总在 80～90℃，也就是绕组经常在 95～105℃，就会因温度过高绝缘老化严重，加快绝缘油的劣化，影响使用寿命。

### 15-33　不符合并列运行条件的变压器并列运行会产生什么后果？

**答**：当变比不相同而并列运行时，将会产生环流，影响变压器的输出功率。如果是百分阻抗不相等而并列运行，就不能按变压器的容量比例分配负荷，也会影响变压器的输出功率。接线组别不相同并列运行时，会使变压器短路。

**15-34　变压器三相直流电阻不平衡（不平衡系数大于 2%）的原因是什么？怎样检查？**

答：变压器三相直流电阻不平衡的原因可能是绕组出头引线的连接焊接不好，匝间短路，引线与套管间的连接不良分接开关接触不良而造成的。应分段测量直流电阻，若匝间短路，可由空载试验发现，此时空载损耗显著增大。

**15-35　为什么变压器过载运行只会烧坏绕组，铁心不会彻底损坏？**

答：变压器过载运行，一、二次侧电流增大，绕组温升提高，可能造成绕组绝缘损坏而烧损绕组。因为外加电源电压始终不变，主磁通也不会改变，铁心损耗不大，故铁心不会彻底损坏。

**15-36　变压器风扇电动机常见的故障有哪些？**

答：防雨罩、引线端盖密封不良等导致进水烧毁；长期两相运行使绕组烧毁；轴承质量差；风扇叶不平衡，振动大等。

**15-37　绝缘材料的热击穿是怎样发生的？**

答：当绝缘材料的温度增加时，在电压的作用下，材料的介质损耗增大，使材料本身的温度增加更快。如果增加的热量大于散发的热量，就会加速材料老化，使绝缘强度降低，在电压作用下击穿，这就是绝缘材料的热击穿。

**15-38　为什么在进行变压器工频耐压试验之前，必须先进行油的击穿电压试验？**

答：油的击穿电压值对整个变压器的绝缘强度影响很大，如不事先试油的击穿，可能因油不合格导致变压器在耐压试验时放电，造成变压器不应有的损伤。

### 15-39　什么是绝缘中的局部放电？

答：电器绝缘内部存在缺陷是难免的，例如固体绝缘中的空隙、杂质，液体绝缘中的气泡等。这些空隙及气泡中或局部固体绝缘表面上的场强达到一定值时，就会发生局部放电。这种放电只存在于绝缘的局部位置，而不会立即形成贯穿性通道，称为局部放电。

### 15-40　有载调压开关在运行中电气极限保护不起作用是由哪些原因造成的？怎样处理？

答：（1）微动开关位置不合适。当电动机转到极限位置时，微动开关不打开。如系这种情况，应重新调整。如微动开关损坏，则应更换。

（2）二次操作线相序错误。倒相时只能倒电源不能倒操作箱内部接线，否则会造成电气极限开关失灵。

### 15-41　变压器油位的变化与哪些因素有关？

答：变压器的油位在正常情况下随着油温的变化而变化。因为油温的变化直接影响变压器油的体积，使油标内的油面上升或下降。影响油温变化的因素有负荷的变化、环境温度的变化、内部故障及冷却装置的运行状况等。

### 15-42　有载调压变压器分接开关的故障是由哪些原因造成的？

答：是由以下几点原因造成的：

（1）辅助触头中的过渡电阻在切换过程中被击穿烧断。

（2）分接开关密封不严，进水造成相间短路。

（3）由于触头滚轮卡住，使分接开关停在过渡位置，造成匝间短路而烧坏。

（4）分接开关油箱缺油。

（5）调压过程中遇到穿越故障电流。

**15-43　变压器的有载调压装置动作失灵是什么原因造成的?**

**答：**有载调压装置动作失灵的主要原因有：

(1) 操作电源电压消失或过低。

(2) 电动机绕组断线烧毁，启动电动机失压。

(3) 连锁触点接触不良。

(4) 转动机构脱扣及销子脱落。

**15-44　变压器过负荷运行注意哪些事项?**

**答：**当变压器过负荷运行时应将所有冷却系统投入，并密切监视主变压器温度和负荷情况及时汇报，以便调整负荷。变压器过负荷运行时应增加变压器巡视次数，密切注意冷却系统工作情况，注意变压器油位及各接点是否发热等其他情况。

**15-45　变压器绕组绝缘损坏是由哪些原因造成的?**

**答：**变压器绕组绝缘损坏的原因有：

(1) 线路短路故障。

(2) 长期过负荷运行，绝缘严重老化。

(3) 绕组绝缘受潮。

(4) 绕组接头或分接开关接头接触不良。

(5) 雷电波侵入，使绕组过电压。

**15-46　在低温度的环境中，变压器油牌号使用不当，会产生什么后果?**

**答：**变压器停用时，油发生凝固，失去流动性，如果立即投入运行，热量散发不出去将威胁变压器安全运行。

**15-47　对变压器进行工频耐压试验时，其内部发生放电有什么现象?**

**答：**内部发生放电的现象有：

（1）电流表指示突然上升；

（2）电压升不上去或突然下降；

（3）试验时内部有放电声或冒烟等。

### 15-48　组合式有载分接开关过渡电阻烧毁的原因有哪些？

答：烧毁的原因有：

（1）过渡电阻质量不良或有短路，电阻值不能满足要求。

（2）由于快速机构故障，如弹簧拉断或紧固件损坏，使切换开关触头停在过渡位置，过渡电阻长期通过电流。

（3）缓冲器不能正常动作，使触头就位后又弹回，过渡电阻长时间通电。

（4）由于制造工艺或安装不良，使主触头不就位而过渡电阻长时间通电。

### 15-49　变压器铁心绝缘损坏会造成什么后果？

答：如因外部损伤或绝缘老化等原因，使硅钢片间绝缘损坏，会增大涡流，造成局部过热，严重时还会造成铁心失火。另外，穿芯螺杆绝缘损坏，会在螺杆和铁心间形成短路回路，产生环流，使铁心局部过热，可能导致严重事故。

### 15-50　变压器的常见故障有哪几类？

答：（1）绝缘故障：变压器内部绝缘是其质量优劣的关键，大部分故障都是因为变压器绝缘性能不佳而引起的。绝缘故障可分为绝缘损伤和介损超标，此类故障属于轻度性故障，当其出现时，变压器虽然仍能正常运行，但这只局限于短期内。

（2）绕组故障：主要包括绕组松动、位移、变形、烧损，绕组接地、绕组断路、相间短路、匝间短路、断线及接头开焊等。由于绕组是变压器的心脏，其发生故障若不及时处理，将导致绕组完全损坏，严重会导致变压器爆炸。

（3）铁心故障：作为同绕组一样具有重要作用的铁心，是传递、交换电磁能量的主要部件，是保证变压器正常运行的关键。铁心故障主要包括铁心接地不良、铁心多点接地、铁心片间短路，其中铁心多点接地故障是变压器较为常见的故障，分为牢靠性和动态性多点接地。

（4）开关故障：由于开关的频繁动作使其故障发生比率要高于变压器的其他组件，当变压器油箱上有放电声，电流表随响声摆动，油的绝缘能力降低等现象时，意味着分接开关出现了故障，此故障主要包括：齿轮损坏、挡序错乱、触头烧损、简体爆炸等。

（5）引线故障：引线是变压器内部绕组出线与外部接线的中间环节，引线由于焊接质量不佳、螺栓松动等原因会引起接触不良，进而产生引线局部因为温度过高而被烧断。其主要模式为：引线接触不良、引线短路、引线断路。

（6）套管故障：套管是变压器内绕组与油箱外联结引线的重要保护装置，由于其易受污染、风雨、电场等自然条件的影响，而成为变压器故障多发部位。此类故障主要包括：套管位移、开焊、漏油、局部放电、套管炸裂等。

**15-51 哪些故障会使变压器发出异常声？**

**答：**（1）严重过负荷，会使变压器内部发出沉重的"嗡嗡"声。

（2）由于内部接触不良或有击穿，发生放电，会使变压器内部发出"吱吱"声。

（3）由于变压器顶盖连接螺栓或个别零部件松动，变压器铁心未夹紧，造成硅钢片振动，会发出强烈噪声。铁心两侧硅钢片未被夹紧，也会发出异常声音。

（4）电网中有接地或短路故障时，绕组中流过很大电流，也会发出强烈的噪声。

（5）变压器有大型动力设备启动或能产生谐波电流的设备运行时，可能导致变压器发出"哇哇"声。

（6）由于铁磁谐振，变压器发出忽粗忽细的异常声音。

(7) 变压器一次电压过高或不平衡都会发出异常声音。

(8) 由于过电压，绕组或引出线对外壳放电，或铁心接地线断，致使铁心对外壳放电，均使变压器发出放电声响。当变压器发出异常声响时，应判断其可能的原因，变压器内部有击穿或零部件松动，应停电处理。

**15-52 变压器出现什么情况时，应立即停电处理？**

答：(1) 变压器内部音响很大，很不均匀，有爆炸声；

(2) 储油柜喷油或防爆装置喷油；

(3) 变压器着火；

(4) 在正常负荷、正常冷却条件下，变压器温度不正常，并不断上升，超过限额温度以上（应确定温度计正常）；

(5) 变压器严重漏油致使油位计看不到油位；

(6) 套管有严重破损和放电现象。

**15-53 变电站事故处理的主要任务是什么？**

答：主要任务是：

(1) 发生事故后应立即与值班调度员联系，报告事故情况。

(2) 尽快限制事故的发展，脱离故障设备，解除对人身和设备的威胁。

(3) 尽一切可能的保证良好设备继续运行，确保对用户的连续供电。

(4) 对停电的设备和中断供电的用户，要采取措施尽快恢复供电。

**15-54 在事故处理中允许值班员不经联系自行处理的项目有哪些？**

答：具体项目有：

(1) 将直接威胁人身安全的设备停电。

(2) 将损坏的设备脱离系统。

（3）根据运行规程采取保护运行设备措施。

（4）拉开已消失电压的母线所连接的开关。

（5）恢复所用电。

**15-55 强迫油循环变压器发出"冷却器全停"信号和"冷却器备用投入"信号后，运行人员应如何处理？**

答：强迫油循环变压器发出"冷却器全停"信号后，值班人员应立即检查断电原因，尽快恢复冷却装置的运行。对没有备用冷却器的变压器，值班人员应向当值调度员申请降低负荷，否则应申请将变压器退出运行，防止变压器运行超过规定的无冷却运行时间，造成过热损坏。在变压器发出"备用冷却器投入"信号时，应检查故障冷却器的故障原因，尽快修复。

**15-56 切换变压器中性点接地开关如何操作？**

答：切换原则是保证电网不失去接地点，采用先合后拉的操作方法：

（1）合上备用接地点的隔离开关。

（2）拉开工作接地点的隔离开关。

（3）将零序保护切换到中性点接地的变压器上。

**15-57 变压器在运行时，出现油面过高或有油从储油柜中溢出时，应如何处理？**

答：应首先检查变压器的负荷和温度是否正常，如果负荷和温度均正常，则可以判断是因呼吸器或油标管堵塞造成的假油面。此时应经当值调度员同意后，将重瓦斯保护改接信号，然后疏通呼吸器或油标管。如因环境温度过高引起储油柜溢油时，应放油处理。

**15-58 变压器油箱带油焊漏时如何防止火灾？**

答：（1）补焊时补漏点应在油面以下 200mm，油箱内无油时不可施焊。

（2）不能长时间施焊，必要时可采用负压补焊。

（3）油箱易入火花处应用铁板或其他耐热材料挡好，附近不能有易燃物，同时准备好消防器材。

**15-59　有载调压开关在运行中机械极限保护不起作用的原因是什么？怎样处理？**

答：这个问题主要发生在有载分接开关最低分接头或最高分接头时，当电动操作到分接头最低或最高时，电气极限开关触点应打开，机械极限保护应处于即将顶上的位置。此时，如果位置调整不当或电动机抱闸不灵，在电动机断电后还要走一段距离，电气极限保护和机械极限保护可能同时被打开。当有载分接开关操作往回走时，由于机械保护销子被顶上后不能自动返回，因而电动操作到一半时，机械保护被卡住不起作用，电动机亦不能再动，时间一长便会把电动机烧坏。发生问题时应立即断开操作电源，用手动将它复原，然后将机械保护活动销子拆下，检查卡住的原因。多数原因是活动销子生锈，内装弹簧动作不灵，可取下打磨去锈，上点机油，装上后再用手按一按活动销是否灵活。

**15-60　当运行中变压器发出过负荷信号时，应如何检查处理？**

答：运行中的变压器发出过负荷信号时，值班人员应检查变压器的各侧电流是否超过规定值，并应将变压器过负荷数量报告当值调度员，然后检查变压器的油位、油温是否正常，同时将冷却器全部投入运行，对过负荷数量值及时间按现场规程中规定的执行，并按规定时间巡视检查，必要时增加特巡次数。

**15-61　过电压对变压器有什么危害？**

答：变压器过电压有大气过电压和操作过电压两类。操作过电压的数值一般为额定电压的 $2\sim4.5$ 倍，而大气过电压则可达到额定电压的 $8\sim12$ 倍。变压器设计的绝缘强度一般考虑能承受

2.5 倍的过电压。因此超过 2.5 倍的过电压，不论哪一种过电压都有可能使变压器绝缘损坏。变压器内部的电压分布受电压的频率和变压器的电阻、感抗、容抗的影响有很大差异，在工频电压情况下容抗是很大的，由它构成的电路相当于断路，因此，正常情况下变压器内部电压分布只考虑电阻和电感就可以了，其分布基本均匀的。大气过电压或操作过电压基本是冲击波，由于冲击波的频率很高，波前陡度很大，波前时间为 $1.5\mu s$ 的冲击波，其频率相当于 160kHz，因此，在过电压冲击波的作用下，变压器容抗很小，对变压器内部电压的分布影响很大。冲击波作用于变压器绕组时的危害可分成起始瞬间和振荡过程两个阶段来说明。

（1）起始瞬间。当 $t=0$ 时，绕组的电容起主要作用，电阻和电感的影响可以忽略不计。当冲击波一进入高压绕组，由于有对地电容的存在，绕组每一匝间电容流过的电流不同，起始瞬间的电压分布使绕组首端几匝出现很大的匝间电压，因此，头几匝的线圈间的绝缘受到严重威胁，最高的匝间电压可达额定电压的 50～200 倍。

（2）振荡过程。当 $t>0$ 时，从起始电压分布过渡到最终电压分布的这个阶段，有振荡现象。在此过程中，起作用的不仅有电容，而且还有电感和电阻，在绕组不同的点上将分别在不同时刻出现最大电位（对地电压）。绕组不同点出现的对地电压可升到 2 倍的冲击波电压值，绕组对地主绝缘有可能损坏。绕组上的电压分布均匀与否和绕组对地电容和匝间电容的比值大小有关，比值越小绕组上的电容分布越均匀。

**15-62　变压器呼吸器堵塞会出现什么后果？**

答：呼吸器堵塞，变压器不能进行呼吸，可能造成防爆膜破裂、漏油、进水或假油面。

**15-63　变压器绝缘油的作用是什么？**

答：变压器内的绝缘油在正常情况时，它有很好的电气绝缘性能和合适的黏度。它能增加绕组层间、相间、绕组与铁心之间以及绕组与油箱外壳之间的绝缘强度；同时，还能够充满变压器内的所有空隙，排除空气，避免各部件与空气接触受潮而降低绝缘性能。变压器内的绝缘油还可以通过其循环，把变压器损耗转换的热量散发到油箱外的空气中，从而使变压器的绕组和铁心冷却。绝缘油有良好的消弧性能，能防止油箱内事故电弧的扩大。

**15-64　运行中对绝缘油的管理应注意哪些问题？**

**答：**由于绝缘油劣化是变压器故障的主要原因之一，在运行中应加强对油的管理，注意以下几点：

（1）按期取样做简化试验，不合格者及时进行处理。

（2）监视变压器的上层油温。上层油温不得超过 95℃，一般情况下不宜长时间超过 85℃。干式变压器的绕组、铁心最高温度不得超过 155℃，最高温升 100K。干式变压器正常运行温度不超过 110℃，温控器设置掉闸温度为 150℃。在超负荷运行中应密切注意变化，切忌因温升过高而损坏绝缘，无法恢复运行。干式变压器的定期试验周期一般为 3～5 年。

（3）减少绝缘油与空气的接触，防止水分渗入。

（4）对运行中电压 35kV 以上，容量 1000kVA 及以上的油浸变压器，每年至少进行一次溶解于绝缘油里的气体的气相色谱分析试验。

**15-65　过电压会引起变压器哪些故障？防止过电压采取哪些措施？**

**答：**过电压分两类：外过电压和内过电压。外过电压是由雷击引起，内过电压是由电力系统中的参数发生变化时，电磁能的振荡和积聚引起。这两类过电压引起的损坏事故大多是绕组的主绝缘击穿。对于在高压侧装有避雷器的配电变压器，雷击高压线路时，避雷器会流过大的电流，并在接地装置上产生电压降。此电压降将同时作用在低压绕组上，低压绕组将流过电流，并在高压绕组感应出一高压电动势。这种高压侧受雷击，避雷器放电，作用于低压侧的高电位，通过电磁感应又变换到高压侧的过程称为反变换。为防止这种过电压，可在低压侧每相上装一只避雷器或装压敏电阻保护。当高压侧避雷器放电，接地装置上的电压升高到一定数值时，低压避雷器就放电，可以降低反变换电压。当低压侧装有避雷器或压敏电阻保护后，不但保证了在高压下的分流作用，还能在雷击低压线路时，保护低压绕组，并防止低压侧过电压经过电磁变换，击穿高压侧绕组的绝缘。

这些年在系统操作内引起的过电压事故虽然不多，但对绝缘老化，性能不良站变压器，则可能在系统操作中，由于弧光接地、弧光短路，线路断线，负荷剧变等情况而发生事故。

### 15-66 变压器套管及引线常出现哪些故障？其原因是什么？如何防范？

答：（1）套管损坏主要是由于检修维护不当或不及时引起。为了避免套管损坏，应加强套管的预防性试验及清扫工作。

（2）高压套管主要形式是油纸电容套管。其常见故障多以放电性故障为主，尤其是低能量火花放电，多发生在气隙处或悬浮带电体空间内。

（3）引起套管故障的主要原因是制造质量缺陷和运行维护不当。引线连接处焊接不牢或连接头螺栓未拧紧，都能引起局部发热，使连接处熔损，造成断线。引线对油箱或金属支架距离不够，可能引起短路事故。有时虽然距离够了，但因固定不牢，短路或过载的剧烈摆动或摩擦，也可能引起短路。此外，由于漏油，使内部引线处于空气中，可能导致内部放电闪络。

（4）运行维护不当：由于检修工艺不良，真空注油不完善，或者漏油等造成密封不严，致使潮气入侵而使绝缘受潮。在现场预防性试验时拆接引线不当，造成高温过热，或者造成末屏引线断线、接触不良引起放电性故障。此外，变压器多次出口短路和单相接地引起过电压，以及雷击或操作过电压引起套管内部游离放电，或者表面脏污引起外部闪络等也是造成套管故障甚至事故的原因之一。

### 15-67　变压器磁路故障有哪些?

**答：** (1) 穿芯螺杆或螺栓碰接铁心。其间发生短路时将有很大电流通过，造成局部过热，有时甚至会使铁心、夹板熔化引起绝缘着火，这种事故通常是由于穿芯螺杆上的绝缘垫被压坏或穿芯螺杆的包扎绝缘不符合要求，有可能是平板与铁心之间的绝缘板太薄或有裂纹造成。

(2) 硅钢片间的绝缘损坏。为了减少铁心的涡流损失，铁心硅钢片的片间有涂漆绝缘。如果绝缘破损或绝缘老化，片间的绝缘性能降低，涡流增加，将导致局部过热甚至熔化。同时还会使绕组温升剧增而加速绝缘老化速度。

(3) 铁心未接地或接地不良。铁心如无良好接地，则在绕组的感应作用下会产生一定电压，并可能在接地的油箱之间产生放电，这种放电使油炭化、变质、劣化。

### 15-68　变压器分接开关可能发生的故障有哪些?

**答：** 无载分接开关可能发生的故障有：

(1) 开关触头接触不良而烧伤。触头弹簧压力不足，滚轮压力不均使有效面积减少，镀银层磨损，接触处存在油污等，导致接触不良。

(2) 开关的连接线连接不好，遇大电流或短路电流时，导致烧伤或脱焊。

(3) 开关的编号错误，使二次三相电压不平衡，并在三角形接法的绕组内产生环流，造成变压器过热。

(4) 开关的相间距离不够，过电压时可能产生相间短路。

有载分接开关可能发生下列故障：

其限流阻抗在切换过程中烧断。如断口处电弧不能熄灭将使故障扩大。

开关由于密封不严而进水，可造成相间闪络或短路。

开关滚轮被卡住，使触头停在过渡位置而损坏。

开关的附加油箱缺油，不能有效地熄灭电弧而损坏。

### 15-69 气体继电器动作的原因可能有哪些？

答：加油或滤油时，空气带入油箱内部，随着温度上升，空气逐渐析出聚焦于气体继电器上部，使之发信号或动作。

温度下降或漏油，使油面下降，引起气体继电器发信号或动作。

变压器内部不十分严重的故障，产生少量气体，使气体继电器发信号或动作。

气体继电器动作后，经检查仍有怀疑的，应收集存积在气体继电器的气体进行分析。如果气体无色无臭，而且不能燃烧，说明是空气进入变压器内造成继电器报警和动作。如果气体是可燃的，则说明变压器有故障，应停电处理。

### 15-70 变压器油位过高或过低可能产生哪些后果？怎么处理？

答：正常时，变压器的油位决定于油温的变化。油位固定不变或变化规律与油温不相符合，可能是假油位。假油位一般是油标管堵塞，呼吸器堵塞或气体释放阀堵塞造成。处理假油位，应将气体继电器跳闸回路解除，以防误跳闸。变压器油位过高，可能造成溢油。油位过低，可能造成气体继电器误动作，还可能使变压器内部引线或线圈外露，导致内部放电。处理措施：油位过高可以适当放油，油位过低时可适当关闭散热器并及时补油。变压器缺油是由于大量漏油引起，应该采取检修和其他补救措施。

### 15-71 变压器油质为什么会变坏或油温突然升高？

答：变压器油如果经常过热和进水，吸收潮气，将使油质变坏。通过取样分析，可以发现油色加深或变黑，油内含有炭粒和水分，酸值增高、闪点降低，绝缘强度降低，这里很容易在绕组与外壳之间发生击穿放电，造成严重事故。此时应对油进行过滤和再生过滤处理。变压器运行时，油温突然升高是变压器内部过热的表现，铁心着火，绕组匝间短路，内部螺栓松动，冷却装置故障，变压器严重超负荷，都可能使油温突然升高。负荷过高引起油温升高，可以适当降低负荷。如果是其他原因，应停电检修。

### 15-72　变压器着火的原因有哪些？

**答：**变压器内部发生严重故障，又没有及时处理，即可能着火，酿成火灾。变压器着火时，油箱内绝缘油燃烧变成气体，使油箱爆裂，燃烧的油四处飞溅，可能造成更大的损失。内部短路、外部短路或严重过负荷，雷击或外界火源移近变压器，均可能导致变压器着火。

### 15-73　避免变压器发生火灾的措施有哪些？

**答：**（1）加强变压器的运行管理，尽量控制上层油温不超过85℃，定期对变压器性能进行检查和试验，定期做油的简化试验。

（2）小容量变压器高、低压侧应有熔断器等过流保护环节，大容量变压器应按规定装设气体保护和差动保护。高压用熔断器保护，100kVA以下的变压器，熔丝额定电流按额定电流的2～3倍选择。100kVA以上的变压器，按额定电流的1.5～2倍选择。

（3）变压器室应为一级耐火建筑，应有良好通风，最高排风温度不宜超过45℃，进风和排风温差不宜超过15℃。室内应有挡油设施和蓄油坑，一室不能安装两台三相变压器。

（4）经常检查变压器负荷，负荷不得超过规定。

（5）由架空线引入的变压器应装设避雷器，雷雨季节前应对防雷装置进行检查。

### 15-74 变压器分接开关接触不良的原因有哪些?

答：（1）接触点压力不够；

（2）开关接触处有油泥堆积，使动、静触点间有一层油泥膜；

（3）接触面小使接点熔伤；

（4）定位指示与开关的接触位置不对应。

### 15-75 对变压器保护的基本要求主要有哪些?

答：（1）变压器发生故障时应将它与所有电源断开。

（2）母线或其他与变压器相连的其他元件发生故障，而故障元件由于某种原因（保护拒动或断路器失灵等）其本身断路器未能断开情况下，应使变压器与故障部分分开。

（3）当变压器过负荷、油面降低、油温过高时，应发出报警信号。

### 15-76 主变压器差动保护的范围是什么?

答：（1）差动保护的范围是主变压器各侧差动电流互感器之间的一次电气部分；

（2）单相严重的匝间短路；

（3）在大电流接地系统中保护线圈及引出线上的接地故障。

### 15-77 何种故障瓦斯保护动作?

答：瓦斯保护可以保护的故障种类为：

（1）变压器内部的多相短路。

（2）匝间短路，绕组与铁心或外壳短路。

（3）铁心故障。

（4）油面下降或漏油。

（5）分接开关接触不良或导线焊接不牢固。

### 15-78 瓦斯保护的保护范围是什么?

答:瓦斯保护的保护范围是:

(1) 变压器内部相间短路。

(2) 匝间短路、匝间与铁心或外皮短路。

(3) 铁心故障(发热烧损)。

(4) 油面下降或漏油。

### 15-79 变压器差动保护需要考虑的特殊问题有哪些?

答:变压器励磁涌流、变压器接线组别的影响、带负荷调压在运行中改变分接头、区外故障不平衡电流的增大等。

### 15-80 变压器复合电压闭锁过流应注意的问题有哪些?

答:(1) 在电压侧要求配置相间短路故障后备过流保护时,一般要求做对侧母线相间故障的后备保护,此时不仅要求电流整定要有灵敏度,而且要校验复合电压闭锁的开放电压也要有灵敏度。否则会导致低压侧母线故障时应电压未降到开放值而使保护拒动。常用的做法是高压侧的复合电压闭锁元件取三侧电压构成"或"门或将各侧复压接点并联构成"或"门。

(2) 各侧、各段电流元件是否经复压闭锁应能分别投退.

(3) 复压元件应具备电压互感器二次回路断线或电压元件检修时保护误开放的措施。

### 15-81 差动速断保护是指什么? 变压器的差动保护是根据什么原理装设的?

答:变压器的差动速断保护实际上就是反应差动电流的过电流继电器,不经任何闭锁和制动,靠定值整定躲过涌流和不平衡电流,任一相差电流大于动作值就动作于出口继电器,以保证在差动范围内发生严重故障时能快速动作出口。

变压器的差动保护是按循环电流原理装设的。在变压器两侧安装具有相同型号的两台电流互感器,其二次采用环流法接线。在正常与外部故障时,差动继电器中没有电流流过,而在变压器内部发生相间短路时,差动继电器中就会有很大的电流流过。

### 15-82　比率制动差动保护的工作原理是什么?

答:比率制动差动保护除了引入差动电流作为动作电流外,还引入外部短路电流作为制动电流。当外部短路电流增大时,制动电流随之增大,差动继电器的动作电流相应增大。这样就可以在不提高动作整定值的情况下,有效避免外部短路时不平衡电流引起的误动,并保证差动保护范围内短路时的动作灵敏度。

### 15-83　110kV 及以下变压器后备保护是如何配置的?

答:根据继电保护和安全自动装置技术规程、3～10kV 电网继电保护装置运行整定规程中有关条文要求:电力变压器应装设外部接地、相间短路引起的过电流保护及中性点过电压保护装置,以作为相邻元件及变压器内部故障的后备保护。也就是说,变压器后备保护不仅要作变压器故障的后备保护,还常常要兼顾本侧出线故障的后备保护,110kV 及以下系统中电源侧后备保护还常常兼作负荷侧母线短路和出线的后备保护。变压器后备保护的配置原则、跳闸方式、整定原则等都应符合上述规程规定,以达到快速切除故障缩小故障范围,保证系统稳定和主设备安全。

### 15-84　简述变压器相间短路后备保护的配置原则。

答:作为变压器本身和相邻元件相间短路的后备保护,原则上应在变压器各侧装设,并应注意到能反映电流互感器与断路器之间的故障。为适当简化后备保护,可采用下列处理办法:

(1)除主电源侧外,其他各侧保护只作为相邻元件的后备保护,而不作为变压器本身的后备保护。因为一般变压器均装有瓦斯保护和至少一套主保护,在有一套主电源侧的后备保护已足够。

（2）小电源侧或无电源侧的过电流保护主要保护本侧母线，同时兼作本侧出线的后备保护。时间定值应与出线保护最长动作时间配合，动作后先跳联络变压器，再跳本侧，后跳三侧。

（3）对于中低压侧母线短路容量较大的变电站，当母线故障或出线故障出线断路器拒动时，若仍按上述原则整定，将有可能由于故障切除时间过长而导致变压器的损坏。这时就需要在该侧设置一套限时速断保护，与相邻线路的速断保护配合，保证在母线或出口短路时能以最快速度切除故障。

**15-85　变压器接地故障的后备保护主要有哪些？**

**答：**作为变压器接地故障的后备保护，有变压器的零序电流和零序电压保护，它们是整个电网接地保护的组成部分之一，它的配置与整定必须和电网接地保护相配合。

在中性点直接接地的电力网中，如变压器的中性点直接接地运行，对外部单相接地引起的过电流，应装设零序电流保护。零序电流的段数、动作时限及如何动作于断路器可以依据规程根据电网情况整定。

当变压器中性点可能接地运行或不接地运行时，则对外部接地引起的过电流，以及对因失去中性点引起的电压升高，应装设零序保护。对全绝缘变压器除装设零序电流保护外，还装设零序过电压保护，当电力网单相接地失去接地中性点时，零序过电压保护经 $0.3\sim0.5\mathrm{s}$ 时限断开变压器各侧断路器。对分级绝缘变压器，中性点应装设放电间隙，除按规定装设零序保护外，还增设反应零序电压和放电间隙电流的零序电流电压保护，均以 $0.3\sim0.5\mathrm{s}$ 时限跳各侧断路器，用于实现大接地电流系统中不接地变压器的过电压保护。

**15-86　变压器后备保护所接电流互感器位置如何选择？**

**答：**为使保护范围尽可能大，考虑比较容易满足电流互感器

10％误差，以及在各种运行方式下不失去保护，一般变压器后备保护可按以下方案接入电流互感器：

（1）降压变压器高压侧相间后备保护应接至断路器侧独立电流互感器。中低压侧相间后备保护宜接变压器套管电流互感器。

（2）联络变压器的中压侧相间后备保护应接至断路器独立式电流互感器。

（3）升压变压器高压侧相间后备保护应接至变压器套管电流互感器。

（4）变压器中性点放电间隙零序过流保护间隙支路的电流互感器。

（5）零序电流保护（或方向零序电流保护）宜接于各侧主电流互感器，也可保留最末一段不带方向的零序电流保护接在中性线电流互感器。

（6）自耦变压器零序电流保护（方向零序电流保护）必须接于高、中压侧主电流互感器。

**15-87 对于变压器新安装的差动保护在正式投运前应做哪些工作？**

**答：**（1）安装时进行电流互感器二次极性测试，确保按装置要求的接线方式接入电流互感器二次回路；

（2）在变压器充电时，投入差动保护；

（3）变压器充电合闸 5 次，以检查差动保护躲励磁涌流的性能和定值；

（4）带负荷前将差动保护停运，打开跳闸连接片，测量各侧各相电流的有效值和相位，并检查是否与实际相符；

（5）测各相差电流；

（6）检查无误后，投入差动保护。

**15-88 变压器的零序保护在什么情况下投入运行？**

**答：**变压器的零序保护应装在变压器中性点直接接地侧，用来保护该侧绕组的内部及引出线上接地短路，也可作为相应母线和线路接地短路时的后备保护，因此当该变压器中性点接地开关合入后，零序保护即可投入运行。

**15-89  为什么在三绕组变压器三侧都装过流保护？它们的保护范围是什么？**

答：当变压器任意一侧的母线发生短路故障时，过流保护动作。因为三侧都装有过流保护，能使其有选择地切除故障，而无需将变压器停运。各侧的过流保护可以作为本侧母线、线路的后备保护，主电源侧的过流保护可以作为其他两侧和变压器的后备保护。

**15-90  在什么情况下需将运行中的变压器差动保护停用？**

答：变压器在运行中有以下情况之一时应将差动保护停用：

（1）差动保护二次回路及电流互感器回路有变动或进行校验时。

（2）继电保护人员测定差动回路电流相量及差压。

（3）差动保护互感器一相断线或回路开路。

（4）差动回路出现明显的异常现象。

（5）误动跳闸。

**15-91  DFP-500 型变压器主保护主要有哪些功能？**

答：具有差动保护和非电量保护，其中差动保护包括复式比率差动和差动速断保护；非电量保护主要包括主变压器本体瓦斯保护及有载调压瓦斯保护。

**15-92  500kV 变压器有哪些特殊保护？其作用是什么？**

答：500kV 变压器有以下特殊保护：

（1）过励磁保护是用来防止变压器突然甩负荷或因励磁系统因引起过电压造成磁通密度剧增，引起铁心及其他金属部分过热。

（2）500kV 低阻抗保护。当变压器绕组和引出线发生相间短路时，作为差动保护的后备保护。

**15-93 为什么变压器自投装置的高、低压侧两个电压继电器的无压触点串在启动回路中？**

答：这是为了防止因电压互感器的熔丝熔断造成自投装置误动，保证自投装置动作的正确性。这样，即使有一组电压互感器的熔丝熔断，也不会使自动装置误动作。

**15-94 变压器纵差动保护中不平衡电流产生的原因有哪些？**

答：由变压器励磁涌流产生的、由变压器两侧电流相位不同产生的、由变压器两侧电流互感器型号不同产生的、由变压器带负荷调整分接头产生的。

**15-95 简述励磁涌流的特点及消除励磁涌流影响的方法。**

答：特点：

（1）含有很大成分的非周期分量，往往使涌流偏于时间轴的一侧。

（2）含有大量的高次谐波，且以二次谐波为主。

（3）波形之间出现间断。

消除方法：

（1）鉴别短路波形和励磁涌流波形。

（2）利用二次谐波制动等。

**15-96 影响距离保护正确动作的主要因素有哪些？**

答：（1）故障点的过渡电阻。

（2）保护安装处到故障点之间的分支电流。

（3）电压互感器二次侧断线。

（4）系统振荡。

（5）串联电容补偿。

（6）电流、电压互感器的误差。

### 15-97　简述变压器复合电压启动的方向过电流保护的原理。

答：复合电压启动的方向过电流保护作为变压器或者相邻元件的后备保护，由复合电压元件（负序过电压和正序低电压）、相间方向元件和三相过流元件构成"与"门，复合电压元件和相间方向元件的电压输入可以取自不同的电压互感器。当发生不对称短路时，由于出现负序过电压，保护会动作；当发生对称性短路时，出现正序低电压，保护也会动作。

### 15-98　三绕组变压器后备保护的配置原则是什么？

答：（1）对单侧电源的三绕组变压器，应设置两套后备保护，分别装于主电源侧和负荷侧。

（2）对于多侧电源的三绕组变压器，应在三侧都装设后备保护。

### 15-99　在绕组上常采用哪些过电压保护措施？

答：绕组上常采用的过电压保护措施有：静电屏、静电环、加强线饼和铝箔屏蔽等内部保护措施。

### 15-100　什么是复合电压？复合电压闭锁过流保护在什么条件下启动？

答：从理论上说，复合电压一般指的是正序电压、负序电压和零序电压，如果负序电压和零序电压整定值为 0，则复合电压闭锁过流保护就成为简单的过流保护，一旦系统出现异常，正序电压肯定降低，出现负序电压和零序电压，因此，当电流超过整定值时保护就启动。在整定时如果将负序电压和零序电压整定非常高，则复合电压闭锁过流保护就永远被闭锁，保护永远不会启动。

复压闭锁过流保护启动的条件是：正序电压降低、负序电压和零序电压升高（与整定值比较而言）、相电流增加、满足延时条件。

### 15-101 造成变压器线圈匝间短路的原因有哪些？

答：造成匝间短路的原因：

（1）在线圈制造时因敲打、弯头、压紧等工艺过程造成绝缘的机械损伤，或某些毛刺刺伤绝缘而留下隐患。

（2）运行时间过久，绝缘老化严重，变脆脱落，使导线连通短路。

（3）运行中局部高温使绝缘迅速老化（如油道堵塞等）。

（4）穿越性短路时，在电动力的作用下使某些线匝发生轴向或辐向位移将绝缘磨损短路。

（5）变压器油面下降，使线圈露出失去冷却作用。

（6）长期过负荷运行，温度控制不科学，使线匝间温度太高，绝缘很快老化变脆而发生短路。

### 15-102 变压器本体主要设置的保护有哪些？

答：变压器本体保护主要包括本体重瓦斯、本体轻瓦斯、有载重瓦斯、压力释放、超温等保护，超高压大容量变压器有的还需要设置"冷却器全停"保护，经长延时后跳闸。压力释放动作于变压器本体油箱压力释放阀的接点，超温跳闸动作于感受变压器油温的电子温度计接点。由于这两种保护的可靠性较低，维护也不便，一般现场都不投跳闸。

### 15-103 防止过电压损坏变压器应采取哪些措施？

答：为了防止过电压损坏变压器，首先安装避雷器，不使超过绕组绝缘强度的电压幅值作用到绕组上；其次在110kV及以上的变压器上加装静电屏、静电极，采用纠结式线圈等改善匝间电容，尽量使起始电压和最终电压分布均匀，并在 $t=0\sim\infty$ 间不产生振荡。

**15-104　变压器常见故障的处理方法有哪些？并说明处理步骤。**

**答：**（1）绝缘故障处理方法：首先，检查油道是否堵塞，若存在杂物应及时清除；其次，检查油质和油位，若发生变质，将之及时更换或处理，若油面过低则应检查是否有渗漏或加油；再次，若绝缘受潮须干燥处理。

（2）绕组故障处理方法：对于绕组松动、位移等，其处理方法为将松脱的撑条、衬垫拧紧；对于变形部位，必要时予以更换、修补绝缘；对于绕组断路、匝间短路等，其处理方法为必须更换或修复绕组。

（3）铁心故障处理方法：一旦发现变压器出现此故障，首先应停电测量铁心的绝缘电阻，并取油样通过气相色谱和电气法进行分析，测试其绝缘强度。若低于标准，则及时更换绝缘垫和螺栓套管及硅钢片。

（4）开关故障处理方法：若开关触头仅发生过热、接触不良或轻微弧迹，可拆下检修，如分解开关位置错位要进行纠正、拧紧松动的螺栓、更换或修正触头弹簧；若烧伤严重或触头间对地放电则更换新开关。

（5）引线故障处理方法：严格检查焊接点及其与部件的连接点，若发现焊点脱落则及时予以重新焊接，焊接后将其接触面清洗干净；若发现接触不良，则需重新逐个紧固螺栓，在确保一切无误后方可投入运行。

（6）套管故障处理方法：若因密封不严或绝缘受潮而出现套管故障，则应及时更换新的套管，不可将其继续使用。另外，要经常检查套管外表面，对上面的污垢和积灰应予以及时的清除。

# 第十六章

# 电动机故障分析

**16-1 电动机故障后，常见的现象有哪些？**

**答：**（1）通电后电动机不转动，但无异响，也无异味和冒烟；

（2）通电后电动机不转动，熔丝烧断；

（3）通电后电动机不转，有"嗡嗡"声；

（4）电动机启动困难，额定负载时，电动机转速低于额定转速较多；

（5）电动机空载电流不平衡，三相相差大；

（6）电动机空载、过负载时，电流表指针不稳，摆动；

（7）电动机空载电流平衡，但数值大；

（8）电动机运行时响声不正常，有异响；

（9）运行中电动机振动较大；

（10）轴承过热；

（11）电动机过热或者冒烟。

**16-2 检查故障的电动机常采用的方法有哪些？**

**答：**（1）直观检查：通过眼看、耳听、鼻闻查找故障。查看外表面有无烧焦、变形等，倾听电动机的运行声音，是否有噪声及振动等现象。鼻闻设备是否有异常气味。

（2）在直观无法判断时可借助仪器仪表检测。

1）可用万用表测量线路电压、电流、电阻；

2）绝缘电阻表可测量电阻；

3）电流表、电压表测量设备的电流及电压；

4）钳形电流表测量三相电流。

可判断线路是否短路及断路、匝间短路、接地、绕组绝缘、转子断条等等故障。

### 16-3　如何对异步电动机的故障进行诊断和处理？

**答：**如何准确判断和处理各种故障，除要掌握其基本原理的理论知识外，更重要的是在现场中的反复实践，不断总结积累经验，对故障的检查处理要做到快、准、好。

当设备发生故障时：

（1）必须先调查情况，向管理、操作人员询问电动机与设备故障前后的运行情况和故障发生的过程、现象；然后对事故现场进行观察，看设备外表有无明显的损伤或异常气味；再用手盘动转动部分，检查它是否灵活或松动、响声等，可初步了解电动机内部的损坏程度和故障部位。

（2）经上述检查而未发现较大问题时，再测量电源电压及检查其绝缘情况，如电动机的直阻、接地电阻等。

（3）检查电动机的启动设备及控制回路的一些电气设备，如空气开关、交流接触器、热继电器等有无不正确的断开及闭合。

（4）检查电动机绕组接线。

（5）拆开电动机联轴器或皮带轮，空载启动电动机，查看电动机本体有无故障。空载试车时，仔细观察其响声、气味、振动、温升、电流、电压及转速等现象；根据实际情况作出正确的判断。

如空载启动，电动机不正常，则必须拆开电动机本体，察看电动机的定子、转子、绕组、轴承及电动机装配中出现的各种质量问题。

如电动机无异常现象，则故障发生在拖动机械设备上，有可能是皮带过紧、负荷过大或联轴器装配不当等原因造成的，可会同机械维修人员拆检拖动机械，消除障碍点。

**16-4 电动机不能启动的原因有哪些?**

答:主要原因有:

(1)电源。如电源开关未合上、控制回路断线、三相电源缺相以及电源电压过低等。

(2)电动机。如转子绕组开路,定子绕组断线或接线错误,定、转子绕组有短路故障,定、转子相碰等。

(3)负载。如负载超载过重、机械部分卡涩等。

(4)保护误动作。

**16-5 电动机因为启动设备故障而无法启动的,该如何处理?**

答:当确定为启动设备故障时,要检查开关、接触器各触头及接线柱的接触情况;检查熔断器熔体的通断情况,对熔断的熔体在分析原因后应根据电动机启动状态的要求重新选择;若启动设备内部接线有错,则应按照正确接线改正。

**16-6 电动机因为电动机本体故障而无法启动的,该如何处理?**

答:当确定为电动机本体故障时,则应检查定、转子绕组是否接地或轴承是否损坏。绕组接地或局部匝间短路时,电动机虽能启动但会引起熔体熔断而停转,短路严重时电动机绕组很快就会冒烟。

检查绕组接地常采用的方法:用绝缘电阻表检查绕组的对地绝缘电阻,若存在接地故障,绝缘电阻表指示值为零。

**16-7 电动机启动后达不到正常转速的现象,原因是什么?如何处理?**

答:现象:

(1)电动机启动后达不到正常转速。

(2)电流超过额定值并摆动,或停在最大指示降不下来。

(3)机组可能振动。

原因：

（1）定子一相接触不良或断开。

（2）转子部分接触不良或断裂。

（3）同期电动机未进入同期。

（4）机械负荷过大或阻滞。

（5）直流电枢开路，引线、电刷接触不良或电刷位置不正常。

（6）直流电动机磁场开路，电阻器接触不良或断线。

（7）交流电动机定子绕组接线错误。

（8）系统电压过低或三相电压不正常。

处理：

（1）停止电动机运行，检查机械部分有无阻塞等异状。

（2）停电检查，根据故障原因设法消除。

（3）将处理情况进行记录。

**16-8　电动机启动时冒出烟火现象、原因是什么？如何处理？**

答：现象：启动时或启动后，从铁心间隙中或从出风口喷出烟与火花。

原因：可能由于转子鼠笼条断裂或转子与定子相碰引起。

处理：

（1）立即停止电动机运行。

（2）切断电源。

（3）盘车检查。

（4）测定绝缘。

（5）查明原因，通知有关检修人员处理。

（6）将处理情况进行记录。

**16-9　在安装或检修后，启动电动机时，过电流保护动作跳闸的现象、原因是什么？如何处理？**

答：现象：

（1）启动后电流指示降不下来。

（2）电动机自动跳闸。

（3）可能有冲击及烟火。

原因：

（1）被带动机械有故障或机械反转。

（2）电动机或电缆发生短路（或未拆除接地线、短路线）。

（3）绕线式电动机滑环短路，或启动变阻器不能在启动位置。

（4）过流保护整定值不对或熔断器容量过小，躲不开启动电流。

（5）系统电压过低。

处理：

（1）恢复警报，立即断开控制开关，提起掉牌。

（2）断开电源。

（3）用绝缘电阻表测量定子绕组、转子回路绝缘电阻。

（4）查明跳闸原因，通知有关检修人员处理。

**16-10 电动机过热的现象、原因是什么？如何处理？**

答：现象：

（1）电动机温度上升，可能超过额定值。

（2）电动机电流可能超越红线。

原因：

（1）机械负载大。

（2）电动机内部故障，或电源一相熔断器熔断，以致缺相运转。

（3）通风不良。

处理：

（1）汇报，减负荷或倒换备用机组运行。

（2）检查电动机是否振动，判断是否两相运行；如属两相运行，应立即停机更换熔断器。

（3）检查通风口有无堵塞，冷却水是否中断，并设法处理。

（4）用钳形电流表测量电动机的电流是否平衡，三相电压是否平衡。

（5）将检查处理情况进行记录。

**16-11　异步电动机运行中轴承温度过高是什么原因造成的？**

答：异步电动机在运行中轴承温度过高的原因有：

（1）轴承长期缺油运行，摩擦损耗加剧，使轴承温度过热。另外，电动机正常运行时，加油过多或过稠，也会引起轴承过热。

（2）在更换润滑油时，油的种类不对或油中混入了杂质，使润滑效果下降，摩擦力加剧而过热，甚至损坏轴承。

（3）固定端盖装配不当、螺栓松紧程度不一，造成两轴承孔中心不在同一直线上，轴承转动不灵活，带负荷后摩擦加剧而过热。

（4）电动机与被带动机械轴中心不在同一条直线上，使轴承负载加大而过热。

（5）轴承选用不当或质量低劣（如内外套锈蚀、钢珠不圆等），运行中轴承损坏，引起轴承过热等。

**16-12　电动机运行时有噪声，主要是由哪些原因引起的？**

答：电动机运行时有噪声，通常是由于启动设备故障，电动机装配不良及轴承损坏等原因所造成。

**16-13　由于启动设备故障引起的电动机运行噪声，应如何处理？**

答：启动设备主触头接触不良引起缺相运行，或电动机绕组一相断线，运行时会发出"嗡嗡"声，启动设备故障可进行处理。后者，则用万用表或直阻表检查电动机绕组，并酌情修复或重新绕制绕组。

**16-14 由于电动机装备不良引起的电动机运行噪声，应如何处理？**

答：电动机装配不良常见的有两种情况。一是端盖与定子（或者轴承盖与端盖）的坚固螺栓四周紧固不均匀，以及装配止口四周啮合不均匀，造成端盖（或轴承盖）安装不正，影响了定转子的同心度；二是轴承内、外套与转轴、端盖轴孔配合太松，致使定子铁心与转子相擦，应合理装配。

**16-15 由于轴承问题引起的电动机运行噪声，应如何处理？**

答：轴承滚珠、滚柱、内外套和隔离架等严重磨损以及金属剥落，致使电动机运行时发出很大的金属撞击声和振动声，此时应更换轴承。另外，定子绕组重新绕制后绝缘纸未修剪而与转子相擦、联轴器松动或转轴变形等均可能发生噪声，遇有这些情况应查明原因后对症处理。

**16-16 哪些原因会引起电动机运行时振动过大？**

答：振动应先区分是电动机本身引起的，还是传动装置不良所造成的，或者是机械负载端传递过来的，然后针对具体情况进行排除。属于电动机本身引起的振动，多数是由于转子动平衡不好，以及轴承不良、转轴弯曲或端盖、机座、转子不同轴，或者电动机安装地基不平、安装不到位，紧固件松动造成的。

**16-17 电动机带载运行时，发生振动的处理方法有哪些？**

答：电源电压不对称、绕组短路及多路绕组中个别支路断路，或者定子铁心装得不紧等。这些电磁方面的原因会引起电动机运行时发生振动。电动机转轴弯曲、轴径成椭圆形或转轴及转轴上所附有的转动机件不平衡等，这些机械方面的原因也会引起电动机运行时发生振动。因此，当电动机发生振动过大时，可首先检查传动部件对电动机的影响，然后再脱开联轴器使电动机空转进行检查。

若电动机空转时振动并不大，这可能是由于电动机与所拖动机械的轴中心找得不准，也可能是电动机与所拖动机械间的振动引起电动机的振动。确定振动的原因后，即可会同机械维修人员重新校验，针对机械方面的缺陷进行处理。

### 16-18　电动机空载运行时振动的原理和处理方法有哪些？

答：若电动机空转时振动较大，则原因在电动机本身。这时应切断电源，以判断振动是由于机械方面原因还是电磁方面原因所引起。

切断电源后振动立即消除，说明是电磁方面的原因，应检查绕组并联支路有无断线。绕组并联支路有无断线可用万用表测电阻值进行分析。绕组并联支路确有断线时，应仔细查出断头后焊牢并做绝缘处理，必要时要重新绕制绕组。

切断电源后若振动继续存在，说明原因出在机械方面，例如：转子或皮带不平衡、轴端弯曲、轴承故障等。转子不平衡可将转子做静平衡或动平衡校验。

### 16-19　定子电流周期性摆动的现象、原因是什么？如何处理？

答：现象：定子电流周期性摆动。

原因：

（1）定子绕组内部故障。

（2）变阻器或电刷接触不良。

（3）绕线式电动机滑环短路或有关附件接触不良。

（4）机械负荷周期性摆动。

（5）鼠笼条断。

处理：

（1）排除机械部分故障。

（2）查明原因，设法消除。

（3）若运行中无法处理，停机处理。

（4）将异常现象及处理情况进行记录。

### 16-20 电动机运行时三相电流不平衡的原因有哪些?

答：造成电动机三相电流不平衡的主要原因：

（1）三相电压不平衡。若电源电压不平衡导致电动机运行时三相电流不平衡，可检查电源电压做出处理。

（2）BP-2B：个别绕组匝间短路。将造成各相阻抗不相等，在三相平衡电压的作用下，使得三相电流不平衡。

（3）个别绕组匝间短路。将造成各相阻抗不相等，在三相平衡电压的作用下，使三相电流不平衡。

（4）由于启动设备故障造成电动机三相电压不平衡。

### 16-21 造成电动机单相接地的原因是什么?

答：造成单相接地的原因主要有：

（1）绕组受潮。

（2）绕组长期过载或局部高温，使得绝缘焦脆、脱落。

（3）制造时留下隐患，如下线时擦伤、槽绝缘位移、掉进金属沫等。

（4）铁心硅钢片松动、有尖刺、割伤绝缘。

（5）绕组引线绝缘损坏或与机壳相碰等。

由于单相接地容易发展成两相短路，造成电动机严重烧毁，故要及时消除。

### 16-22 电动机两相运行的现象、原因是什么? 如何处理?

答：现象：

（1）电流指示增大或为零。

（2）定子绕组发热。

（3）振动加剧，声音不正常。

（4）三相电流不平衡。

原因：

（1）一相熔断器熔断。

（2）一相断线或中性点接触不良。

处理：

（1）有备用机组时，启动备用机组，无备用时，迅速切除故障电动机。

（2）汇报，进行停电操作。

（3）查明原因，进行处理。

**16-23　电动机运行时出现绝缘电阻降低的现象，应如何检查和处理？**

答：电动机绝缘电阻降低的主要原因和处理：

（1）潮气浸入或雨水滴入电动机内。用绝缘电阻表检查后，进行烘干处理。

（2）绕组上灰尘污垢太多。清除灰尘、油污后浸渍处理。

（3）引出线和接线盒接头的绝缘即将老化，重新包扎引出线接线头。7kW 以下电动机可重新浸渍处理。

**16-24　简述电动机运行时出现机壳带电现象的原因，如何检查和处理？**

答：机壳带电的主要原因和处理：

（1）引出线或接线盒接头绝缘损坏碰地，检查后套上绝缘套管或包扎绝缘布。

（2）端部太长碰机壳，端盖卸下后接地现象即消除。此时应将绕组端部刷一层绝缘漆，并垫上绝缘纸再装上端盖。

（3）槽子两端的槽口绝缘损坏，细心扳动绕组端接部分，耐心找出绝缘损坏处，然后垫上绝缘纸再涂上绝缘漆。

（4）槽内有铁屑等杂物未除尽，导线嵌入后即通电。清除铁屑等杂物。

（5）在嵌线时，导体绝缘有机械损伤。细心扳动绕组端接部分，耐心找出绝缘损坏处，然后垫上绝缘纸再涂上绝缘漆。

（6）外壳没有可靠接地。按上面几个方法排除故障后，将电动机外壳可靠接地。

**16-25　电动机合闸后立即跳闸，有何现象？原因是什么？**

答：现象：

（1）合上操作开关后，电流表骤起后复零，红灯亮后熄灭。

（2）喇叭鸣叫，绿灯闪光，或黄灯亮。

原因：

（1）电源消失（如熔丝熔断，电压不正常）。

（2）开关及控制回路故障。

（3）操作不当。

（4）因有故障，保护动作等。

（5）闭锁开关投入不正确。

**16-26　电动机合闸后转子不转的现象、原因是什么？如何处理？**

答：现象：

（1）启动后电流表指示最大或超过红线，不返回。

（2）电动机不转，并发出鸣声。

原因：

（1）定子回路中一相断线。

（2）转子回路断线。

（3）电动机及其所带机械部分犯卡。

处理：

（1）通常过负荷保护装置动作（或熔断器熔断），切断开关，此时应恢复警报，将控制开关恢复到断开位置。

（2）保护装置未动作时，应立即手动切断电动机。

（3）检查电源情况（开关及熔断器等）。

（4）停电，用绝缘电阻表测量定子、转子回路绝缘电阻。

（5）查明故障原因，若不能及时处理时，应及时通知检修处理。

（6）将处理情况记录。

**16-27　运行中的电动机自动跳闸的现象、原因是什么？如何处理？**

答：现象：

（1）有保护信号。

（2）系统可能有不同程度的冲击。

（3）电流表到零，电能表停转。

（4）电动机所带机械停转。

原因：

（1）电动机及其电气部分或带动的机械部分故障。

（2）直流两点接地（若属此原因，系统无冲击）。

（3）保护误动，连锁误投（若属此原因，系统无冲击）。

（4）电源故障。

处理：

（1）如备用机组自动投入，应恢复警报，将各开关恢复正常位置。

（2）如备用机组未自动投入，应迅速合上备用电动机开关，并检查电动机跳闸的原因，进行相应的处理。

# 第十七章

# 直流系统故障分析

**17-1　当直流系统出现故障时，进行检查和处理应该遵循的原则是什么？**

答：(1) 熟悉设备图纸、使用说明书等技术资料；

(2) 先考虑外部和操作，再考虑设备本身；

(3) 注意区分电源的电压等级和极性，搞清回路的走向；

(4) 注意安全，尽量隔离问题区域，不要扩大故障范围。

**17-2　通常引起直流设备出现异常的原因有哪些？**

答：引起直流设备出现异常情况原因一般有三个方面：

(1) 操作不当：如某一开关位置不对，设备的运行参数设置不当等。

(2) 外部原因：如输入电源消失、缺相等。

(3) 设备本身：如某个器件损坏失灵、接触不良、熔断器熔断等。

对于由操作不当和外部原因引起的设备运行异常，只要引起的原因消失，系统就会正常工作，而没有必要对设备本身进行处理，所以应在确认没有这两个方面的原因后，再进行设备原因方面的检查和处理。

**17-3　在直流系统异常的情况下，如何做到不扩大故障范围？**

答：直流系统异常情况在处理时可能会带电作业，所以一定要注意安全，采取安全措施，并且在不影响系统运行的情况下，尽量进行必要的局部隔离。如检查更换充电机模块单元时，要断开相应交流自动开关，检查电池是否分开电池回路，断开电池熔断器（自动开关）等。另外在更换器件时拆下的线头要进行绝缘捆扎处理，不要人为的扩大故障范围。

**17-4　直流系统常见的故障有哪些?**

答：（1）充电机模块故障；

（2）微机监控系统故障；

（3）蓄电池故障。

**17-5　直流系统中常见的充电机模块故障有哪些?**

答：（1）充电机模块输入欠压、过压；

（2）充电机模块输出过压、欠压；

（3）充电机模块输入缺相；

（4）充电机模块过温；

（5）充电机模块故障无显示或无输出。

**17-6　充电机模块输入欠压、过压时该如何处理?**

答：当输入模块的交流电压大于一定值或小于一定值充电机模块应自动保护，无直流输出，保护指示灯点亮（黄灯）。当电压恢复到一定值后，充电机模块自动恢复工作。

当发生充电模块输入过压、欠压保护，微机监控装置中事先设定好相应的交流报警参数，微机监控装置（微机后台）就会发交流过压、欠压报警信息。此时值班人员应用万用表交流500V挡位测量供直流两路三相交流电源各线电压是否超过过压或欠压数值。电压正常，可能属于误发信息，应观察馈电屏背面输入输出检测单元工作是否正常，工作灯是否间断闪烁。若一直熄灭不闪烁，则按下输入输出检测单元复归按钮，继续观察监控装置是否还发告警信息。电压不正常则继续观察，随时测量交流电压数值，并上报相关部门。

### 17-7 充电机模块输出过压、欠压时该如何处理？

**答：**当充电机模块输出电压大于微机监控装置设定过压定值时模块保护，无直流输出，模块不能自动恢复，必须将模块断电重新上电。

当充电机模块输出电压小于微机监控装置设定欠压定值时，模块有直流输出发告警信息，电压恢复后，模块输出欠压告警消失。

充电模块输出电压过高、欠压时用万用表直流500V挡位测量充电机输出电压实际值。测量电压值高于或低于设定值，应上报相关部门处理。测量电压值正常，可能属于误发信息，应观察充电屏背面充电机检测单元工作是否正常，工作灯是否间断闪烁。若一直熄灭不闪烁，则按下充电机检测单元复归按钮，继续观察监控装置是否还发告警信息。

### 17-8 充电机模块输入缺相时该如何处理？

**答：**当输入的两路三相交流电源有缺相时，模块限功率运行（模块输出电流有限，达不到额定输出电流）。此时值班人员应用万用表交流500V挡位测量供直流两路三相交流电源各相电压是否正常，有无缺相现象。无缺相可能属于误发信息，应观察馈电屏背面输入输出检测单元工作是否正常，工作灯是否间断闪烁。若一直熄灭不闪烁，则按下输入输出检测单元复归按钮，继续观察监控装置是否还发告警信息。有缺相则从交流屏查找缺相的原因，并上报相关部门。

### 17-9 充电机模块过温时该如何处理？

**答：**当充电机模块的散热孔被堵住或环境温度过高导致模块内部温度超过设定值，模块会过温保护无电压输出。当异常清除、温度恢复正常后，模块自动恢复为正常工作。此时值班人员应检查环境温度是否过高、散热孔是否堵塞、模块散热风扇是否转动。如无异常应加强监测，并上报相关部门。每月蓄电池小修时应清扫散热孔或防尘网。

**17-10 充电机模块故障无显示或无输出时该如何处理？**

答：当充电机模块故障无显示或无输出，值班人员先检查两路三相交流电源是否正常及充电机电源开关状态是否良好，输入到充电机模块的三相交流电源是否正常，模块是否有直流电压输出。输入到充电机模块的三相交流电源正常，但无直流电压输出即可判定是充电机模块故障，立即上报相关部门。

**17-11 直流系统中常见的微机监控系统故障有哪些？**

答：（1）微机显示界面报各功能自单元板（充电机检测单元、蓄电池检测单元、输入输出检测单元、绝缘检测单元）故障；

（2）系统界面报充电机故障；

（3）充电机电压与系统显示一致，系统显示"充电机过压"、"充电机欠压"信号；

（4）系统界面显示"蓄电池熔断"信息；

（5）液晶屏显示字迹模糊或太亮看不清楚。

**17-12 微机显示界面报各功能自单元板故障的原因有哪些？**

答：（1）系统设定参数不正确；

（2）通信故障，由于受到干扰，各功能子板与主控单元联系不上，系统报功能检测单元板故障；

**17-13 微机显示界面报各功能自单元板故障的处理方法有哪些？**

答：（1）按照系统正确参数设置，检测相关设置；

（2）找到告警的功能子单元板，按下该板的复位按钮，使其复位，重新建立通信连接；

（3）将微机监控系统的电源重新上电（将馈电屏微机电源开关打到"关"后再打到"开"），使整个微机监控系统重新上电复位，建立通信连接。

**17-14 系统界面报充电机故障的原因有哪些？**

答：（1）充电机检测单元板与充电机模块间通信未建立，充电机检测单元板运行不正常；

（2）充电机模块地址码（充电机模块前面板拨码开关）有误，使其充电机检测单元检测不到该充电机数据，发充电机故障信息。

**17-15 系统界面报充电机故障的处理方法有哪些？**

答：（1）检查充电机检测单元工作指示灯是否闪烁，如不正常，应复位；

（2）在充电机模块上正确设置模块地址码，模块地址码出厂时已设置好，请勿动，在更换充电机模块时，事先应按照原来的地址码设定。

**17-16 充电机电压与系统显示一致，系统显示"充电机过压"、"充电机欠压"信号的故障原因和处理方法是什么？**

答：故障原因：在充电机设定中，充电机过压或欠压设定不正确，过高或过低。

处理方法：更改充电机过压或欠压值，使其在正常范围内。

**17-17 系统界面显示"蓄电池熔断"信息的故障原因和处理方法是什么？**

答：故障原因：蓄电池正极、负极一相或两路相熔断器熔断。

处理方法：查明原因立即更换蓄电池熔断器，否则交流停电将会导致直流屏无直流电送出，影响设备正常运行，同时蓄电池无法进行浮充电。

**17-18 液晶屏显示字迹模糊或太亮看不清楚的故障原因和处理方法是什么？**

答：故障原因：液晶屏显示对比度调节不合适，使显示太亮或太暗。

处理方法：进入系统维护菜单中对比度调节选项，点击对比度增加或减少时，界面字迹显示清晰。

**17-19 蓄电池在什么情况下需要更换？**

答：蓄电池在蓄电池内部开路、失效、漏液、外壳破损严重影响使用时均需更换。

**17-20 单个蓄电池电压过高或者过低时，应如何处理？**

答：当监控系统报蓄电池电压过高或过低时，应用万用表实际测量告警蓄电池端电压。若测量值在正常范围内属误报信息，测量值异常，应检查整个蓄电池组的运行情况，并报相关部门处理。

**17-21 蓄电池组熔断器（自动开关）熔断（脱扣）故障应如何处理？**

答：当蓄电池组熔断器（自动开关）熔断（脱扣）时，查明原因及时更换熔断器（合上自动开关），保证系统正常运行。

**17-22 发生直流接地的原因有哪些？**

答：（1）二次回路绝缘材料不合格、绝缘性能低，或年久失修、严重老化。或存在某些损伤缺陷，如磨伤、砸伤、压伤、扭伤或过流引起的烧伤等。

（2）二次回路及设备严重污秽和受潮、接地盒进水，使直流对地绝缘严重下降。

（3）小动物爬入或小金属零件掉落在元件上造成直流接地故障，如老鼠、蜈蚣等小动物爬入带电回路；某些元件有线头、未使用的螺栓、垫圈等零件，掉落在带电回路上。

**17-23 直流系统接地的危害有哪些？**

**答：** 发电厂、变电站直流系统接地是一种易发生且对电力系统危害性较大的故障。直流系统正极接地，就会有造成继电保护误动的可能。因为一般跳闸线圈（如出口中间继电器线圈和跳闸线圈等）均接电源负极，回路再发生接地或绝缘不良就会形成两点接地，引起保护误动；直流系统负极接地，如果回路中再有一点接地，形成两点接地可将跳闸回路或合闸回路短路，保护拒动。此时系统发生故障，保护的拒动必然导致系统事故扩大（即越级扩大事故），同时还可能烧坏继电器的触点和烧熔断器。

**17-24 直流系统发生接地故障时，应如何处理？**

**答：** 当直流系统发生接地时，由直流系统绝缘监察装置发出预告信号。此时，应首先确定是正极接地，还是负极接地；是完全接地，还是绝缘电阻降低。然后再根据运行方式、检修、操作及气候等因素的影响，判断可能接地的地点，确定寻找地点的方法和步骤。

**17-25 如何寻找直流系统中的接地点？**

**答：** 寻找接地点的一般原则是：

（1）对于两段以上并列运行的直流母线，先采用"分网法"，拉开两段母线的分段隔离开关，判明属哪一段母线接地，以缩小查找范围。

（2）对直流母线上允许短时停电的直流负荷馈线，采用"瞬间停电法"寻找。当拉开某一回路时，如接地信号消失，并且各极对地电压恢复正常（不能只靠接地信号消失为准），则说明接地点在该回路上。

在某些现场如果无表计可观察，可用内阻大于 $2000\Omega/\text{V}$ 的电压表检查。将电压表的一根引线接地，另一根接于不接地的一极（即对地电压高的一极），然后试拉，如拉开后，电压表指示明显降低，即说明该设备回路接地。

（3）对于不允许短时停电的重要直流负荷，可采用"转移负荷法"查找接地点。

（4）如接地不在各直流负荷上时，可瞬间解列充电设备、蓄电池和倒换直流母线查找接地点。

**17-26　寻找接地点的具体试拉、合步骤有哪些？**

**答：**（1）拉、合临时工作电源，试验室电源，事故照明电源；

（2）拉、合备用设备的直流电源；

（3）拉、合绝缘薄弱的，运行中经常发生接地的回路；

（4）按先室外后室内拉、合断路器的合闸的电源；

（5）拉、合载波室通信电源及远动装置电源；

（6）按先次要设备后主要设备拉、合信号电源，操作电源及中央信号电源；

（7）试解列充电设备；

（8）将有关直流母线并列后，试解列蓄电池，并检查端电池调节器；

（9）倒换直流母线。

**17-27　直流系统中寻找接地点的注意事项有哪些？**

**答：**（1）寻找接地时，应由两人进行。试拉、合继电保护、操作电源、自动装置及信号电源等重要的直流负荷时，事先应取得调度许可，必要时根据规程规定由运行人员退出相应保护的掉闸连接片，查找无问题后，按调令恢复保护。

（2）对各分支线采用取下熔断器寻找接地点时，应先取下正极，后取下负极；给上时，先给上负极，后给上正极。

（3）试拉的直流负荷与其他部门或专业有关时，应事先与对方联系。

（4）试拉各设备的直流电源时，应密切监视一次设备的运行情况及有关仪表指示的变化情况。

无论回路有无接地，断开直流回路电源的时间一般不得超过3s，但集成电路和微机保护的直流电源拉开10s后才允许合好。即使回路有接地，也应先合上，再设法处理。

## 17-28 电容补偿装置查找直流系统接地注意的事项有哪些？

**答：**在电容补偿装置运行中，查找直流系统接地时，如需判断带有补偿电容的控制回路有无接地时，则必须将具有公共负极的补偿控制回路全部断开，而不能只断开一个回路，否则会由于电容器上的残余电压造成接地假象而误判断。

## 17-29 运行中减少直流接地的方法有哪些？

**答：**（1）随着10kV机械室全封闭柜的大量使用，10kV出线柜较多，因而直流小母线也较长，在施工过程中，由于小母线连接处，大都是用螺栓连接，在长时间的运行中，再加上炎热夏季的高温，小母线有不同程度的弯曲、变形，造成直流小母线与10kV柜体相接触，从而造成直流接地或母线间短路，为此将直流小母线外加热缩护管，以增强绝缘水平，取得了良好的效果。

（2）在施工过程中加强工作班成员的安全教育，防止造成运行中的电缆绝缘损坏。

（3）加强二次线的清扫，加强直流系统特别是蓄电池系统的巡视和日常维护，保持蓄电池的清洁，对极板的渗液及时处理，并加涂凡士林。

（4）对室外容易发生直流接地的端子箱、瓦斯接线盒和隔离开关辅助接点接线盒等做好防雨措施。

（5）加强工作班成员的技术培训，减少工作过程中人为造成的直流接地。

### 17-30 如何提高直流运行维护人员的工作质量？

**答：** 二次人员要认真检查回路，必须拆二次线时要做好标记。二次线头裸露部分用绝缘胶布包好，接线时二次线头裸露部分应符合要求，不应过长。现在施工用的电缆绝大多数是带屏蔽层的电缆，要做好电缆屏蔽的施工工艺，防止电缆屏蔽层过长，距离端子排近造成直流接地。在变电站场区敷设电缆时埋深要符合要求，在电缆上面要盖电缆盖板，防止场区施工时误伤已敷设电缆。做好工作回检，防止小金属零件如二次线头、螺丝、垫片等掉落在元件上造成直流接地故障。

# 第十八章

## 自动装置的配置

**18-1　联合循环机组中发电机励磁系统的作用是什么?**

答:(1) 在正常运行的条件下为发电机提供磁场,并根据发电机负载情况做相应的调整,以维持发电机端电压或电网某点电压为一定水平。

(2) 当电力系统发生短路故障或其他原因使系统电压严重下降时,对发电机进行强行励磁以提高电力系统的暂态稳定性。

(3) 当发电机突然甩负荷时实行强行减磁以将励磁电流迅速减到零值,以减小故障损坏程度。

(4) 当发电机出现内部短路故障时能进行灭磁以减少故障损坏程度。

(5) 能使并联运行发电机的无功功率得到合理分配。

(6) 在不同运行工况下,根据要求对发电机实行过励限制和欠励限制等,以确保发电机组的安全稳定运行。

**18-2　自动励磁调节器有什么作用?**

答:自动励磁调节器是发电机励磁控制系统中的控制设备,其作用是检测和综合励磁控制系统运行状态的信息,包括发电机端电压 $U_G$、有功功率 $P$、无功功率 $Q$、励磁电流 $I_f$ 和频率 $f$ 等,并产生相应的信号,控制励磁功率单元的输出,达到自动调节励磁、满足发电机及系统运行需要的目的。

**18-3　自动励磁调节器有哪些组成部分?**

答:为了确保发电机组安全可靠稳定运行,自动励磁调节器一般都装有较完善的单元，主要包括欠励限制器、$U/f$ 限制器、最大励磁限制器、瞬时电流限制器、反时限限制器、定时限限制器、机端信号丢失检测器和低频保护器等。

**18-4　DVAR 是三菱公司的产品，其主要特征和主要性能有哪些？**

答：DVAR 是三菱公司生产的数字式自动励磁调节器。

DVAR 的主要特征：

（1）多重化设计。

1）双重系统数字式 AVR 每个元件，如 CPU、AI、DI、DO 和功率电源等都采用双重化设计，器件故障时自动退出，另一个自动投入。

2）冗余晶闸管整流桥。三重的晶闸管整流桥保证发电机可以在 DAVR 自动方式下连续运行。

（2）发电机可以由智能脉冲输出卡工作在 DAVR 手动方式。

（3）便于维护。

1）自诊断指令报警系统。

2）在线更换备件。

3）控制参数自动整定。

DAVR 主要性能：

（1）自动调节范围（恒电压模式）。发电机空载工况为10％～110％额定电压；发电机负载工况为 95％～105％额定电压。

（2）手动调节范围（恒磁场电流模式）。发电机空载工况为10％～110％额定电压，发电机负载工况为允许达到 110％发电机额定磁场电压（在额定负载和额定电压运行时）。

（3）调压精度＜±1％。

（4）采样周期为 20ms。

**18-5　三菱公司生产的 DVAR 的辅助功能单元有哪些？**

答：三菱公司生产的 DVAR 的辅助功能单元有：

（1）低励限制：也成为欠励控制，作用是可防止运行中的发电机的励磁电流降到失去同步的水平以及因过度进相运行而引起发电机端部过热。

（2）过励限制器：抑制发电机磁场绕组温升在允许值以下。

（3）电力系统稳定器：是在某些特定的条件下，电压调节器的连续调节作用可能对电力系统的振荡提供一个负阻尼，则振荡可能被维持或逐渐加强，使电力系统无法正常工作。而电力系统稳定器是为电力系统提供正阻尼来抑制振荡，从而改善电力系统的动态性能。

（4）$U/f$ 限制器：为防止发电机和主变压器由于磁负荷过高铁心过热而设的，保护发电机铁心免遭过热损坏。

（5）线路压降补偿：补偿由于滞后的无功电流引起的主变压器高压侧的压降。

### 18-6 DVAR 满足什么工作原理？

**答**：（1）恒压控制：发电机机端电压和电流输入到 A/D 转换器，A/D 转换器将模拟量转换为数字量。端电压信号与电压整定器的偏差信号通过增益/相位补偿器和控制系统产生对应信号的相控制脉冲，控制晶闸管的输出。

（2）恒磁场电流控制：手动电压整定器的整定值与通过A/D转换所获得的磁场电流的偏差信号输出到触发脉冲输出级，产生对应偏差的控制脉冲，控制晶闸管的输出。在这个控制环节中形成磁场电流的闭环控制，从而达到控制磁场电流在某一恒定值。

### 18-7 UNITROL 5000（自并励励磁系统）是 ABB 公司生产的，其基本组成单元是什么？各有什么作用？

**答**：（1）电源部分：作用是为功率整流桥提供电源电压。

（2）控制部分：作用是按系统要求自动调节励磁电压和电流。

（3）整流装置：作用是将交流输入电压转变为发电机磁场绕

组所需的直流电压。

（4）灭磁单元：用于给机组快速灭磁。

### 18-8　UNITROL 5000 励磁系统包括哪些功能模块？

**答：** UNITROL 5000 静态励磁系统可以分成四个主要的功能块：励磁变压器、两套相互独立的励磁调节器、可控硅整流单元 G31-G34、启励单元和灭磁单元，如图 18-1 所示为励磁系统构成示意图。

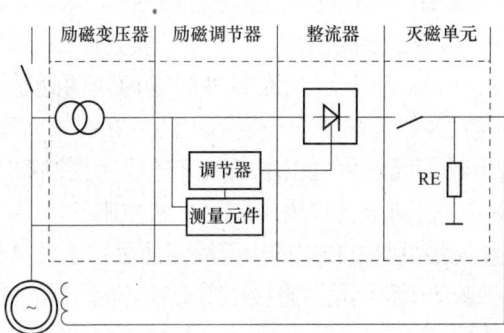

图 18-1　UNITROL 5000 静态励磁系统原理接线示意图

### 18-9　UNITROL 5000 励磁系统有什么主要功能？

**答：** UNITROL 5000 励磁系统是数字式控制系统，用于大型静态励磁系统的控制和调节。调节器为双通道，采用了全冗余双通道控制器，每个通道都可以是在线或备用模式，除自动电压调节功能外，每个通道还具有 PSS 各种限制保护监控及手动控制软件功能。两个通道的结构一样，均由一个控制板（COB）和测量单元板（MUB）构成，分别形成一个独立的处理系统。每个通道含有发电机端电压调节、磁场电流调节、励磁监测/保护功能控制的软件。此外，一些接口电路如快速输入/输出（FIO）模块和功率信号接口模块（PSI），被用来提供测量和控制信号的电隔离。

**18-10 UNITROL 5000 型励磁调节装置与 DCS 系统的接口是如何实现的?**

**答:**(1)常规 I/O 接口方式(利用光隔离输入和继电器输出)。数字量和模拟量命令以及一些状态信号是通过快速输入/输出板(FIO)传递的。每块快速输入/输出板 FIO 包括:16 点光隔离的数字量输入,用于 24V 回路;18 点继电器转换接点输出,用于状态指示和报警;4 点多功能模拟量输入,输入量程为 ±10V 或 ±20mA;4 点多功能模拟量输出,输出信号为 4~20mA;3 点温度测量回路用于励磁变压器温度测量,测温电阻为 PTC 或 PT100。每个系统最多可配置两块快速输入/输出板 FIO,这对于大多数系统要求是足够用的。在要求有更多的数字量输入和输出的情况下,可以增加数字量输入接口 DII 和继电器输出接口 ROI。这两个接口由 ARCnet 网控制。

励磁系统还提供两个独立的内部跳闸信号用于发电机保护。来自发电机保护的两个跳闸信号直接作用于磁场断路器的跳闸回路。

(2)串行通信方式。除了常规的 I/O 接口方式,UNITROL 5000 型励磁系统还可配有串行通信方式用于更高层次的、不同规约的控制系统通信,用于收发运行所需的信号,包括数字形式的模拟量信号。

**18-11 什么是备用电源自动投入装置(AAT)?**

**答:**电力系统中,工作电源因为故障原因断开后,将备用电源、备用设备或者其他电源自动、迅速地投入工作,使用户能尽快恢复供电的自动装置,称为备用电源自动投入装置。

**18-12 典型备自投的备用方式有哪些?**

**答:**典型的备自投的备用方式有明备用和暗备用两种。其中明备用是指在运行中有一台变压器或者一条馈线平时不投入运行,处于备用状态;暗备用是指互为备用的方式。

**18-13　典型的备自投装置的方式有哪些?**

**答：**（1）分段备投：采用母线桥开关作为备用的方式；

（2）进线备投：采用变压器低压侧开关或者内桥接线的电源侧开关作为备用方式。

**18-14　南瑞继保生产的 RCS-9652 备自投装置的主要功能是什么?**

**答：**南瑞继保生产的 RCS-9652 备自投装置的主要功能是具备主变压器和母线的备自投功能与方式，具备过负荷联切和备自投后加速的功能。

**18-15　画出并分析南瑞继保生产的 RCS-9652 备自投装置的接线原理图。**

**答：**南瑞继保生产的 RCS-9652 备自投装置的接线原理图如图 18-2 所示。

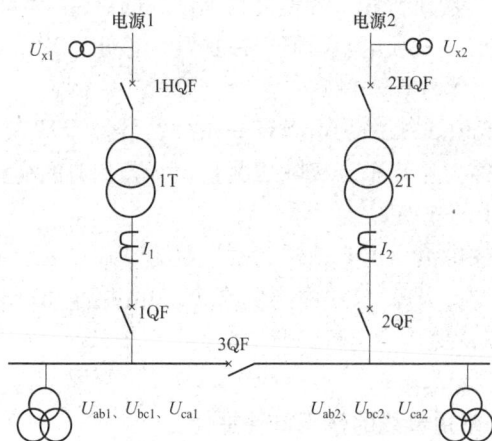

图 18-2　备自投装置的接线原理图

装置引入两段母线电压（$U_{ab1}$、$U_{bc1}$、$U_{ca1}$、$U_{ab2}$、$U_{bc2}$、$U_{ca2}$），用于有压、无压判别；引入两段进线电压（$U_{xl1}$、$U_{xl2}$）作为自投准备及动作的辅助判据，可经控制字选择是否投用；每个进线开关各引入一相电流（$I_1$、$I_2$），是为了防止 TV 三相断线后造成备自投装置误动，也是为了更好地确认进线开关已跳开；1QF、2QF、3QF 引入 TWJ 和 KKJ 接点，作为判断备自投方式。

### 18-16 南瑞继保生产的 RCS-9652 备自投装置的系统参数有哪些？

答：（1）系统参数值和保护行为相关，请务必根据实际情况整定。

（2）定值区号：本装置提供 16 个可使用的保护定值区，整定值范围为 0～15。运行定值区可以是其中任意一个。如果要改变运行定值区，有两种方式：其一是进入系统参数整定菜单，改变定值区号，将其值整定为所要切换的定值区号，按"确认"键，装置复位即可；其二是通过远方修改定值区号，将所要切换的定值区号下装到装置，装置自动复位后即可。

（3）保护 TA 额定一次值、保护 TA 额定二次值、零序 TA 额定一次值、零序 TA 额定二次值、母线 TV 额定一次值、母线 TV 额定二次值、线路 TV 额定一次值、线路 TV 额定二次值：这些定值项需要用户根据实际情况整定，若相应的交流量没有接入则该项可以不整定。

（4）零序电流自产：该控制字设定为"1"，表示零序电流自产，设定为"0"，表示零序电流外加（由端子 n119～n120 输入）。出厂默认值为"0"。

### 18-17 常用母线的残压特性是什么？

答：当厂用电源中断时，由于高压电动机及负载的机械惯性，电动机将维持较长时间继续旋转，且将转变为异步发电机运行工况，因此厂用电母线在一段时间内会维持一定的残压并缓慢衰减，频率也会随着转速降低而缓慢下降。图 18-3 为典型的厂用母线电压衰减曲线。从图中可以看出，在厂用电源中断瞬间，母线残压的衰减量还不大，但残压与备用电源电压的相量角差已开始拉开。如果备用电源投入的时机不当，将产生很大的冲击电流，直接作用于电动机，这不但影响了电动机的使用寿命，甚至可能导致切换失败造成厂用电中断，其后果是十分严重的。因此，厂用电切换必须根据系统的残压衰减特性，选择合适的切换时机。根据实际运行经验得出，为保证厂用电的成功切换且不产生大的冲击电流，备用电源断路器最合适的合闸时刻是厂用母线残压与备用电源电压的相角差不超过 $30°$，即厂用电系统切换全过程在 100ms 以内。

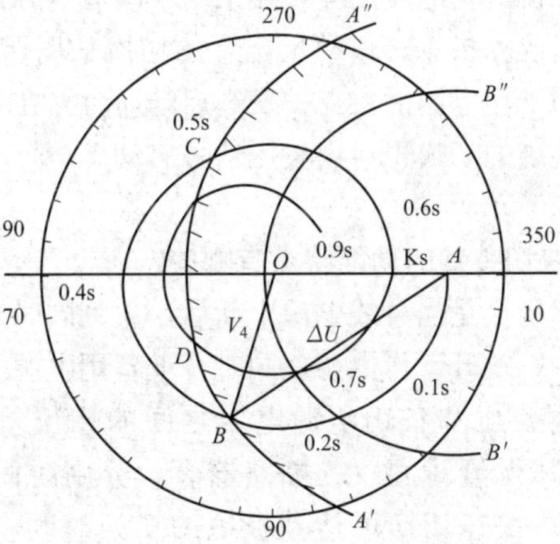

图 18-3　极坐标下的母线残压相量图

### 18-18　厂用电切换必须具备的外部条件有哪些?

**答**：为能成功地进行厂用电系统的切换，必须具备以下 3 个条件：

（1）应具备源于同一系统的两个独立的供电电源：工作电源

和备用电源。正常运行情况下两个电源电压之间允许有一定的相角差，但一般不宜大于 20°。

（2）快速断路器。少油式断路器因其合分闸时间较长，不适合应用于厂用电系统的切换，目前广泛使用的真空断路器，其合、分闸时间一般为 40～80ms，均适用于厂用电系统的切换。如 ABB 公司生产的 VD4 型真空断路器，其合闸时间约 70ms，分闸总时间约 60ms。

（3）发电机组和厂用工作电源应配备快速动作保护继电器，目前广泛使用的微机保护继电器均可使用。

### 18-19　厂用电快切装置的启动方式有几种？

答：快速切换一般有两种启动方式：即手动启动和保护启动。机组开停机过程的厂用电切换采用手动启动方式，即由主控制室人为发出启动指令；事故情况下的切换采用保护启动方式，由机组或厂用工作电源的主保护发送启动命令。在某些特殊条件下，厂用电系统的切换也可由失压信号启动。

### 18-20　快切装置的功能特点有哪些？

答：快速切换是当母线电源中断后，立刻同时发出断路器的分、合闸指令，跳开工作电源，同时合上备用电源。厂用电快速切换时，母线残压和备用电源电压之间的相位差拉开不超过 30°，系统实际无流时间仅为断路器合、分闸时间之差，一般不超过 15ms。快速切换可达到极短的切换时间，切换全过程不超过 100ms，完全满足系统对冲击电流的要求，安全性好。正常运行情况下，由于快速切换装置连续监视厂用母线电压与备用电源的电压、频率和相位，同时监视断路器的控制回路，当接到启动命令时，若快切的逻辑条件满足要求，立即执行快切功能，所以在实际应用中，快速切换的成功率几乎达到 100%。

首次同期点切换是当母线残压和备用电源电压相对旋转一周

又回到同期点，这时角差为 0°，差压也较小。若在这一时刻合上备用电源，电气设备受到的冲击也较小，这种切换称为首次同期点切换。切换装置根据采集的电压可计算母线残压相量相对于备用电源电压相量旋转到第一个同期点的时间，并设定备用电源合闸的导前时间。

残压切换是当母线残压衰减到低于设定值时合上备用电源。一般来讲，当母线残压低于 40％的额定电压时进行切换，冲击电流已降到可接受的范围内，但需要注意的是，不同的系统容量和备用变压器容量都会影响冲击电流值。

综合以上四种切换模式的分析，切换装置设计的基本原则是尽量减小切换过程产生的冲击电流，其中最主要而且最理想的是快速切换，所以机组正常启停的切换以及故障时的切换必须首先采用快速切换，除非快切失败，才继续执行备用切换模式。需要特别指出的是，切换装置的所有 4 种切换模式是在同一时刻同时启动的，即 4 种不同的逻辑程序同时运行。

### 18-21　SUE 3000 是 ABB 公司的快切装置，其特点是什么？

答：SUE 3000 快切装置具备以下特点：

（1）装置按双向对称进行设计，即可从工作电源切换到备用电源，也可以从备用电源切换到工作电源。

（2）切换装置具备自动解列功能，在切换过程中，如出现工作断路器拒跳而导致两电源并列，将自动解列系统。

（3）切换装置提供远方、就地的投退功能，并可通过通信接口与后台综合自动化系统连接，支持国际通用的通信规约，如MODBUS 等，为系统综合自动化提供便利。

（4）切换装置具有完全灵活的 PLC 功能，改变功能简单方便。

（5）当系统容量太大时，装置在快切失败后将执行自动减载功能，甩掉一些次要的负荷，降低产生的冲击。

（6）切换装置采用双位信号方式，确保输入信号的可靠。

（7）切换装置具有录波功能，可录制切换过程的母线电压、工作电源与备用电源的电压、工作电源及备用电源的电流等 8 个模拟量以及可根据用户定义的 32 个开关量。

（8）切换装置具备在线监视和测试功能，所有功能均可通过灵活的编程方式实现。

（9）用户界面友好、简单，且能动态反映开关状态及各种信号，测量值。

# 参 考 文 献

［1］ 朱永强. 新能源与分布式发电技术. 北京：北京大学出版社，2009.

［2］ 上海电气电站集团. 大型燃气轮机组说明书. 2006.

［3］ 陈文杰. 9F 级联合循环机组发电机出口处铁磁谐振分析. 电力勘测设计. 2007/4.

［4］ 孙茗. 大型联合循环电厂发电机保护设计特点. 电力勘测设计. 2005/12.

［5］ 中国华电集团. 大型燃气—蒸汽联合循环发电技术丛书　设备及系统分册. 北京：中国电力出版社，2009.

［6］ 宋志明，李洪战. 电气设备原理及运行. 北京：中国电力出版社，2008.

［7］ 秦曾煌. 电工学. 北京：高等教育出版社，2010.

［8］ 张圣智. 电机原理及运行. 北京：中国电力出版社，2008.